面 向 21 世 纪 课 程 教 材

住 房 和 城 乡 建 设 部 "十 四 五" 规 划 教 材

"十 二 五" 普 通 高 等 教 育 本 科 国 家 级 规 划 教 材

高等学校土木工程专业指导委员会规划推荐教材

（经典精品系列教材）

工程结构荷载与可靠度设计原理

（第五版）

李国强　黄宏伟　吴迅　刘沈如　孙飞飞　张冬梅　编著

中国建筑工业出版社

图书在版编目(CIP)数据

工程结构荷载与可靠度设计原理／李国强等编著
. —5版. —北京：中国建筑工业出版社，2021.12（2024.11重印）
面向21世纪课程教材　住房和城乡建设部"十四五"
规划教材　"十二五"普通高等教育本科国家级规划教材
高等学校土木工程专业指导委员会规划推荐教材　经典精
品系列教材
ISBN 978-7-112-26612-8

Ⅰ. ①工… Ⅱ. ①李… Ⅲ. ①工程结构－结构载荷－
高等学校－教材②工程结构－结构可靠性－高等学校－教
材 Ⅳ. ①TU312

中国版本图书馆 CIP 数据核字(2021)第 192351 号

责任编辑：吉万旺
责任校对：姜小莲

面　向　21　世　纪　课　程　教　材
住 房 和 城 乡 建 设 部 "十 四 五" 规 划 教 材
"十二五"普通高等教育本科国家级规划教材
高等学校土木工程专业指导委员会规划推荐教材
（经典精品系列教材）

工程结构荷载与可靠度设计原理
（第五版）

李国强　黄宏伟　吴迅　刘沈如　孙飞飞　张冬梅　编著

*

中国建筑工业出版社出版、发行（北京海淀三里河路9号）
各地新华书店、建筑书店经销
北京红光制版公司制版
天津安泰印刷有限公司印刷

*

开本：787毫米×1092毫米　1/16　印张：17¾　字数：370千字
2022年2月第五版　　2024年11月第七次印刷
定价：**48.00**元（赠教师课件）
ISBN 978-7-112-26612-8
（37947）

本书是根据教育部大学本科专业目录规定的土木工程专业培养要求及《高等学校土木工程本科指导性专业规范》编写的，此次修订是在第四版基础结合《建筑结构可靠性设计统一标准》GB 50068—2018、《铁路桥涵设计规范》TB 10002—2017、《公路桥涵设计通用规范》JTG D60—2015等近年来我国工程结构领域新规范、新标准及实际教学改革要求完成的。

荷载是工程结构设计的重要方面，也是着手工程设计需要解决的重要问题，而概率可靠性方法已成为各类工程结构（房屋、桥梁、地下建筑、道路等）设计的理论基础。本书全面、系统地介绍了工程结构各类荷载的基本概念及其确定方法以及结构可靠性的设计原理。全书分3篇13章，第1、2篇的主要内容有：荷载类型、重力、侧压力、风荷载、地震作用、其他作用、荷载的统计分析、结构抗力的统计分析、结构可靠度分析、结构概率可靠性设计法等；第3篇主要内容为工业与民用建筑、桥梁、隧道衬砌三类结构的计算方法及详细示例。

本次教材修订根据新时代教材发展和读者学习的需要，采用二维码的形式，重点补充了关键知识点、工程案例和章节串讲等在线视频和学习资料。本书作者制作了教材配套的教学课件，有需要的任课教师可以通过以下方式获取：jckj@cabp.com.cn，电话：（010）58337285，建工书院 http://edu.cabplink.com。

本书可作为土木工程专业的专业基础课教材，也可供从事各类工程结构设计与施工的工程技术人员参考。

党和国家高度重视教材建设。 2016 年，中办国办印发了《关于加强和改进新形势下大中小学教材建设的意见》，提出要健全国家教材制度。 2019 年 12 月，教育部牵头制定了《普通高等学校教材管理办法》和《职业院校教材管理办法》，旨在全面加强党的领导，切实提高教材建设的科学化水平，打造精品教材。 住房和城乡建设部历来重视土建类学科专业教材建设，从"九五"开始组织部级规划教材立项工作，经过近 30 年的不断建设，规划教材提升了住房和城乡建设行业教材质量和认可度，出版了一系列精品教材，有效促进了行业部门引导专业教育，推动了行业高质量发展。

为进一步加强高等教育、职业教育住房和城乡建设领域学科专业教材建设工作，提高住房和城乡建设行业人才培养质量，2020 年 12 月，住房和城乡建设部办公厅印发《关于申报高等教育职业教育住房和城乡建设领域学科专业"十四五"规划教材的通知》（建办人函〔2020〕656 号），开展了住房和城乡建设部"十四五"规划教材选题的申报工作。 经过专家评审和部人事司审核，512 项选题列入住房和城乡建设领域学科专业"十四五"规划教材（简称规划教材）。 2021 年 9 月，住房和城乡建设部印发了《高等教育职业教育住房和城乡建设领域学科专业"十四五"规划教材选题的通知》（建人函〔2021〕36 号）。 为做好"十四五"规划教材的编写、审核、出版等工作，《通知》要求：（1）规划教材的编著者应依据《住房和城乡建设领域学科专业"十四五"规划教材申请书》（简称《申请书》）中的立项目标、申报依据、工作安排及进度，按时编写出高质量的教材；（2）规划教材编著者所在单位应履行《申请书》中的学校保证计划实施的主要条件，支持编著者按计划完成书稿编写工作；（3）高等学校土建类专业课程教材与教学资源专家委员会、全国住房和城乡建设职业教育教学指导委员会、住房和城乡建设部中等职业教育专业指导委员会应做好规划教材的指导、协调和审稿等工作，保证编写质量；（4）规划教材出版单位应积极配合，做好编辑、出版、发行等工作；（5）规划教材封面和书脊应标注"住房和城乡建设部'十四五'规划教材"字样和统一标识；（6）规划教材应在"十四五"期间完成出版，逾期不能完成的，不再作为《住房和城乡建设领域学科专业"十四五"规划教材》。

住房和城乡建设领域学科专业"十四五"规划教材的特点:一是重点以修订教育部、住房和城乡建设部"十二五""十三五"规划教材为主；二是严格按照专业标准规范要求编写，体现新发展理念；三是系列教材具有明显特点，满足不同层次和类型的学校专业教学要求；四是配备了数字资源，适应现代化教学的要求。 规划教材的出版凝聚了作者、主审及编辑的心血，得到了有关院校、出版单位的大力支持，教材建设管理过程有严格保障。希望广大院校及各专业师生在选用、使用过程中，对规划教材的编写、出版质量进行反馈，以促进规划教材建设质量不断提高。

住房和城乡建设部"十四五"规划教材办公室

2021 年 11 月

2016年以后,我国土木工程结构相关设计规范陆续出版了新版本,其中对相关荷载及结构可靠度设计方法做了新的调整和补充。为此,对本教材进行新的修订。

本次教材修订根据新时代教材发展和读者学习的需要,采用二维码的形式,重点补充了关键知识点、工程案例和章节串讲等在线学习资料。

本次对纸质教材部分修订的主要内容有:

① 根据《建筑结构可靠性设计统一标准》GB 50068—2018对"9.1 结构可靠度基本概念"和"10.3.5 我国建筑结构设计表达式"进行了更新;

② 根据《铁路列车荷载图式》TB/T 3466—2016和《铁路桥涵设计规范》TB 10002—2017对"2.4.2 列车荷载"进行了更新;

③ 根据《公路桥涵设计通用规范》JTG D60—2015和《城市桥梁设计规范》CJJ 11—2011(2019年版)对"2.4.1 公路汽车荷载"中城市桥梁设计荷载和"2.6 人群荷载"进行了更新和完善;

④ 根据《公路桥梁抗风设计规范》JTG/T 3360—01—2018对"12.2 作用的代表值"中有关风荷载标准值进行了更新;

⑤ 根据《公路桥涵设计通用规范》JTG D60—2015和《公路钢筋混凝土及预应力混凝土桥涵设计规范》JTG 3362—2018对"12.2 作用的代表值""12.3 作用组合"和"12.4 装配式钢筋混凝土简支T梁荷载计算示例"进行了更新和完善。

本次修订由孙飞飞、刘沈如、吴迅、张冬梅分工完成,最后仍由我修改与统稿。由于本次修订的工作量较大,本教材作者有增补,依次为:李国强、黄宏伟、吴迅、刘沈如、孙飞飞、张冬梅。

衷心希望本教材读者继续给我们提出意见和建议。

李国强

2021年6月

2010 年以后，我国建筑、桥梁、地下工程等结构相关设计规范陆续出版了新版本，其中相关荷载及结构可靠度设计方法的一些概念或内容有了新的调整和补充。

为使本教材与我国现行有关设计规范相协调，满足课堂教学和课后自学相结合的需求，决定对本教材进行新的修订。

本次修订的主要内容有：

（1）将教材中与规范相关的内容，更新为新规范的规定。其中改动最大的是风荷载部分。

（2）部分章节补充了例题。

（3）对每章的思考题进行了补充，并增加了是非题和计算题以促进学生对基本概念、基本方法的理解。

本次修订由孙飞飞、刘沈如、吴迅、张冬梅分工完成，最后仍由我修改与统稿。

衷心希望本教材读者继续给我们提出意见和建议。

李国强

2016 年 3 月

第三版前言

2002 年以后，我国建筑、桥梁、地下工程等结构相关设计规范陆续出版了新版本，其中相关荷载及结构可靠度设计方法的一些概念或内容有了新的调整和补充。

为使本教材与我国现行有关设计规范相协调，作者结合多年讲授本教材内容的实践经验，决定对本教材第二版进行修订。

本次修订的主要内容有：

（1）将教材中与规范相关的内容，更新为新规范的规定。 如全国基本风压分布图、风荷载地貌(地面粗糙度)分类、车辆荷载等。

（2）补充了荷载频遇值的概念。

（3）删除了第 4 章与第 9 章中一些较深的理论推导。

（4）增加了第 3 篇。 这一篇对工程中常用的建筑结构、桥梁结构和地下结构的荷载计算规定与方法进行了介绍与实例演示。

本次修订增加的第 3 篇的内容，是前两篇内容的实际工程应用，对学生理解和掌握本教材内容会有所帮助。 在教学中不一定讲授这一篇的内容，可要求学生自己阅读。

本教材原作者之一郑步全因身体原因未能参加本次修订，由吴迅接替。 新增加的第 11 章由刘沈如执笔、第 12 章由吴迅执笔、第 13 章由黄宏伟执笔，最后仍由我修改与统稿。

衷心希望本教材读者继续给我们提出意见和建议。

李国强
2005 年 6 月

第二版前言

为适应高校教育教学改革后土木工程专业的教学需要，本教材第一版于 1999 年底出版，同济大学于 2000 年开始开设"荷载与结构设计原理"课并使用本教材。由于是第一次开设这门课程，教师以本教材为基础进行了集体备课，讨论了讲课重点，准备了共用的投影胶片，授课效果良好，让学生对工程结构设计需考虑的荷载和设计的一些基本概念有较全面的了解，尽管学生反映课内学时较少，但通过参阅本教材，也能掌握本教材所述主要内容。其他学校教师反映也较好。

承蒙全国高校土木工程学科专业指导委员会的推荐，本教材被教育部批准为"面向 21 世纪课程教材"，趁出版第二版之机，我们对本教材内容做了少许调整和补充，同时对原版中的一些错误作了更正。由于本教材出版时间还不长，衷心期望读者和使用本教材的教师多给我们提出意见和指出书中不当或错误之处，以便我们今后进一步修订、完善。

李国强

2001 年 4 月

　　1998 年，教育部颁布了新的大学本科专业目录，将原来 500 多个专业合并减少了一半，其中原建筑工程专业、交通土建专业等合并拓展成土木工程专业。 这一举措，实际上是我国高等教育改革的一项重要内容，标志着我国高级人才培养模式向专业宽口径转变。 为适应这一转变，建设部专门列出了面向 21 世纪的土木工程专业结构系列课程教学改革研究课题，该课题的研究结论之一，就是建议将工程结构荷载和可靠度设计原理列为土木工程专业学生的专业基础教学内容。

　　各类工程结构(如建筑、桥梁、输电塔等)的最重要功能，就是承受其生命全过程中可能出现的各种荷载。 结构设计时，荷载取值的大小及应考虑哪些荷载，将直接影响结构工作时的安全性。 因此，工程结构设计时，需考虑哪些荷载，这些荷载产生的背景，以及各种荷载的计算方法应是一名结构工程师所具备的基本专业知识，因而也是土木工程专业学生需掌握的结构工程基本内容。

　　工程结构的设计方法经历了经验定值设计法、半经验半概率定值设计法和概率定值设计法三个阶段，目前国际上关于工程结构设计，普遍采用概率定值设计法。所谓概率定值设计法，是以结构概率可靠度为基础，以确定性荷载和确定性结构抗力为形式的结构设计方法。 这种设计方法既便于工程师直观地运用，又具有明确的概率可靠度意义，而为我国各种工程结构设计规范所采用。 因此，要理解我国现行工程结构设计方法，就必须掌握工程结构可靠度设计原理。

　　结构设计包括三部分内容：一是荷载，二是结构抗力，三是结构设计方法。 本书涉及荷载和结构设计方法两部分内容，而结构抗力则由有关“钢筋混凝土结构”“钢结构”等书或教材介绍。 本书分两篇，分别介绍了荷载的分类及重力、土压力、水压力、风荷载、地震作用、爆炸作用、温度作用、波浪荷载等重要荷载的概念、原理和计算方法，以及荷载与结构抗力的统计分析、结构可靠度分析、结构概率可靠度设计法等重要内容。 本书大纲的拟定和统稿由李国强负责，其中第二章第一、二节、第三章、第六章第一、二、三、四节由黄宏伟执笔，第二章第四节、第六章第五、六、七节由郑步全执笔，其余各章节由李国强执笔。

　　本书作者感谢建设部土木工程专业结构系列课程教学改革课题组的陈以一、袁勇、朱合华、李国平等教授，他们对本书大纲的确定提出了许多建设性意见。 另要特别感谢潘士劼教授、张庆智教授和陈忠延教授，他们仔细阅读了本书的手稿，对本书的内容提出了很多宝贵的意见和建议。 我本人还要感谢香港 Croucher 基金会和香港理工大学土木及结构工程系，他们为我于 1999 年初在香港短期工作访问提供了很好的工作条件，使我在香港期间完成了本书的修改与定稿工作。 最后，我要感谢我的硕士研究生段颖智同学，她花费了大量时间和精力打印了本书的手稿。

本书作为大学本科关于结构工程的一本专业基础教学参考书还是第一次，由于我们学识有限，书中不当或错误之处，敬望读者批评指正。

李国强

1999 年 5 月

目 录

第 1 篇 工程结构荷载

第 2 篇　工程结构可靠性设计原理

附　录

参　考　文　献

第 1 篇

工程结构荷载

第 1 章

荷　载　类　型

1.1　荷载与作用

工程结构（如房屋、桥梁、隧道等）最重要的一项功能是承受其使用过程中可能出现的各种环境作用，如房屋结构要承受自重、人群和家具重量以及风和地震作用等；桥梁结构要承受车辆重力、车辆制动力与冲击力、水流压力等；隧道结构要承受水土压力、爆炸作用等。将由各种环境因素产生的直接作用在结构上的各种力称为荷载。由地球引力产生的力为重力，任何结构都将受到重力的作用。由土、水、风等产生的作用在结构上的压力称为土压力、水压力、风压力（习惯称风荷载或风载）。由爆炸、运动物体的冲击、制动或离心作用等产生的作用在结构上的其他物体的惯性力也均称为荷载。

作用在结构上的荷载会使结构产生内力、变形等（称为效应）。结构设计的目标就是确保结构的承载能力足以抵抗内力，而变形控制在结构能正常使用的范围内。工程师发现，进行结构设计时，不仅要考虑上述直接作用在结构上的各种荷载作用，还应考虑引起结构内力、变形等效应的其他非直接作用因素。能够引起结构内力、变形等效应的非直接作用因素，如地震、温度变化、基础不均匀沉降、焊接等，称为间接作用。

为了统一，将能使结构产生效应（结构或构件的内力、应力、位移、应变、裂缝等）的各种因素总称为作用；而将可归结为作用在结构上的力的因素称为直接作用（图 1-1a）；将

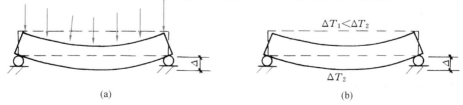

图 1-1　作用与效应

（a）直接作用（重力）；（b）间接作用（升温）

不是作用力但同样引起结构效应的因素称为间接作用（图1-1b）。只有直接作用才可称为荷载。

1.2 作用的分类

为便于工程结构设计，且利于考虑不同的作用所产生效应的性质和重要性不同，对结构承受的各种环境作用，可按下列原则分类：

1. 按随时间的变异分类

（1）永久作用：在结构设计基准期内其值不随时间变化，或其变化与平均值相比可以忽略不计。例如，结构自重、土压力、水压力、预加应力、基础沉降、焊接等。

（2）可变作用：在结构设计基准期内其值随时间变化，且其变化与平均值相比不可忽略。例如，车辆重力、人员设备重力、风荷载、雪荷载、温度变化等。

（3）偶然作用：在结构设计基准期内不一定出现，而一旦出现其量值很大且持续时间较短。例如，地震、爆炸等。

由于可变作用的变异性比永久作用的变异性大，可变作用的相对取值（与其平均值之比）应比永久作用的相对取值大。另外，由于偶然作用的出现概率较小，结构抵抗偶然作用的可靠度可比抵抗永久作用和可变作用的可靠度低。

2. 按随空间位置的变异分类

（1）固定作用：在结构空间位置上具有固定的分布。例如，结构自重、结构上的固定设备荷载等。

（2）可动作用：在结构空间位置上的一定范围内可以任意分布。例如，房屋中的人员、家具荷载、桥梁上的车辆荷载等。

由于可动作用可以任意分布，结构设计时应考虑它在结构上引起最不利效应的分布情况。

3. 按结构的反应分类

（1）静态作用：对结构或结构构件不产生加速度或其加速度可以忽略不计。例如，结构自重、土压力、温度变化等。

第1章 荷载
类型课件

（2）动态作用：对结构或结构构件产生不可忽略的加速度。例如，地震、风、冲击和爆炸等。

对于动态作用，必须考虑结构的动力效应，按动力学方法进行结构分析，或按动态作用转换成等效静态作用，再按静力学方法进行结构分析。

第1章 荷载类型
思维导图

习题

1.1　荷载与作用在概念上有何不同?
1.2　说明直接作用和间接作用的区别。
1.3　作用有哪些类型? 请举例说明哪些是直接作用? 哪些是间接作用?
1.4　什么是效应? 是不是只有直接作用才能产生效应?
1.5　举例说明哪些是永久作用? 哪些是可变作用? 哪些是偶然作用?
1.6　是非题:
　　(1)　严格意义上讲,只有直接作用才能称为荷载。
　　(2)　土压力、风压力和水压力是荷载,由爆炸、离心作用等产生的作用在物体上的惯性力不是荷载。
　　(3)　按照间接作用的定义,温度变化、基础不均匀沉降、制动力、地震等均是间接作用。
　　(4)　只有直接作用才能引起结构效应,间接作用并不能引起结构效应。

第 2 章

重　　力

2.1　结构自重

结构的自重是由地球引力产生的组成结构的材料重力，一般而言，只要知道结构各部件或构件尺寸及所使用的材料资料，就可根据材料的重度，算出构件的自重

$$G_b = \gamma V \tag{2-1}$$

式中　G_b——构件的自重（kN）；

　　　γ——构件材料的重度（kN/m³）；

　　　V——构件的体积，一般按设计尺寸确定（m³）。

本书附录列举了工程结构基本材料的质量密度，可予以参考。式（2-1）适用于一般建筑结构、桥梁结构以及地下结构等各构件自重计算，但必须注意土木工程中结构各构件的材料重度可能不同，计算结构总自重时可将结构人为地划分为许多容易计算的基本构件，先计算基本构件的重量，然后叠加即得到结构总自重，计算公式为：

$$G = \sum_{i=1}^{n} \gamma_i V_i \tag{2-2}$$

式中　G——结构总自重（kN）；

　　　n——组成结构的基本构件数；

　　　γ_i——第 i 个基本构件的重度（kN/m³）；

　　　V_i——第 i 个基本构件的体积（m³）。

在进行建筑结构设计时，为了工程上应用方便，有时把建筑物看成一个整体，将结构自重转化为平均楼面恒载。作为近似估算，对一般的木结构建筑，其平均楼面恒载可取为1.98～2.48kN/m²；对钢结构建筑，平均恒载为2.48～3.96kN/m²；对钢筋混凝土结构的建筑，其值在 4.95～7.43kN/m² 之间；而对预应力混凝土建筑，建议可取普通钢筋混凝土建筑恒载的 70%～80%。

在进行道路工程设计时,尤其在高速公路的设计中,应特别重视路堤的重力效应。路堤的自重计算可参照下一节土的自重计算,在此不再赘述。

2.2 土的自重应力

土是由土颗粒、水和气所组成的三相非连续介质。若把土体简化为连续体,而应用连续介质力学(例如弹性力学)来研究土中应力的分布时,应注意到,土中任意截面上都包括有骨架和孔隙的面积,所以在地基应力计算时都只考虑土中某单位面积上的平均应力。必须指出,只有通过土粒接触点传递的粒间应力才能使土粒彼此挤紧,从而引起土体的变形,而且粒间应力又是影响土体强度的一个重要因素,所以粒间应力又称为有效应力。因此,土的自重应力即为土自身有效重力在土体中所引起的应力。

在计算土的自重应力时,假设天然地面是一个无限大的水平面,在任意竖直面和水平面上均无剪应力存在,因此,土体任意深度水平面上的平均应力均由土体的自重产生。如果地面下土质均匀,土层的天然重度为 γ,则在天然地面下任意深度 z 处 a-a 水平面上的竖直自重应力 σ_{cz},可取作用于该水平面上任一单位面积的土柱体自重 $\gamma z \times 1$ 计算,即

$$\sigma_{cz} = \gamma z \tag{2-3}$$

σ_{cz} 沿水平面均匀分布,且与 z 成正比,即随深度按直线规律分布,如图 2-1 所示。一般

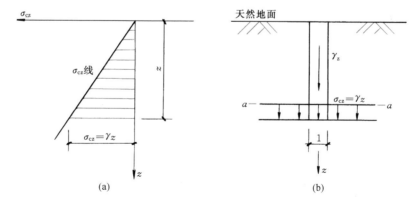

图 2-1 均质土中竖向自重应力

(a) 沿深度的分布;(b) 任意水平面的分布

情况下,地基土是由不同重度的土层所组成。天然地面下深度 z 范围内各层土的厚度自上而下分别为 h_1、h_2、$\cdots$、h_i、$\cdots$、h_n,则成层土深度 z 处的竖直有效自重应力的计算公式为

$$\sigma_{cz} = \gamma_1 h_1 + \gamma_2 h_2 + \cdots + \gamma_n h_n = \sum_{i=1}^{n} \gamma_i h_i \tag{2-4}$$

式中　n——从天然地面起到深度 z 处的土层数;

h_i——第 i 层土的厚度（m）；

γ_i——第 i 层土的天然重度，若土层位于地下水位以下，由于受到水的浮力作用，单位体积中，土颗粒所受的重力扣除浮力后的重度称为土的有效重度 γ_i'，是土的有效密度与重力加速度的乘积，这时计算土的自重应力应取土的有效重度 γ_i' 代替天然重度 γ_i，对一般土，常见变化范围为 $8.0 \sim 13.0 \text{kN/m}^3$。

计算土中竖向自重应力在划分土层时，一般以每层土为原则，但需考虑地下水位，若地下水位位于某一层土体中，则需将该层土划分为二层土。图 2-2 为一典型成层土中竖向自重应力沿深度变化的分布。

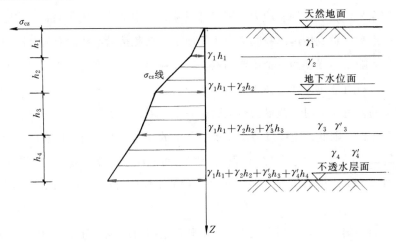

图 2-2　成层土中竖向自重应力沿深度变化的分布

2.3　雪荷载

雪荷载是房屋屋面的主要荷载之一。在我国寒冷地区及其他大雪地区，因雪荷载导致屋面结构以及整个结构破坏的事例时有发生。尤其是大跨度结构，对雪荷载更为敏感。因此在有雪地区，结构设计时必须考虑雪荷载。

2.3.1　基本雪压

所谓雪压是指单位面积地面上积雪的自重，而基本雪压是指当地空旷平坦地面上根据气象记录资料经统计得到的在结构使用期间可能出现的最大雪压值。决定雪压值大小的是雪深和雪重度，即

$$s = \gamma d \tag{2-5}$$

式中　s——雪压（N/m^2）；

γ——雪重度（N/m³）；

d——雪深（m）。

1. 雪重度

雪重度是一个随时间和空间变化的量，它随积雪厚度、积雪时间的长短即地理气候条件等因素的变化而有较大的差异。

新鲜下落的雪重度较小，为 $500\sim1000$N/m³。当积雪达到一定的厚度时，积存在下层的雪由于受到上层雪的压缩其密度增加。越靠近地面，雪的重度越大，雪深越大，下层的重度越大。图2-3是在法国某地实测得到的雪重度随积雪深度的变化。

在寒冷地区，积雪时间一般较长甚至存在整个冬季，随着时间的延续，积雪由于受到压缩、融化、蒸发及人为搅动等，其重度不断增加。从冬初到冬末，雪重度可差1倍。图2-4为某地雪重度随时间的变化。

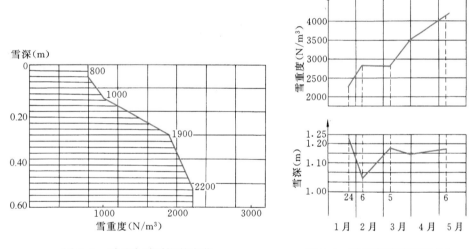

图 2-3　雪重度随雪深的变化　　　　图 2-4　雪重度随时间的变化

不少国家对雪重度作了统计研究，得出一些有关雪重度 γ（N/m³）的计算公式。例如：

（1）苏联建议的公式

$$\gamma = (90 + 130\sqrt{d})(1.5 + 0.17\sqrt[3]{T})(10 + \sqrt{v}) \tag{2-6}$$

式中　d——雪深（m）；

T——整个积雪期间的平均温度（℃）；

v——整个积雪期间的平均风速（m/s）。

（2）瑞典建议的公式

$$\gamma = 1550 + 7t \tag{2-7}$$

式中　t——11月份以后的积雪存留天数。

（3）匈牙利建议的公式

$$\gamma = 1530 + 495R \tag{2-8}$$

式中 R——降雪次数。

（4）国际结构安全联合委员会建议的公式

$$\gamma = 3000 - 2000e^{-1.5d} \tag{2-9}$$

式中 d——雪深（m）。

可见，雪重度是随雪深和时间变化的。然而为工程应用方便，常将雪重度定为常值，即以某地区的气象记录资料经统计后所得雪重度平均值或某分位值作为该地区的雪重度。例如，苏联、罗马尼亚等国家取雪重度为 2.2kN/m³，加拿大取2kN/m³，法国取 1.5 kN/m³。而我国由于幅员辽阔，气候条件差异较大，故对不同地区取不同的雪重度值，东北及新疆北部地区取 1.5 kN/m³；华北及西北地区取1.3kN/m³，其中青海取 1.2kN/m³；淮河、秦岭以南地区一般取 1.5kN/m³，其中江西、浙江取 2.0kN/m³。

2. 基本雪压的统计

确定了雪重度以后，只要量测雪深，就可按式（2-5）计算雪压。基本雪压一般根据年最大雪压进行统计分析确定。"对于雪荷载敏感的结构，应采用 100 年重现期的雪压。"

应当指出，最大雪深与最大雪重度两者并不一定同时出现。当年最大雪深出现时，对应的雪重度多数情况下不是本年度的最大值。因此采用平均雪重度来计算雪压有一定的合理性。当然最好的方法是像美国气象部门一样，直接记录地面雪压值，这样可避免最大雪深与最大雪重度不同时出现带来的问题，而能准确确定真正的年最大雪压值。

3. 海拔高度对基本雪压的影响

一般山上的积雪比附近平原地区的积雪要大，并且随山区地形海拔高度的增加而增大。其中主要原因是由于海拔较高地区的温度较低，使降雪的机会增多，且积雪的融化延缓。图 2-5是欧洲一些国家给出的基本雪压随海拔高度的变化曲线。

2.3.2 屋面的雪压

基本雪压是针对地面上的积雪荷载定义的。屋面的雪荷载由于多种因素的影响，往往与地面雪荷载不同。造成屋面积雪与地面积雪不同的主要原因有：风、屋面形式、屋面散热等。

1. 风对屋面积雪的影响

在下雪过程中，风会把部分本将飘落在屋面上的雪吹积到附近的地面上或其他较低的物体上，这种影响称为风的飘积作用。当风速较大或房屋处于特别曝风位置时，部分已经积在屋面上的雪会被风吹走，从而导致平屋面或小坡度（坡度小于10°）屋面上的雪压普遍比邻近地面上的雪压要小。苏联、加拿大等国家的调查表明，屋面雪荷载小于地面雪荷载。如果用平屋面上的雪压值与地面上雪压值之比 μ_e 来衡量风的飘积作用大小，则 μ_e 值的大小与房屋的曝风情况及风速的大小有关。风速越大，房屋周围挡风的障碍物越小，则 μ_e 越小（小

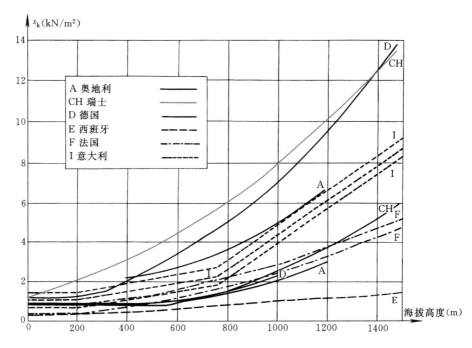

图 2-5 欧洲国家地面雪压随海拔高度的变化

于 1)。加拿大的研究表明，对敞风较好的房屋 μ_e 取 0.9；对周围无挡风障碍物的房屋 μ_e 取 0.6；对完全曝风的房屋 μ_e 取 0.3。苏联的研究表明，μ_e 可表达为冬季平均风速 $\tilde{v}_w$（m/s）的函数，即

$$\mu_e = 1.24 - 0.13\,\tilde{v}_w > 0.4 \tag{2-10}$$

在高低跨屋面的情况下，由于风对雪的飘积作用，会将较高屋面的雪吹落在较低屋面上，在低屋面上形成局部较大的飘积荷载。在某些场合这种积雪非常严重，最大可出现 3 倍于地面积雪的情况。低屋面上这种飘积雪的大小及其分布形状与高低屋面的高差有关。当高差不太大时，飘积雪将沿墙根在一定范围内呈三角形分布（图 2-6）；当高差较大时，靠近

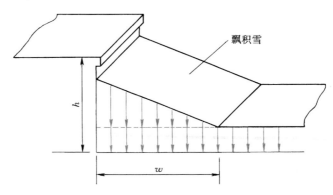

图 2-6 高低屋面上飘积雪的分布

墙根的积雪一般不十分严重，飘积雪将分布在一个较大的范围内。

对多跨坡屋面及曲线形屋面，屋谷附近区域的积雪比屋脊区大，其原因之一是风作用下的雪飘积，屋脊区的部分积雪被风吹积在屋谷区内。图 2-7 为在加拿大渥太华一多跨坡屋面测得的一次实际积雪分布情况。

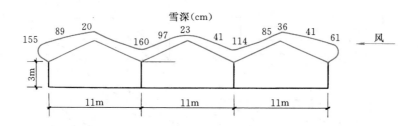

图 2-7　多跨坡屋面上的积雪分布

2. 屋面坡度对积雪的影响

屋面雪荷载与屋面坡度密切相关，一般随坡度的增加而减小，主要原因是风的作用和雪滑移。

当屋面坡度大到某一角度时，积雪就会在屋面上产生滑移或滑落，坡度越大滑落的雪越多。屋面表面的光滑程度对雪滑移的影响较大，对一些类似铁皮屋面、石板屋面这样的光滑表面，雪滑移更易发生，而且往往是屋面积雪全部滑落。根据加拿大对不同坡度屋面的雪滑移观测研究，当坡度大于 $10°$ 时就有可能产生雪滑移。双坡屋面当一侧受太阳辐射而使靠近屋面层的积雪融化形成薄膜层时，由于摩擦力减小，这一侧的积雪会发生滑落。这种情况可能形成一坡有雪另一坡完全滑落的不平衡雪荷载。

雪滑移带来的另一问题是滑落的雪堆积在与坡屋面邻接的较低屋面上。这种堆积可能出现很大的局部堆积雪荷载，结构设计时应加以考虑。

当风吹过屋脊时，在屋面的迎风一侧会因"爬坡风"效应风速增大，吹走部分积雪。坡度越陡这种效应越明显。在屋脊后的背风一侧风速下降，风中夹裹的雪和从迎风屋面吹过来的雪往往在背风一侧屋面上飘积。因而，对双坡屋面及曲线形屋面，风作用除了使总的屋面积雪减少外，还会引起屋面的不平衡积雪荷载。

因此，我国规范规定对双坡屋面需考虑均匀雪载分布和不均匀雪载分布两种情况，如图 2-8 所示。其中 μ_r 为屋面积雪分布系数（屋面雪载与地面雪载之比），其与屋面坡度的关系列于表 2-1。

屋面坡度对屋面积雪分布系数的影响　　　　　　　　表 2-1

α	$\leqslant 25°$	$30°$	$35°$	$40°$	$45°$	$\geqslant 50°$
μ_r	1.0	0.8	0.6	0.4	0.2	0

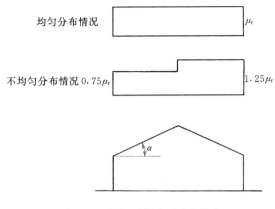

图 2-8 单跨双坡屋面雪载分布

3. 屋面温度对积雪的影响

冬季采暖房屋的积雪一般比非采暖房屋小，这是因为屋面散发的热量使部分积雪融化，同时也使雪滑移更易发生。

不连续加热的屋面，加热期间融化的雪在不加热期间可能重新冻结。并且冻结的冰渣可能堵塞屋面排水，以致在屋面较低处结成较厚的冰层，产生附加荷载。重新冻结的冰雪还会降低坡屋面上的雪滑移能力。

对大部分采暖的坡屋面，在其檐口处通常是不加热的。因此融化后的雪水常常会在檐口处冻结为冰棱。这一方面会堵塞屋面排水，出现渗漏；另一方面会对结构产生不利的荷载效应。

2.4 汽车（列车）荷载

桥梁结构的设计荷载之一是汽车（列车）荷载。在桥梁上通行的车辆有各种不同的型号和荷载等级，并且，随着交通运输业的不断发展，最高的荷载等级也将不断提高。因此，需要有一种既反映目前汽车（列车）荷载情况又兼顾未来发展、便于桥梁结构设计运用的汽车（列车）荷载标准。

对于公路桥，汽车荷载是指汽车、挂车、履带车等；对于铁路桥，列车荷载是指列车。在世界范围内，汽车荷载标准有两种形式：一种为车辆荷载，另一种为车道荷载。车辆荷载考虑车的尺寸及车的排列方式，以集中荷载的形式作用于车轴位置；车道荷载则不考虑车的尺寸及车的排列方式，将车道荷载等效为均布荷载和一个可作用于任意位置的集中荷载形式。

对于不包括冲击效应的汽车（列车）荷载，可称之为静活载。

2.4.1 公路汽车荷载

在对我国现有车型及车辆行车规律等方面进行大量实地观测和调查研究的基础上，根据汽车工业发展和国防建设的需要，制定了适用于公路桥涵和其他受汽车荷载影响的构筑物设计的汽车荷载标准。

汽车荷载分为两个等级：公路-Ⅰ级和公路-Ⅱ级。我国汽车荷载由车道荷载和车辆荷载组成。对于桥梁结构的整体计算，汽车荷载采用车道荷载；对于桥梁的局部加载、涵洞、桥台和挡土墙压力等的计算，汽车荷载采用车辆荷载。车道荷载与车辆荷载的作用不得叠加。各级公路桥涵设计的汽车荷载等级应符合表2-2的规定。

各级公路桥涵设计的汽车荷载等级 表 2-2

公路等级	高速公路	一级公路	二级公路	三级公路	四级公路
汽车荷载等级	公路-Ⅰ级	公路-Ⅰ级	公路-Ⅰ级	公路-Ⅱ级	公路-Ⅱ级

注：1. 二级公路作为集散公路且交通量小、重型车辆少时，其桥涵的设计可采用公路-Ⅱ级汽车荷载；
 2. 对交通组成中重载交通比重较大的公路桥涵，宜采用与该公路交通组成相适应的汽车荷载模式进行结构整体和局部验算。

车辆荷载布置图见图 2-9 和图 2-10，其主要技术指标见表 2-3。

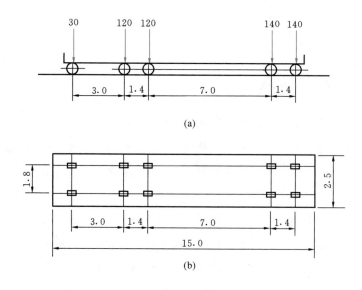

图 2-9　车辆荷载的立面、平面尺寸（轴重力单位：kN；尺寸单位：m）

（a）立面；（b）平面

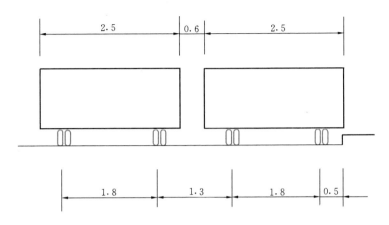

图 2-10　车辆荷载横向布置（尺寸单位：m）

车辆荷载的主要技术指标　　　　　　　　　表 2-3

项　目	单位	技术指标	项　目	单位	技术指标
车辆重力标准值	kN	550	轮距	m	1.8
前轴重力标准值	kN	30	前轮着地宽度及长度	m	0.3×0.2
中轴重力标准值	kN	2×120	中、后轮着地宽度及长度	m	0.6×0.2
后轴重力标准值	kN	2×140	车辆外形尺寸（长×宽）	m	15×2.5
轴距	m	3+1.4+7+1.4			

车道荷载分布图见图 2-11。对于公路-I 级车道荷载的均布荷载标准值为 $q_K = 10.5 \text{kN/m}$；集中荷载标准值 P_K 按以下规定选取：当桥涵计算跨径小于或等于 5m 时，$P_K = 270 \text{kN}$；当桥涵计算跨径大于或等于 50m 时，$P_K = 360 \text{kN}$；桥涵计算跨径大于 5m、小于 50m 时，P_K 按直线内插求得。计算剪力效应时，上述集中荷载标准值应乘以系数 1.2。公路-Ⅱ 级车道荷载的均布荷载标准值 q_K 和集中荷载标准值 P_K，为公路-Ⅰ 级车道荷载的 0.75 倍。车道荷载的均布荷载标准值应满布于使结构产生最不利效应的同号影响线上，集中荷载标准值只作用于相应影响线峰值处。

车道荷载的计算图式见图 2-11。

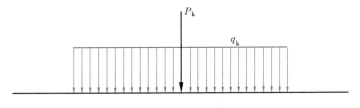

图 2-11　车道荷载

注：计算跨径：设支座的为相邻两支座中心间的水平距离；不设支座的为
　　上、下部结构相交面中心间的水平距离。

图 2-12 所示为我国城市桥梁设计荷载标准规定的城-A 级车道荷载（跨度为 2～20m）。

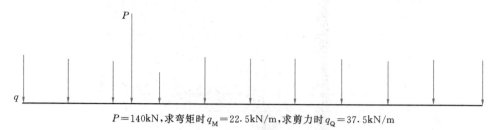

$P=140\mathrm{kN}$，求弯矩时 $q_M=22.5\mathrm{kN/m}$，求剪力时 $q_Q=37.5\mathrm{kN/m}$

图 2-12　我国城市桥梁设计荷载标准规定的城-A 级车道荷载（跨度 2～20m）

桥涵设计车道数应符合表 2-4 的规定。横桥向布置多车道汽车荷载时，以上两种形式的汽车荷载标准都根据多个车道上同时出现最大汽车荷载的概率大小，规定计算所得内力应考虑汽车荷载的折减；布置一条车道汽车荷载时，应考虑汽车荷载的提高。横向车道布载系数应符合表 2-5 的规定。多车道布载的荷载效应不得小于两条车道布载的荷载效应。

桥涵设计车道数　　　　　　　　　　　　　　　　表 2-4

桥面宽度 W（m）		桥涵设计车道数
车辆单向行驶时	车辆双向行驶时	
$W<7.0$		1
$7.0\leqslant W<10.5$	$6.0\leqslant W<14.0$	2
$10.5\leqslant W<14.0$		3
$14.0\leqslant W<17.5$	$14.0\leqslant W<21.0$	4
$17.5\leqslant W<21.0$		5
$21.0\leqslant W<24.5$	$21.0\leqslant W<28.0$	6
$24.5\leqslant W<28.0$		7
$28.0\leqslant W<31.5$	$28.0\leqslant W<35.0$	8

横向车道布载系数　　　　　　　　　　　　　　　表 2-5

横向布载车道数（条）	1	2	3	4	5	6	7	8
横向车道布载系数	1.20	1.00	0.78	0.67	0.60	0.55	0.52	0.50

对于桥梁计算跨径大于 150m 的大跨径桥梁应按表 2-6 规定对车道荷载进行纵向折减。桥梁为多跨连续结构时，整个结构应按其最大计算跨径的纵向折减系数进行折减。

纵 向 折 减 系 数　　　　　　　　　　　　　　表 2-6

计算跨径 L_0（m）	纵向折减系数	计算跨径 L_0（m）	纵向折减系数
$150<L_0<400$	0.97	$800\leqslant L_0<1000$	0.94
$400\leqslant L_0<600$	0.96	$L_0\geqslant1000$	0.93
$600\leqslant L_0<800$	0.95		

2.4.2 列车荷载

列车荷载应采用中华人民共和国铁路标准活载，即"中-活载"。标准活载的计算图式见图 2-13。普通活载左面的 5 个集中荷载相当于一台机车的重量，其右侧一段 30m 长的均布荷载则大致相当于两台煤水车及另一台机车重；最后（最右侧）的均布荷载则表示列车的（货车）车辆载重，其长度不限。对于跨度很小的桥，往往由 3 个轴重所组成的特种荷载控制设计。

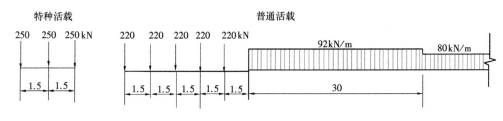

图 2-13　中-活载图式（长度以"m"计）

2.5　楼面活荷载

楼面活荷载指房屋中生活或工作的人群、家具、用品、设施等产生的重力荷载。由于这些荷载的量值随时间而变化，且位置也是可移动的，因此国际上通用活荷载（Live Load）这一名词表示房屋中的可变荷载。

考虑到楼面活荷载在楼面位置上的任意性，为工程设计应用上方便，一般将楼面活荷载处理为楼面均布荷载。均布活荷载的量值与建筑物的功能有关，如公共建筑（如商店、展览馆、车站、电影院等）的均布活荷载值一般比住宅、办公楼的均布活荷载值大。

各个国家的生活、工作设施有差异，且设计的安全度水准也不一样，因此，即使同一功能的建筑物，不同国家关于楼面均布活荷载取值也不尽相同。表 2-7 是一些国家常见建筑的楼面均布活荷载取值。

一些国家楼面均布活荷载取值（kN/m²）　　　　　　　　　表 2-7

用 途 ＼ 国 别	中 国	美 国	日 本	苏 联	英 国
住 宅	2.0	1.92	1.80	1.5	2.0
办公楼	2.0	2.40	2.56	2.0	2.5
旅 馆	2.0	1.92	1.00	1.5	2.0
医 院	2.0	1.92	1.80	1.5	2.0
教 室	2.5	1.92	2.88	2.0	3.0
商 店	3.5	≥3.60	3.78	≥4.0	4.0

2.5 中日建筑规范
楼面活荷载对比

由于楼面均布活荷载可理解为楼面总活荷载按楼面面积平均，因此一般情况下，所考虑的楼面面积越大，实际平摊的楼面活荷载越小。故计算结构或构件楼面活荷载效应时，如引起效应的楼面活荷载面积超过一定的数值，则应对楼面均布活荷载折减。例如，国际标准 ISO2103 规定：

（1）在计算梁的楼面活荷载效应时，楼面均布活荷载应乘以折减系数 λ_b

对住宅、办公楼

$$\lambda_b = 0.3 + \frac{3}{\sqrt{A}}, A \geqslant 18\text{m}^2 \quad A < 18\text{m}^2 \,(\text{当} A > 25\text{m}^2 \text{ 时}, \lambda_b \text{ 应取 } 0.9) \qquad (2\text{-}11)$$

对公共建筑

$$\lambda_b = 0.5 + \frac{3}{\sqrt{A}}, A \geqslant 36\text{m}^2 \quad A > 36\text{m}^2 \,(\text{当} A > 50\text{m}^2 \text{ 时}, \lambda_b \text{ 应取 } 0.9) \qquad (2\text{-}12)$$

式中 A——梁的从属面积，见图 2-14。

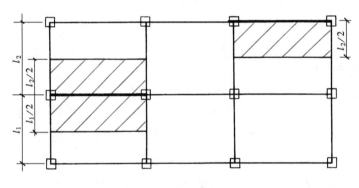

图 2-14 梁的从属面积

（2）在计算多层或高层建筑柱、墙或基础的楼面活荷载效应时，应对楼面均布活荷载乘以折减系数 λ_c。

对住宅、办公楼

$$\lambda_c = 0.3 + \frac{0.6}{\sqrt{n}} \qquad (2\text{-}13)$$

对公共建筑

$$\lambda_c = 0.5 + \frac{0.6}{\sqrt{n}} \qquad (2\text{-}14)$$

式中 n——所计算截面以上的楼层数，$n > 2$。

2.6　人群荷载

在公路桥梁设计中需考虑人群荷载对结构的作用，人群荷载一般取值为 $3kN/m^2$，市郊行人密集区域取值为 $3.5kN/m^2$。在有人行道的桥梁上，人群荷载与汽车荷载同时考虑，而用验算荷载时则不考虑人群荷载。

当人行道为钢筋混凝土板时，还应以 $1.2kN$ 集中竖向力作用在一块板上进行验算。计算栏杆时，人群作用于栏杆上的水平推力为 $0.75kN/m$，力的作用点位于栏杆柱顶，人群作用于栏杆扶手上的竖向力为 $1kN/m$，力的作用点位于上部扶手。

城市桥梁设计中需考虑人群荷载对结构的作用：①人行道板（局部构件）的人群荷载分别取 $5kN/m^2$ 的均布荷载或 $1.5kN$ 的集中竖向力作用在构件上进行计算，取其不利值；②梁、桁架、拱及其他大跨结构的人群荷载可按下式计算，但不得小于 $2.4kN/m^2$。

当加载长度 $l < 20m$ 时：

$$\omega = 4.5 \times (20 - \omega_p) / 20$$

当加载长度 $l \geq 20m$ 时：

$$\omega = [4.5 - (1 - 20) / 40] (20 - \omega_p) / 20$$

式中　ω——单位面积上的人群荷载（kN/m^2）；

l——加载长度（m）；

ω_p——半边人行道宽度（m），在专用非机动车桥上时取1/2桥宽，当1/2桥宽大于 4m 时按 4m 计。

人行天桥的人群荷载：①人行道板（局部构件）的人群荷载应按 $5kN/m^2$ 的均布荷载或 $1.5kN$ 的集中竖向力作用在构件上进行计算，取其不利值；②梁、桁架、拱及其他大跨结构的人群荷载可按下式计算，但不得小于 $2.4kN/m^2$。

当加载长度 $l < 20m$ 时：

$$\omega = 5 \times (20 - \omega_p) / 20$$

当加载长度 $l \geq 20m$ 时：

$$\omega = [5 - (1 - 20) / 40] \times (20 - \omega_p) / 20$$

第2章 重力课件

式中　ω——单位面积上的人群荷载（kN/m^2）；

l——加载长度（m）；

ω_p——半桥宽（m）；大于 4m 时按 4m 计。

第2章 重力
思维导图

习题

2.1 结构自重如何计算?

2.2 土的重度与有效重度有何区别? 成层土的自重应力如何计算?

2.3 何谓基本雪压? 影响基本雪压的主要因素有哪些?

2.4 说明影响屋面雪压的主要因素及原因。

2.5 基本雪压采用的是地面雪压还是屋面雪压?

2.6 说明车列荷载与车道荷载的区别。

2.7 计算楼面活荷载效应时, 为什么当活荷载影响面积超过一定数值需对均布活荷载取值加以折减?

2.8 是非题:

(1) 基本雪压是指当地空旷平坦地面上根据气象记录资料经统计得到的在结构使用期间可能出现的平均雪压值。

(2) 最大雪重度和最大雪深两者一定是同时出现的。

(3) 基本雪压是针对地面上的积雪荷载定义的。

(4) 公路桥涵上的车辆荷载有车列荷载和车道荷载两种形式。

2.9 某住宅楼面为 120mm 厚钢筋混凝土现浇板, 上面为 30mm 厚水泥砂浆找平层, 下面为 20mm 厚纸筋灰抹灰层, 试计算该楼面结构自重。

2.10 计算图 2-15 中的土层各层底面处及地下水位处的自重应力。

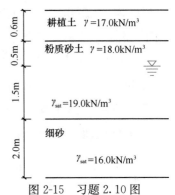

图 2-15 习题 2.10 图

第3章

侧　压　力

3.1　土的侧向压力

3.1.1　基本概念及土压力分类

土的侧向压力是指挡土墙后的填土因自重或外荷载作用对墙背产生的土压力。由于土压力是挡土墙的主要外荷载，故设计挡土墙时首先要确定土压力的性质、大小、方向和作用点。土压力的计算是一个比较复杂的问题。土压力的大小及分布规律受到墙体可能的移动方向、墙后填土的性质、填土面的形式、墙的截面刚度和地基的变形等一系列因素的影响。根据挡土墙的位移情况和墙后土体所处的应力状态，土压力可分为静止土压力、主动土压力和被动土压力。

1. 静止土压力

如果挡土墙在土压力作用下，不产生任何方向的位移或转动而保持原有位置，如图 3-1(a)所示，则墙后土体处于弹性平衡状态，此时墙背所受的土压力称为静止土压力，一般用 E_0 表示。例如地下室结构的外侧墙，由于内部楼面或梁的支撑作用，几乎没有位移

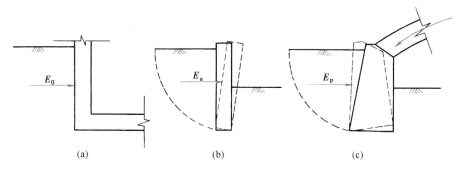

图 3-1　挡土墙的三种土压力

（a）静止土压力；（b）主动土压力；（c）被动土压力

发生，因此作用在外墙上的回填土侧压力可按静止土压力计算。

2. 主动土压力

如果挡土墙在土压力的作用下，背离墙背方向移动或转动时，如图 3-1(b) 所示，墙后土压力逐渐减小，当达到某一位移量值时，墙后土体开始下滑，作用在挡土墙上的土压力达到最小值，滑动楔体内应力处于主动极限平衡状态，此时作用在墙背上的土压力称为主动土压力，一般用 E_a 表示。例如基础开挖中的围护结构，由于土体开挖的卸载，围护墙体向坑内产生一定的位移，这时作用在墙体外侧的土压力可按主动土压力计算。

3. 被动土压力

如果挡土墙在外力作用下，向墙背方向移动或转动时，如图 3-1(c) 所示，墙体挤压土体，墙后土压力逐渐增大，当达到某一位移时，墙后土体开始上隆，作用在挡土墙上的土压力达到最大值，滑动楔体内应力处于被动极限平衡状态，此时作用在墙背的土压力称为被动土压力，一般用 E_p 表示。例如桥梁中拱桥桥台，在拱体传递的水平推力作用下，将挤压土体产生一定量的位移，因此作用在桥台背后的侧向土压力可按被动土压力计算。

一般情况下，在相同的墙高和回填土条件下，主动土压力小于静止土压力，而静止土压力又小于被动土压力，即

$$E_a < E_0 < E_p$$

3.1.2 基本原理

一般土的侧向压力计算采用朗肯土压力理论或库仑土压力理论，这里以较为普遍的朗肯土压力理论为例，介绍土体侧向压力的基本原理及计算公式。

朗肯通过研究弹性半空间土体，在自重作用下，由于某种原因而处于极限平衡状态时提出了土压力计算方法。朗肯土压力理论的基本假设如下：

(1) 对象为弹性半空间土体；

(2) 不考虑挡土墙及回填土的施工因素；

(3) 挡土墙墙背竖直、光滑，填土面水平，无超载。

3.1.2 朗肯土压力介绍

根据这些假设，墙背与填土之间无摩擦力，因而无剪应力，即墙背为主应力面。

1. 弹性静止状态

当挡土墙无位移，墙后土体处于弹性静止状态，如图 3-2(a) 所示，则作用在墙背上的应力状态与弹性半空间土体应力状态相同，即在离填土面深度 z 处各应力状态为：

竖向应力： $\sigma_z = \sigma_1 = \gamma z$

水平应力： $\sigma_x = \sigma_3 = K_0 \gamma z$

式中 K_0 为土体侧压力系数，在后面予以介绍。水平向和竖直向的剪应力均为零。用 σ_1 与 σ_3 作成的摩尔应力圆与土的抗剪强度曲线不相切，如图 3-2(d) 中的圆 I 所示。

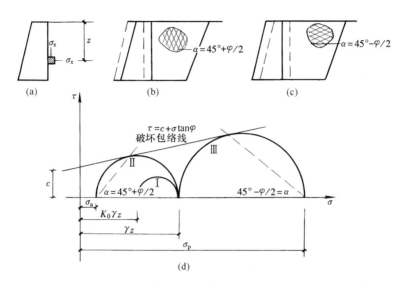

图 3-2　弹性半空间体的极限平衡状态

（a）深度 z 处的应力状态；（b）主动朗肯状态；（c）被动朗肯状态；

（d）摩尔应力圆与朗肯状态的关系

2. 塑性主动状态

当挡土墙离开土体向远离墙背方向移动时，墙后土体有伸张趋势，如图 3-2(b) 所示，此时墙后竖向应力 σ_z 不变，法向应力 σ_x 逐渐减小，随着挡土墙位移减小，土体达到塑性极限平衡状态，σ_x 达到最小值，即主动土压力 σ_a，此时应力状态为：

竖向应力：　　　　　　　　　　　　$\sigma_z = \sigma_1 = \gamma z$

水平应力：　　　　　　　　　　　　$\sigma_x = \sigma_3 = \sigma_a$

此时，σ_1 和 σ_3 的摩尔应力圆与抗剪强度包络线相切，如图 3-2(d) 中的圆 II 所示。土体形成一系列剪裂面，滑裂面的方向与大主应力的作用面（即水平面）呈 $\alpha = 45° + \dfrac{\varphi}{2}$（$\varphi$ 为土体的内摩擦角）。

3. 塑性被动状态

当挡土墙在外力作用下挤压土体，如图 3-2(c) 所示，σ_z 仍不变，σ_x 则随墙体位移增加而逐渐增大。当挡土墙位移挤压土体，使 σ_x 增大到土体塑性极限平衡状态，σ_x 达到最大值，即被动土压力 σ_p，应力状态为：

竖向应力：　　　　　　　　　　　　$\sigma_z = \sigma_3 = \gamma z$

水平应力：　　　　　　　　　　　　$\sigma_x = \sigma_1 = \sigma_p$

此时，σ_3 和 σ_1 的摩尔应力圆与抗剪强度包络线相切，如图 3-2(d) 中的圆 III 所示。土体形成一系列剪裂面，滑裂面的方向与小主应力作用面（即水平面）呈 $\alpha = 45° - \dfrac{\varphi}{2}$。

3.1.3 土压力的计算

1. 静止土压力

静止土压力可按下述方法计算。在填土表面下任意深度 z 处取一微小单元体，其上作用着竖向的土体自重应力 γz，则该处的静止土压力 σ_0 为

$$\sigma_0 = K_0 \gamma z \tag{3-1}$$

式中　K_0——土的侧压力系数或称为静止土压力系数，可近似按 $K_0 = 1 - \sin\varphi'$（φ' 为土的有效内摩擦角）计算；

　　　γ——墙后填土的重度，地下水位以下采用有效重度（kN/m³）。

由式（3-1）可以知道，对于均匀土层，静止土压力沿墙高为三角形分布。如图3-3所示，如取单位墙长计算，则作用在墙上的静止土压力合力为

$$E_0 = \frac{1}{2}\gamma H^2 K_0 \tag{3-2}$$

式中　H——挡土墙高度（m）；其余符号同前。

E_0 作用在距墙底 $H/3$ 处。

2. 主动土压力

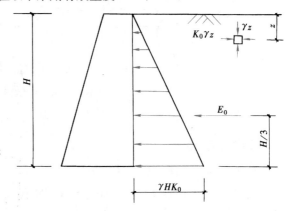

图 3-3　静止土压力分布图

土体达到主动状态，土体某点处于极限平衡状态时，根据基本原理及强度理论得到主动土压力强度 σ_a 为

无黏性土：
$$\sigma_a = \gamma z K_a \tag{3-3}$$

黏性土：
$$\sigma_a = \gamma z K_a - 2c\sqrt{K_a} \tag{3-4}$$

上列各式中　K_a——主动土压力系数；

$$K_a = \tan^2\left(45° - \frac{\varphi}{2}\right) \tag{3-5}$$

　　　γ——墙后填土的重度，地下水位以下采用有效重度（kN/m³）；

　　　c——填土的黏聚力（kPa）；

　　　φ——填土的内摩擦角；

　　　z——计算的点离填土面的深度（m）。

由式（3-3）可知：均匀无黏性土的主动土压力与深度 z 成正比，沿墙高的压力分布为三角形，如图 3-4 所示，如取单位墙长计算，则主动土压力合力为

$$E_a = \frac{1}{2}\gamma H^2 K_a \tag{3-6}$$

E_a 通过三角形的形心，即作用在离墙底 $H/3$ 处。

由式（3-4）可知，黏性土的主动土压力包括两部分：一部分是由土自重引起的土压力 $\gamma z K_a$，另一部分是由黏聚力 c 引起的负侧压力 $2c\sqrt{K_a}$，这两部分土压力叠加的结果如图 3-4(c)所示，其中 ade 部分对墙体是拉力，计算时可略去不计，因此黏性土的土压力的分布仅是 abc 部分。

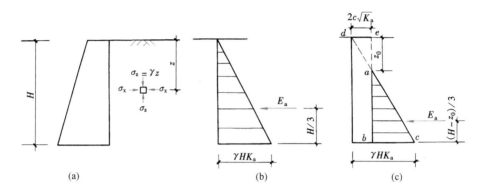

图 3-4　主动土压力强度分布图

（a）主动土压力的计算；（b）无黏性土；（c）黏性土

a 点离填土面的深度 z_0 常称为临界深度

$$z_0 = \frac{2c}{\gamma\sqrt{K_a}} \tag{3-7}$$

如取单位墙长计算，则主动土压力 E_a 为

$$E_a = \frac{1}{2}\gamma H^2 K_a - 2cH\sqrt{K_a} + \frac{2c^2}{\gamma} \tag{3-8}$$

E_a 通过三角形压力分布图 abc 的形心，即作用在离墙底 $(H-z_0)/3$ 处。

3. 被动土压力

土体达到被动状态时，土体某点处于极限平衡状态，根据基本原理可得到被动土压力 σ_p 为

无黏性土：
$$\sigma_p = \gamma z K_p \tag{3-9}$$

黏性土：
$$\sigma_p = \gamma z K_p + 2c\sqrt{K_p} \tag{3-10}$$

式中　K_p——被动土压力系数：

$$K_p = \tan^2\left(45° + \frac{\varphi}{2}\right) \tag{3-11}$$

其余符号意义同前。

由式（3-9）、式（3-10）可知，均匀无黏性土的被动土压力强度呈三角形分布，黏性土的被动土压力强度呈梯形分布（图 3-5）。如取单位墙长计算，则被动土压力合力为

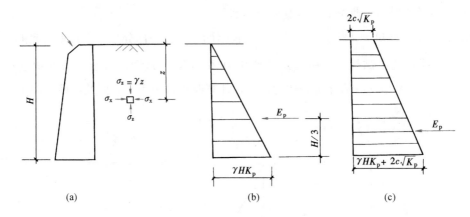

图 3-5　被动土压力强度分布图
(a) 被动土压力的计算；(b) 无黏性土；(c) 黏性土

无黏性土：
$$E_p = \frac{1}{2}\gamma H^2 K_p \tag{3-12}$$

黏性土：
$$E_p = \frac{1}{2}\gamma H^2 K_p + 2cH\sqrt{K_p} \tag{3-13}$$

被动土压力 E_p 通过三角形或梯形压力分布图的形心。

【例 3-1】已知某挡土墙高度 $H = 8.0\mathrm{m}$，墙背竖直、光滑，填土表面水平。墙后填土为无黏性中砂，重度 $\gamma = 18.0\mathrm{kN/m^3}$，有效内摩擦角 $\varphi = 30°$。试计算作用在挡土墙上的静止土压力 E_0 和主动土压力 E_a。

【解】(1) 静止土压力
$$E_0 = \frac{1}{2}\gamma H^2 K_0 = \frac{1}{2}\times 18.0\times 8^2\times(1-\sin30°) = 288\mathrm{kN/m}$$

E_0 作用点位于距墙底 $H/3 = 2.67\mathrm{m}$ 处。

(2) 主动土压力
$$E_a = \frac{1}{2}\gamma H^2 K_a = \frac{1}{2}\times 18.0\times 8^2\times\tan^2\left(45°-\frac{30°}{2}\right) = 192\mathrm{kN/m}$$

E_a 作用点位于距墙底 $H/3 = 2.67\mathrm{m}$ 处。

3.2　水压力及流水压力

修建在河流、湖泊或在含有地下水和溶洞的地层中的结构物常受到水流的作用，水对结构物既有物理作用又有化学作用，化学作用表现在水对结构物的腐蚀或侵蚀作用，物理作用表现在水对结构物的力学作用，即水对结构物表面产生的静压力和动压力。

3.2.1 水压力

水对结构物的力学作用表现在对结构物表面产生静水压力和动水压力。静水压力指静止的液体对其接触面产生的压力，作用在结构物侧面的静水压力有其特别重要的意义，它可能导致结构物的滑动或倾覆。

静水压力的分布符合阿基米德定律，为了合理地确定静水压力，将静水压力分成水平及竖向分力，竖向分力等于结构物承压面和经过承压面底部的母线到自由水面所作的竖向面之间的"压力体"体积的水重，如图 3-6(a) 中 abc、$a'b'c'$ 所示。根据定义，其单位厚度上的水压力计算公式为

$$W = \int 1 \cdot \gamma \mathrm{d}s = \iint \gamma \mathrm{d}x \mathrm{d}y \tag{3-14}$$

式中　γ——水的重度（kN/m³）。

静水压力的水平分力仍然是水深的直线函数关系，当质量力仅为重力时，在自由液面下作用在结构物上任意一点 A 的压强为

$$p_A = \gamma h_A \tag{3-15}$$

式中　h_A——结构物上的计算点在水面下的掩埋深度（m）。

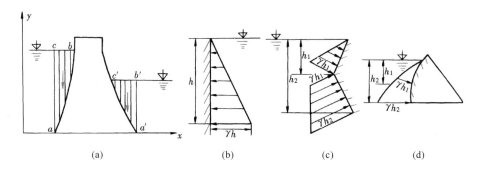

图 3-6　水压力的分布图

(a) 水压力的竖向分力；(b)、(c)、(d) 其他几种水压力在结构物上的分布模式

如果液体不具有自由表面，而是在液体表面作用有压强 p_0，依据帕斯卡（Pascal）定律，则液面下结构物上任意一点 A 的压强为

$$p_A = p_0 + \gamma h_A \tag{3-16}$$

水压力总是作用在结构物表面的法线方向，因此水压力在结构物表面上的分布跟受压面的形状有关，受压面为平面的情况下，水压分布图的外包线为直线；当受压面为曲面时，曲面的长度与水深不呈直线函数关系，所以水压力分布图的外包线亦为曲线。

3.2.2 流水压力

在水流过结构物表面时，会对结构物产生切应力和正应力，水的切应力与水流的方向一致，切应力只有在水高速流动时才表现出来；正应力是由于水的重量和水的流速方向发生改变而产生的，当水流过结构物时，水流的方向会被结构物的构件改变。在一般的荷载计算中，考虑较多的是水流对结构物产生的正应力。

在确定结构物表面上的某点压力时，用静水压力和流水引起的动水压力之和来表示

$$p = p_{\text{静}} + p_{\text{动}} \tag{3-17}$$

瞬时的动水压力为时段平均动压力和脉动压力之和，因此式（3-17）可写成

$$p = p_{\text{静}} + \overline{p}_{\text{动}} + p' \tag{3-18}$$

式中　p'——脉动压力（Pa）；

$\overline{p}_{\text{动}}$——时段平均压力（Pa）。

平均动压力 $\overline{p}_{\text{动}}$ 和脉动压力 p' 可以用流速来计算

$$\overline{p}_{\text{动}} = C_{\text{p}} \rho \frac{v^2}{2} \tag{3-19}$$

$$p' = \delta \rho \frac{v^2}{2} \tag{3-20}$$

式中　C_{p}——压力系数，可按分析方法或用半经验公式或直接由室内试验确定；

δ——脉动系数；

ρ——水的密度（kg/m^3）；

v——水的平均流速（m/s）。

脉动压力是随时间变化的随机变量，因而要用统计学方法来描述脉动过程。脉动压力的均方差 σ（脉动标准）是其主要统计特征。

如果按面积取平均值，总动压力可表示为

$$W = \overline{W}_{\text{动}} \pm W' = F(\overline{p}_{\text{动}} \pm p') \tag{3-21}$$

式中　F——力的作用面积（m^2）。

在实际计算中 p' 采用较大的可能值，一般取 3～5 倍的脉动标准。

动水压力的作用还可能引起结构物的振动，甚至使结构物产生自激振动（原理同风所产生的自激振动，参见第 4 章）或共振，而这种振动对结构物是非常有害的，在结构设计时，必须加以考虑，以确保设计的安全性。

3.3 波浪荷载

3.3.1 波浪的分类

具有自由表面的液体的局部质点受到扰动后，离开原来的平衡位置而作周期性起伏运动，并向四周传播的现象，即为波浪。

当风持续地作用在水面上时，就会产生波浪。在有波浪时，水质点作复杂的旋转、前进运动。在有波浪时水对结构物产生的附加应力称为波浪压力，又称波浪荷载。

3.3.1 波浪荷载
图片

波浪作为一种波，它具有波的一切特性，如波长 λ、周期 τ、波幅 h（波浪力学中称为浪高），如图 3-7 所示。图中平均波浪线高于计算水位 h_0，h_0 称为超高。计算水位即静止水位，平均波浪线产生的压力要大于由计算水位产生的压力。影响波浪的形状和各参数值的因素有：风速 v、风的持续时间 t、水深 H 和吹程 D（吹程等于岸边到构筑物的直线距离）。风速和风的持续时间都是随机变量，很难准确测定，因此在计算浪高时按暴风的风速和吹程的最不利组合来确定。

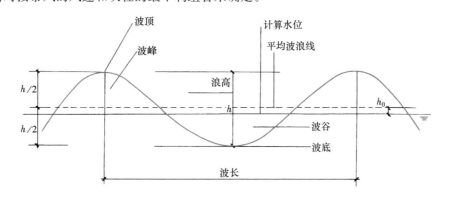

图 3-7　波浪参数

影响波浪性质的因素多种多样且多为不确定因素，波浪大小不一，形态各异。按波发生的位置不同可分为表面波和内波。现行波的分类方法如下：

第一种是海洋表面的波浪按频率（或周期）排列来分类的。

第二种是根据干扰力来分类的，如风波、潮汐波等。

第三种是把波分成自由波和强迫波。自由波是指波动与干扰力无关而只受水性质的影响，当干扰力消失后，波的传播和演变照常进行；强迫波的传播既受干扰力的影响又受水性质的影响。

第四种是根据波浪前进时是否有流量产生把波分为输移波和振动波。输移波指波浪传播时伴随有流量，而振动波传播时则没有流量产生。振动波根据波前进的方向又可分为推进波和立波，推进波有水平方向的运动，立波没有水平方向的运动。

3.3.2 波浪荷载的计算

波浪荷载，也称为波浪力，是由波浪水质点与结构间的相互作用所引起的。

在海洋工程中，无论是石油钻井平台还是跨海工程，波浪荷载对结构的破坏都是不容忽视的因素。在海上大跨度桥梁的建设中，无论是施工过程还是整体设计，对波浪荷载的研究都有重大工程意义，特别是对于诸如斜拉桥、悬索桥的桥塔等大型墩式结构，更是如此。

波浪对构筑物的荷载不仅和波浪的特性有关，还和构筑物的形式和受力特性有关，而且当地的地形地貌、海底坡度等也对其有很大影响，现行确定波浪荷载的方法还带有很大的经验性。根据经验，一般情况下当浪高 h 超过 0.5m 时，应考虑波浪对构筑物的作用力。对不同形式的构筑物（参见表 3-1），波浪荷载的计算方法也不同。

构 筑 物 的 分 类　　　　　　　　　　　　　　　　表 3-1

类 型	直墙或斜坡	桩 柱	墩 柱
L/λ	$L/\lambda>1$	$L/\lambda<0.2$	$0.2<L/\lambda<1$

注：L—构筑物水平轴线长度；

　　λ—波浪波长。

1. 直墙上的波浪荷载

一般波浪荷载应按三种波浪进行设计：

（1）立波，即只有上下振动而没有水平方向运动的波；

（2）近区破碎波，即构筑物附近半个波长范围内发生破碎的波；

（3）远区破碎波，即距直墙半个波长以外发生破碎的波。

破碎波：波浪在向浅水传播的过程中，受水深、底坡以及内摩擦等因素的影响，波要素发生变化，直至破碎。

1）立波的压力

计算直墙上立波荷载最古老、最简单的方法是 Sainflow（1928）方法，Sainflow 的解是有限水深立波的一次近似解，它的适用范围为相对水深 H/λ 介于 0.135～0.20 之间，波陡 $h/\lambda \leqslant 0.035$。如果水深增大，计算结果偏大。下面介绍简化的 Sainflow 的压强计算公式，同时给定一安全系数得到下列计算公式。

① 波峰压强

$$p_1 = (p_2 + \rho g H)\left(\frac{h + h_0}{h + H + h_0}\right) \tag{3-22}$$

其中
$$p_2 = \frac{\rho g h}{\cosh\left(\dfrac{2\pi H}{\lambda}\right)}$$

② 波谷压强

$$p_1' = \rho g(h - h_0) \tag{3-23}$$

$$p_2' = p_2 = \frac{\rho g h}{\cosh\left(\dfrac{2\pi H}{\lambda}\right)} \tag{3-24}$$

式中符号如图 3-7 和图 3-8 所示。为便于应用，各种规范中常给出 Sainflow 方法的计算图表，以备查用。

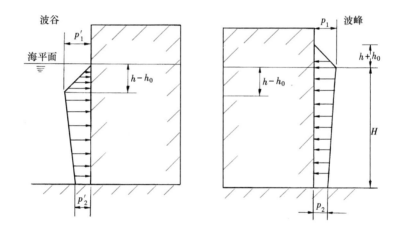

图 3-8　简化的 Sainflow 压强分布

为了得到更精确的解，后来的学者又得到了浅水立波的二阶、三阶、四阶近似解，深水有限振幅的立波的五阶近似解。其计算比较繁复，此处不再赘述。

2）远区破碎波的压力

如果直墙处海底有斜坡，使直墙水深减小，则波浪将在抵达直墙以前发生破碎。如果波浪发生破碎的位置距离直墙在半个波长以外，这种破碎波就称为远区破碎波。破碎波对直墙的作用力相当于一股水流冲击直墙时产生的波浪压力。实验表明，这种压力的最大值出现在静水面以上 $\frac{1}{3}h_1$ 处，h_1 为远区破碎波的浪高。其沿直墙的压力分布为：向下，从最大压力开始按直线法则递减，到墙底处压力减为最大压力的 $\frac{1}{2}$；向上，也是按直线法则递减，到静水位面以上 $z = h_1$ 时，波浪压力变为零，其分布如图 3-9 所示。

作用在直墙上的最大压强为

$$p_{\max} = K\rho \frac{\mu^2}{2} \qquad (3\text{-}25)$$

式中　K——实验资料确定的常数，一般取 1.7；

　　　ρ——水的密度（kg/m³）；

　　　μ——波浪冲击直墙的水流速度（其值很难确定）（m/s）。

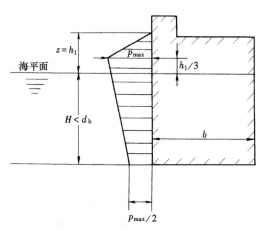

图 3-9　远区破碎波在直墙上的压强分布

лжунковский（日茹科夫斯基）在 1940 年提出

$$\mu = 0.75c + U_{m0} \qquad (3\text{-}26)$$

$$c = \sqrt{gd_1} \qquad (3\text{-}27)$$

式中　c——波速（m/s）；

　　　U_{m0}——自由表面水质点的最大水平速度（m/s）；

　　　d_1——基床表面以上的水深（m）。

$$U_{m0} = \frac{h_1}{2} \sqrt{\frac{2\pi g}{\lambda_1} \coth \frac{2\pi H}{\lambda_1}} \qquad (3\text{-}28)$$

$$h_1 = h\sqrt{\frac{H}{d_b}} \qquad (3\text{-}29)$$

λ_1——直墙前远区破碎波的波长（m），假定波破碎前后周期不变，则

$$\lambda_1 = c\sqrt{\frac{2\pi\lambda}{g} \coth \frac{2\pi H}{\lambda}}$$

d_b——波浪破碎时的水深（m）。

3）近区破碎波的压力

波浪在墙前半个波长范围内破碎时，会对墙体产生一个瞬时的动压力，数值可能很大，但持续时间很短。Bagnold（1939）曾对破碎波进行了实验研究，发现只有当破碎波夹杂着空气冲击直墙时，才会发生强烈的冲击压力。

近区破碎波压力计算应用最为普遍的方法为 Minikin 法，Minikin（1963）提出最大压强发生在静水面，并由动静两部分压强组成，如图 3-10 所示。最大动压强的计算公式为

$$p_m = 100\rho g H\left(1 + \frac{H}{D}\right)\frac{h_b}{\lambda} \qquad (3\text{-}30)$$

式中　H——墙前堆石基床上的水深（m）；

　　　D——墙前堆石基床外的水深（m）；

　　　h_b——破碎波的浪高（m）；

　　　λ——对应于水深为 D 处的波长（m）。

图 3-10 中动压强呈抛物线形式分布，静水面处压强最大，在静水面上下 $\dfrac{h_b}{2}$ 范围内衰减，直到距静水面距离为 $\dfrac{h_b}{2}$ 处，动压力衰减为零。

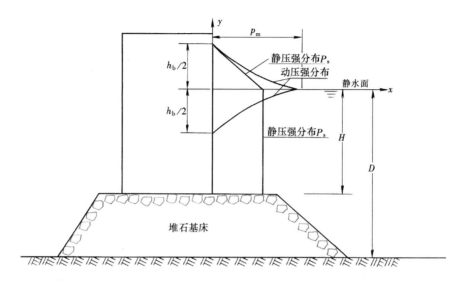

图 3-10　近区破碎波在直墙上的压强分布（Minikin）

动水压强形成的总动压力 R_m 为

$$R_m = \frac{p_m h_b}{3} \tag{3-31}$$

在确定作用在构筑物上的总的作用力时，还必须考虑因水位上升而引起直墙上的静水压强，静水压强的计算公式为

$$p_s = \begin{cases} 0.5\rho g h_b \left(1 - \dfrac{2y}{h_b}\right), & 0 \leqslant y \leqslant \dfrac{h_b}{2} \\ 0.5\rho g h_b, & y \leqslant 0 \end{cases} \tag{3-32}$$

其中 y 为静水面到计算点的高度，规定向上为正，所以，作用在直墙上的总压力为

$$R_t = R_m + \frac{\rho g h_b}{2}\left(H + \frac{h_b}{4}\right) \tag{3-33}$$

2. 圆柱体上的波浪荷载

近海构筑物如采油平台、码头等，常由许多圆柱形的构件组成，因此，波浪对圆柱体的作用在结构设计中必须严重关注。波浪对圆柱的荷载作用理论与直墙不同，在计算中按圆柱的几何尺寸把圆柱分为两类：①当圆柱的直径 D 与波长 λ 之比 $D/\lambda < 0.2$ 时，称为小圆柱体；②当圆柱的直径 D 与波长 λ 之比 $D/\lambda \geqslant 0.2$ 时，称为大圆柱体。

（1）小圆柱体的波浪荷载计算

小圆柱体的荷载计算采用 Morison 的计算公式，Morison（1950）认为在非恒定流动中的圆柱体，其受力有两部分：阻力和惯性力。阻力和惯性力的大小之比随条件的不同而变化，在某种条件下，阻力是主要的，而在另外条件下，惯性力是主要的。总作用力计算公式为

$$F = \frac{1}{2} C_D \rho\, DU \mid U \mid + \rho\, \pi \frac{D^2}{4} C_M \dot{U} \tag{3-34}$$

式中　F——单位长度的圆柱体的受力（N/m）；

　　　C_D——阻力系数；

　　　C_M——惯性力系数；

　　　D——圆柱体直径（m）；

　　　U——质点水平方向的速度分量（m/s）。

但在计算中选定恰当的 C_D、C_M 值是非常困难的，我国《海港与航道水文规范》JTS 145 规定，对圆形柱体不考虑雷诺数的影响，C_D 均取 1.2，C_M 取 2.0，一般讲，惯性力系数 C_M 比阻力系数 C_D 稳定。

（2）大圆柱体的波浪荷载计算

圆柱体尺寸较小时，波浪流过柱体时除产生漩涡外，波浪本身的性质并不发生变化，但如果圆柱尺寸相对于波浪来说较大时，当波浪流过圆柱时就会发生绕射现象，因此大圆柱体的受力不同于小圆柱体，其计算理论自然也不同于小圆柱体，而需按绕射理论来确定。

3.4　冻胀力

3.4.1　冻土的概念、性质及与结构物的关系

凡含有水的松散岩石和土体，当温度降低到0℃和0℃以下时，土中孔隙水便冻结成冰，且伴随着析冰（晶）体的产生，胶结了土的颗粒，使土体抗外力的强度提高。因此，把具有负温度或零温度，其中含有冰，且胶结着松散固体颗粒的土，称为冻土。

冻土根据冻结状态持续时间分为三类，见表3-2。

冻土按冻结状态持续时间分类　　　　　　　　　　　表 3-2

类型	冻结状态持续时间（T）	地面温度特征	冻融特征
多年冻土	$T \geqslant 2$ 年	年平均地面温度≤0℃	季节融化
隔年冻土	1 年≤T<2 年	最低月平均地面温度≤0℃	季节冻结
季节冻土	T<1 年	最低月平均地面温度≤0℃	季节冻结

每年冬季冻结，夏季融化的地表（浅层土体），在多年冻土地区称之为季节融化层；在季节冻土地区称之为季节冻结层（即季节冻土层）。

我国的冻土分布较广，特别是季节冻土分布，从长江两岸开始，经黄河上下遍及北方十余省市，约占全国总面积的 75%（季节冻土深度小于 50cm 的除外），其中多年冻土为 21.5%。季节冻土与结构物的关系非常密切，在季节冻土地区修建的结构物由于土的冻胀的作用而造成各种不同程度的冻胀破坏。主要表现在冬季低温时结构物开裂、断裂，严重者造成结构物倾覆等；春融期间地基沉降，对结构产生形变作用的附加荷载。

冻土的基本成分有四种：固态的土颗粒、冰、液态水、气体和水汽。冻土是一种复杂的多相天然复合体，结构构造也是一种非均质、各向异性的多孔介质。其中，冰与土颗粒之间的胶结程度及其性质是评价冻土性质的重要因素，尤其是当冻土被作为结构物的地基或材料时，冻土的含冰量及其所处的物理状态就显得尤为重要。土体的冻胀及其特性既受到土颗粒大小的影响，也受到土颗粒外形的影响。前者主要表现在土颗粒粒子表面的物理化学性质，是根据土颗粒的比表面积（单位体积的颗粒总表面积）确定的；后者主要表现在受外力作用时可以产生力的转移。

3.4.2　土的冻胀原理

土体产生冻胀的三要素是水分、土质和负温度，即土中含有足够的水分、水结晶成冰后能导致土颗粒发生位移、有能够使水变成冰的负温度。水分由下部土体向冻结锋面迁移，使在冻结面上形成了冰夹层和冰透镜体，导致冻层膨胀，地层隆起。含水量越大，地下水位越高（在毛细管上升高度内），越有利于聚冰和水分的迁移。这种现象通常发生在颗粒较细的土中、如粉性土最为强烈，其冻胀程度最大。因为这种土有足够的比表面，又有使迁移水流畅通的渗透性。黏土颗粒细，比表面很大，但孔隙很小，水分迁移阻力大，不能形成聚冰现象。粗颗粒的土尽管有很大的孔隙，但形成不了毛细管，且比表面小，一般不产生水分迁移。土在冻结锋面处的负温梯度越大，越利于水分迁移；冻结速度越快，迁移的水量越多，冻胀也越强烈。

土体冻结时，土颗粒之间相互隔离，产生位移，使土体体积产生不均匀膨胀。在封闭体系中，由于土体初始含水量冻结，体积膨胀产生向四面扩张的内应力，这个力称为冻胀力，冻胀力随着土体温度的变化而变化。在开放体系中，分凝冰的劈裂作用，使地下水源不断地补给孔隙水而侵入到土颗粒中间，使土颗粒被迫移动而产生冻胀力。当冻胀力使土颗粒扩展受到束缚时，这种反束缚的冻胀力就表现出来，束缚力越大，冻胀力也就越大。当冻胀力达到一定界限时，就不产生冻胀，这时的冻胀力就是最大冻胀力。

建筑在冻胀土上的结构物，使地基上的冻胀变形受到约束，使得地基土的冻结条件发生改变，进而改变着基础周围土体温度，并且将外部荷载传递到地基土中改变地基土冻结时的束缚力。地基土冻结时产生的冻胀力将反映在对结构物的作用上，引起结构物的位移、变形。

3.4.3 冻胀力的分类及其计算

一般根据土体冻胀力对结构物的不同作用方向和作用效果，冻胀力分为切向冻胀力、法向冻胀力和水平冻胀力（图 3-11）。

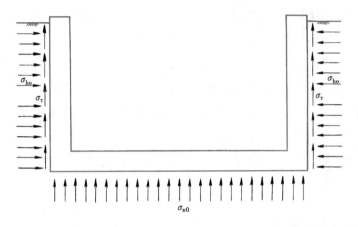

图 3-11　作用在结构物基础上的冻胀力分类示意图

（1）切向冻胀力：垂直于冻结锋面，平行作用于结构物基础侧表面，通过基础与冻土间的冻结强度，使基础随着土体的冻胀变形而产生向上的拔起力，这种作用于基础表面的冻胀力称为切向冻胀力，如图中的 σ_τ。

（2）法向冻胀力：垂直于基底冰结面和基础底面，当土冻结时，产生把基础向上抬起的冻胀力，我们把这种垂直作用于基础底面的冻结力称为法向冻胀力，如图中的 σ_{no}。

（3）水平冻胀力：垂直作用于基础或结构物侧表面，当基础周围的土体冻结时，会对基础产生水平方向的挤压力或推力，使基础产生水平方向的位移，这种力称为水平冻胀力，如图中的 σ_{ho}。

由于基础的埋置深度和基础形式不同，所受的冻胀力也不同，上述三种冻胀力有可能是单一出现的，也有可能是综合出现的。因此，在进行结构物的防冻设计时，要具体问题具体分析。

1. 切向冻胀力的计算

一般来讲，切向冻胀力按单位切向冻胀力取值，一种是按平均单位切向冻胀力 σ_τ，一种是按相对平均单位切向冻胀力 T_k。前一种是指作用在基础侧面单位面积上的平均切向冻胀力（kPa），后一种是指作用在基础侧面单位周长上的平均切向冻胀力（kN/m）。目前大多数国家如日本、美国、加拿大及我国都是采用第一种标准，即

$$T = \sigma_\tau \cdot U \cdot H \tag{3-35}$$

式中　　T——总的切向冻胀力（kN）；

　　　　U——与冻土接触的基础周长（m）；

　　　　H——与基础接触的冻深（m）。

关于单位切向冻胀力 σ_τ 的取值，国内外许多学者都进行了大量试验研究，已积累了许多经验值，如 2008 年颁布的《建筑桩基技术规范》JGJ 94—2008 规定的 σ_τ 见表 3-3。

单位切向冻胀力（kPa）　　　　　　　　　　　表 3-3

冻胀性分类 土　类	弱冻胀	冻　胀	强冻胀	特强冻胀
黏性土、粉土	30～60	60～80	80～120	120～150
砾（碎）石（黏、粉粒含量>15%）	<10	20～30	40～80	90～200

2. 法向冻胀力计算

影响法向冻胀力的因素比较复杂，如冻土的各种特性，冻土层底下未冻土的压缩性，作用在冻土层上的外部压力，以及受冻胀作用和影响的结构物抗变形能力等，因此法向冻胀力随诸多因素变化而变化，不是固定不变的值，至今尚没有一个能全面体现诸因素的方法。下面仅介绍日本的一种计算方法。

日本木下诚一根据冻胀力跟冻胀率成正比的关系，提出经验公式

$$\sigma_{no} = \frac{h}{H} \cdot E \tag{3-36}$$

式中　　σ_{no}——法向冻胀力（kPa）；

　　　　h——冻胀量（cm）；

　　　　H——冻结深度（cm）；

　　　　E——冻土的弹性模量（kPa）。

其他计算方法可参考有关文献，如文献《道路桥梁冻害及其防治》。

3. 水平向冻胀力计算

水平向冻胀力根据它的形成条件和作用特点可分为对称和非对称两种。对称性水平冻胀力成对的作用于结构物侧面，其作用如同静水压力，对结构稳定不产生影响。而作用于建筑物的非对称水平冻胀力常大于主动土压力几倍甚至几十倍，因此其计算具有十分重要的意义。

水平冻胀力取值标准可见《冻土工程地质勘察规范》GB 50324—2014 中附录 C 表 C.0.3-10，本表给出了具体取值参考。

应该注意冻土融化后在自重作用下产生下沉，融化后土体中的水在外力作用下逐渐排出，使土体压缩变形，导致上部结构产生附加应力，这部分荷载的计算可参照第 6 章的变形作用。

【例 3-2】在黑龙江省绥化地区，某结构下的钢筋混凝土钻孔灌注桩，桩径 70cm，该地区的土为特强季节性冻胀土，标准冻深为 2.2m，试计算作用在桩上的总切向冻胀力。

【解】根据式（3-35）

$$T = \sigma_\tau \cdot U \cdot H$$

由于是特强冻土，取 σ_t 为 150kPa，则有

$$T = 150 \times 3.14 \times 0.7 \times 2.2 = 725.34\text{kN}$$

3.5 冰压力

3.5.1 冰压力概念及分类

位于冰凌河流和水库中的结构物，如桥梁墩台，由于冰层的作用对结构产生一定的压力，称此压力为冰压力。在具体工程设计中，应根据工程所处地区冰凌的具体条件及结构形式考虑有关冰荷载。一般来说，冰荷载分为

（1）河流流冰产生的冲击动压力。在河流及流动的湖泊及水库中，由于冰块的流动对结构物产生流动的冲击动压力，可根据流动冰块的面积及流动速度按一般力学原理予以计算。

（2）冰堆整体推移产生的静压力。当大面积冰层以缓慢的速度接触结构物时，受阻于结构而停滞，形成冰层或冰堆现象，结构物受到挤压，并在冰层破碎前的一瞬间对结构物产生最大压力。其值按极限冰压合力公式计算。

（3）由于风和水流作用于大面积冰层而产生的静压力。由于风和水流的作用，推动大面积冰层移动对结构物产生静压力，可根据水流方向及风向，考虑冰层面积来计算。

（4）冰覆盖层受温度影响膨胀时产生的静压力。

（5）冰层因水位升降产生的竖向作用力。当冰覆盖层与结构物冻结在一起时，若水位升高，水通过冻结在结构物上的冰盖对结构物产生竖向上拔力。

3.5.2 冰压力的计算

冰压力的计算应根据上述冰荷载的分类区别对待，但任何一种冰压力都不得大于冰的破

坏力。这里只介绍极限冰荷载的计算，其他冰荷载的计算可参考有关规范。

冰的破坏力取决于结构物的形状、气温及冰的抗压极限强度等因素，可按下式计算

$$P = m \cdot A \cdot R_y \cdot b \cdot h \tag{3-37}$$

式中　P——极限冰压力的合力（N）；

　　　h——冰的厚度（m），等于频率为 1‰ 的冬季冰的最大厚度的 0.8 倍；当缺少足够年代的观测资料时，可采用由勘探确定的最大冰厚；

　　　b——结构在流冰水位上的宽度（m）；

　　　m——结构形状系数：

　　　　　矩形 $m=1.0$，

　　　　　半圆形 $m=0.9$；

　　　R_y——冰的抗压极限强度（Pa），采用相应流冰期冰块的实际强度，由试验知，小试件抗压极限强度值一般约为实际作用在结构物上强度值的 2～3 倍；缺少试验资料时，可按开始流冰时 $R_y=735\text{kPa}$，最高流冰水位时 $R_y=441\text{kPa}$；

　　　A——地区系数，气温在 0℃ 以上解冻时取 1.0；气温在 0℃ 以下解冻时且冰温为 -10℃ 及其以下者取 2.0，介于两者之间者用插入法求得。

3.6　撞击力

通航河流中的桥梁墩台在使用中可能遭到船只或水中漂流物的撞击，该撞击力有时是巨大的，可达到 1000kN 以上。应经实测按下式计算

$$P = WV/gT \tag{3-38}$$

式中　P——漂流物的撞击力（kN）；

　　　W——船只或水中漂流物的重力；

　　　V——水流速度（m/s）；

　　　T——撞击时间（s），若无船只实测资料，一般取 1s；

　　　g——重力加速度（m/s²）。

第3章　侧压力
课件

第3章　侧压力
思维导图

习题

3.1 什么是土的侧压力? 其大小与分布规律与哪些因素有关?

3.2 土压力是如何分类的? 分为几类? 请举例说明。

3.3 修筑在流水中的结构物，在确定流水对结构物的荷载时，为什么考虑较多的是正应力?

3.4 在计算波浪荷载时，必须首先确定结构物形状，才能选择正确的计算理论，试问在确定直墙上的波浪荷载时，对不同种类的波浪应分别采用什么样的理论?

3.5 请简述土的冻胀原理，土的冻胀对结构物产生何种作用?

3.6 建筑在冻土中的结构物经常开裂、断裂，严重者还可能发生倾覆，产生这些现象的因素有哪些? 在结构荷载设计中如何考虑这些因素?

3.7 在冰压力的计算中结构物的形状也是影响其计算结果的重要因素之一，在计算中如何考虑它的影响?

3.8 是非题:

(1) 一般情况下，拱桥桥台背后的侧向土压力可以视为静止土压力。

(2) 季节性冻土与结构物基础设计关系密切。

(3) 因为水压力总是作用在结构物表面的法线方向，所以水压力沿结构物表面分布图的外包线总是为直线。

(4) 远区破碎波与近区破碎波的分界线为波浪破碎时发生在墙前的半个波长范围内。

3.9 如果例 3-1 中墙后填土为含水砂土，且地下水位为地表下 0.8m，则挡土墙上的静止土压力、主动和被动土压力将如何分布? 请加以计算。

3.10 一挡土墙，高度为 5m，墙背垂直、光滑，填土水平。墙后填土为含水砂土，填土均匀，地下水位在地表下 0.5m 处，画出该挡土墙所受静止土压力、主动和被动土压力分布示意图。

第 4 章

风　荷　载

4.1　风的有关知识

风是空气从气压大的地方向气压小的地方流动而形成的。气流如遇到结构物的阻塞，会形成压力气幕，即风压。一般风速越大，风对结构物产生的压力也越大。

4.1.1　风的形成

风是由于空气流动而形成的。空气流动的原因是地表上各点大气压力（简称气压）不同，存在压力差或压力梯度，空气要从气压大的地方向气压小的地方流动。

由于地球是一个球体，太阳光辐射到地球上的能量随纬度不同而有差异，赤道和低纬度地区受热量较多，而极地和高纬度地区受热量较少。在受热量较多的赤道附近地区，气温高，空气密度小，则气压小，且大气因加热膨胀由表面向高空上升；而在受热量较少的极地附近地区，气温低，空气密度大，则气压大，且大气因冷却收缩由高空向地表下沉。因此，在低空，受指向低纬气压梯度力的作用，空气从高纬地区流向低纬地区；而在高空，气压梯度指向高纬，空气则从低纬流向高纬地区，这样就形成了图 4-1 所示的全球性南北向环流。

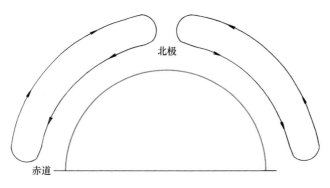

图 4-1　大气热力学环流模型

图 4-1 所示的大气环流模型是在理想情况下获得的，实际上由于地球自转和地球表面大陆与海洋吸热存在差异等，使得大气环流不是这么简单。但观察发现，图 4-2 所示的三圈环流模型与观测资料所得出的平均径向环流形式比较接近。

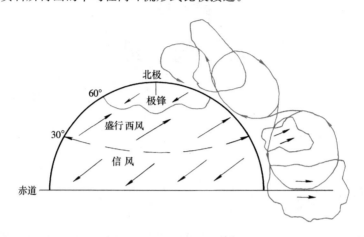

图 4-2　三圈环流模型

注：极锋是极地气团和热带气团之间半永久性的气候锋。

4.1.2　两类性质的大风

4.1.2　台风的形成

1. 台风

台风是大气环流中的组成部分，它是热带洋面上形成的低压气旋。

台风的发生与发展过程如下：若有一个弱的热带气旋性涡旋产生，在合适的环境下，因摩擦作用产生的复合气流把大量暖湿空气带到涡旋内部，并产生上升和对流运动，释放潜热，使涡旋中心空气柱的温度提高，形成暖心，于是涡旋内部空气密度减小，下部海面气压下降，低涡增强，反过来又使涡旋复合加强，更多的水汽向中心集中，如此循环不止，逐渐增强，而形成台风。

2. 季风

由于地表性质不同，对热的反应也不同。冬季大陆上辐射冷却强烈，温度低就形成高压，而与它相邻的海洋，由于水的热容量大，其辐射冷却比大陆缓慢，温度比大陆高，因而气压低。因此，气压梯度的方向是由大陆指向海洋，即风从陆地吹向海洋。到了夏天，风向则相反。由于这种风与一年的四季有关，故称为季风。

4.1.3　我国的风气候总况

我国的风气候总体情况如下：

（1）台湾、海南和南海诸岛，由于地处海洋，年年受台风直接影响，是我国的最大风区。

（2）东南沿海地区由于受台风影响，是我国大陆上的大风区。风速梯度由沿海指向内陆。台风登陆后，由于受地面摩擦的影响，风速削弱很快，在离海岸 100km 处，风速约减小一半。

（3）东北、华北和西北地区是我国的次大风区，风速梯度由北向南，与寒潮入侵路线一致。华北地区夏季受季风影响，风速有可能超过寒潮风。黑龙江西北部处于我国纬度最北地区，它不在蒙古高压的正前方，因此那里的风速不大。

（4）青藏高原地势高，平均海拔 4～5km，也属较大风区。

（5）长江中下游、黄河中下游是小风区，一般台风到此已大为减弱，寒潮风到此也是强弩之末。

（6）云贵高原处于东亚大气环流的死角，空气经常处于静止状态，加之地形闭塞，形成我国最小风区。

4.1.4　风级

为了区分风的大小，根据风对地面（或海面）物体影响程度，常将风划分为 13 个等级。风速越大，风级越大，由于早期人们还没有仪器来测定风速，就按照风所引起的现象来划分风级。风的 13 个等级如表 4-1 所示。

风　力　等　级　表　　　　　　　表 4-1

风力等级	名称	海面状况 浪高（m）		海岸渔船征象	陆地地面物征象	距地 10m 高处相当风速		
		一般	最高			km/h	n mile/h	m/s
0	静风	—	—	静	静、烟直上	<1	<1	0～0.2
1	软风	0.1	0.1	寻常渔船略觉摇动	烟能表示风向，但风向标不能转动	1～5	1～3	0.3～1.5
2	轻风	0.2	0.3	渔船张帆时，可随风移行每小时 2～3km	人面感觉有风，树叶有微响，风向标能转动	6～11	4～6	1.6～3.3
3	微风	0.6	1.0	渔船渐觉簸动，随风移行每小时 5～6km	树叶及微枝摇动不息，旌旗展开	12～19	7～10	3.4～5.4
4	和风	1.0	1.5	渔船满帆时倾于一方	能吹起地面灰尘和纸张，树的小枝摇动	20～28	11～16	5.5～7.9
5	清劲风	2.0	2.5	渔船缩帆（即收去帆之一部）	有叶的小树摇摆，内陆的水面有小波	29～38	17～21	8.0～10.7

风力等级	名称	海面状况		海岸渔船征象	陆地地面物征象	距地10m高处相当风速		
		浪高（m）				km/h	n mile/h	m/s
		一般	最高					
6	强风	3.0	4.0	渔船加倍缩帆，捕鱼须注意风险	大树枝摇动，电线呼呼有声，举伞困难	39~49	22~27	10.8~13.8
7	疾风	4.0	5.5	渔船停息港中，在海上下锚	全树摇动，迎风步行感觉不便	50~61	28~33	13.9~17.1
8	大风	5.5	7.5	近港渔船皆停留不出	微枝折毁，人向前行感觉阻力甚大	62~74	30~40	17.2~20.7
9	烈风	7.0	10.0	汽船航行困难	烟囱顶部及平瓦移动，小屋有损	75~88	41~47	20.8~24.4
10	狂风	9.0	12.5	汽船航行颇危险	陆上少见，有时可使树木拔起或将建筑物吹毁	89~102	48~55	24.5~28.4
11	暴风	11.5	16.0	汽船遇之极危险	陆上很少，有时必有重大损毁	103~117	56~63	28.5~32.6
12	飓风	14	—	海浪滔天	陆上绝少，其捣毁力极大	118~133	64~71	32.7~36.9

4.2 风压

4.2.1 风压与风速的关系

当气流以一定的速度向前运动遇到建筑物阻碍时，建筑物的迎风面会产生正压力，即正风压；此外，当来流在建筑物迎风前缘发生绕流分离时，建筑物表面会产生负压力，即，负风压。

设速度为 v 的一定截面的气流冲击面积较大的结构物时，由于受到阻碍，气流改向四周外围扩散，形成压力气幕，如图 4-3(a) 所示。如果气流原先的压力强度为 w_b，气流冲击结构物后速度逐渐减小，其截面中心一点的速度减小至零时，在该点处产生的最大气流压强，设为 w_m，则结构物受气流冲击的最大压力强度为 $w_m - w_b$，此即工程上所定义的风压，记为 w。

为求得风压 w 与风速 v 的关系，设气流每点的物理量不变，略去微小的位势差影响，取流线中任一小段 dl，如图 4-3(b) 所示。设 w_1 为作用于小段左端的压力，则作用于小段右端近压力气幕的压力为 $w_1 + \mathrm{d}w_1$。以顺流向的压力为正，作用于小段上的合力为 $w_1\mathrm{d}A - (w_1 + \mathrm{d}w_1)\mathrm{d}A = -\mathrm{d}w_1\mathrm{d}A$，该合力应等于小段的气流质量 M 与顺流向加速度 a 的乘积，即

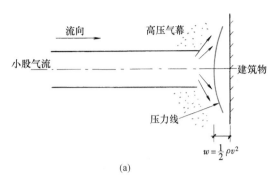

$$-\mathrm{d}w_1\mathrm{d}A = Ma = \rho\mathrm{d}A\mathrm{d}l\frac{\mathrm{d}v}{\mathrm{d}t} \quad (4\text{-}1)$$

式中　A——气流截面面积；

　　　ρ——空气质量密度。

由式（4-1）可得

$$-\mathrm{d}w_1 = \rho\mathrm{d}l\frac{\mathrm{d}v}{\mathrm{d}t} \quad (4\text{-}2)$$

注意到

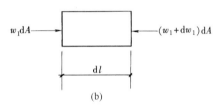

$$\mathrm{d}l = v\mathrm{d}t \quad (4\text{-}3)$$

图 4-3　风压的产生

将式（4-3）代入式（4-2）得

$$\mathrm{d}w_1 = -\rho v\mathrm{d}v \quad (4\text{-}4)$$

方程（4-4）的解为：

$$w_1 = -\frac{1}{2}\rho v^2 + c \quad (4\text{-}5)$$

式（4-5）称为伯努利方程，其中 c 为常数。从该方程可以看出，气流在运动过程中，其本身压力随流速变化而变化，流速快，则压力小；而流速慢，则压力大。当 $v=0$ 时，$w_1 = w_{\mathrm{m}}$，代入式（4-5）得

$$c = w_{\mathrm{m}} \quad (4\text{-}6)$$

而当风速为 v 时，$w_1 = w_{\mathrm{b}}$，则

$$w_{\mathrm{b}} = w_{\mathrm{m}} - \frac{1}{2}\rho v^2 \quad (4\text{-}7)$$

因此

$$w = w_{\mathrm{m}} - w_{\mathrm{b}} = \frac{1}{2}\rho v^2 = \frac{1}{2}\frac{\gamma}{g}v^2 \quad (4\text{-}8)$$

式（4-8）即为风速与风压的关系公式，其中 γ 为空气单位体积的重力，g 为重力加速度。

在气压为 101.325kPa、常温 15℃和绝对干燥的情况下，$\gamma = 0.012018\mathrm{kN/m^3}$，在纬度 45°处，海平面上的重力加速度为 $g = 9.8\mathrm{m/s^2}$，代入式（4-8）得此条件的风压公式为

$$w = \frac{\gamma}{2g}v^2 = \frac{0.012018}{2 \times 9.8}v^2 = \frac{v^2}{1630}\mathrm{kN/m^2} \quad (4\text{-}9)$$

由于各地地理位置不同，因而 γ 和 g 值不同。在自转的地球上，重力加速度 g 不仅随高度变化，还随纬度变化。而空气重度 γ 与当地气压、气温和湿度有关。因此，各地的 $\dfrac{\gamma}{2g}$ 值均不相同，如表 4-2 所示。从表中可以看出：在我国东南沿海地区值 $\gamma/2g$ 值约为 1/1750，内陆地区 $\gamma/2g$ 值随高度增加而减少；对于海拔 500m 以下地区该值约为 1/1600，对于海拔 3500m 以上的高原或高山地区，该值减小至 1/2600 左右。

各地风压系数 $\gamma/2g$ 值 表 4-2

地区	地点	海拔高度(m)	$\gamma/2g$	地区	地点	海拔高度(m)	$\gamma/2g$
东南沿海	青　岛	77.0	1/1710	内陆	承　德	375.2	1/1650
	南　京	61.5	1/1690		西　安	416.0	1/1689
	上　海	5.0	1/1740		成　都	505.9	1/1670
	杭　州	7.2	1/1740		伊　宁	664.0	1/1750
	温　州	6.0	1/1750		张 家 口	712.3	1/1770
	福　州	88.4	1/1770		遵　义	843.9	1/1820
	永　安	208.3	1/1780		乌鲁木齐	850.5	1/1800
	广　州	6.3	1/1740		贵　阳	1071.2	1/1900
	韶　关	68.7	1/1760		安　顺	1392.9	1/1930
	海　口	17.6	1/1740		酒　泉	1478.2	1/1890
	柳　州	97.6	1/1750		毕　节	1510.6	1/1950
	南　宁	123.2	1/1750		昆　明	1891.3	1/2040
内陆	天　津	16.0	1/1670		大　理	1990.5	1/2070
	汉　口	22.8	1/1610		华　山	2064.9	1/2070
	徐　州	34.3	1/1660		五 台 山	2895.8	1/2140
	沈　阳	41.6	1/1640		茶　卡	3087.6	1/2250
	北　京	52.3	1/1620		昌　都	3176.4*	1/2550
	济　南	55.1	1/1610		拉　萨	3658.0	1/2600
	哈 尔 滨	145.1	1/1630		日 喀 则	3800.0*	1/2650
	萍　乡	167.1	1/1630		五 道 梁	4612.2*	1/2620
	长　春	215.7	1/1630				

* 非实测高度。

4.2.2 基本风压

根据风速，可以求出风压。由于风压在地面附近受到地面物体的阻碍（或称摩擦），造成风速随离地面高度不同而变化，离地面越近，风速越小。而且地貌环境（如建筑物的密集程度和高低情况）不同，对风的阻碍或摩擦大小不同，造成同样高度不同环境的风速并不同。为了比较不同地区风速或风压大小，必须对不同地区的地貌、测量风速的高度等有所规定。按规定的地貌、高度、时距等量测的风速所确定的风压称为基本风压。

基本风压通常应符合以下五个规定。

1. 标准高度的规定

风速随高度而变化。离地面越近，由于地表摩擦耗能大，平均风速越小。因此为了比较不同地点的风速大小，必须规定统一的标准高度。

由于我国气象台记录风速仪高度大都安装在 8～12m 之间，因此我国《建筑结构荷载规范》GB 50009—2012 规定以 10m 高为标准高度，并定义标准高度处的最大风速为基本风速。

2. 地貌的规定

同一高度的风速还与地貌或地面粗糙程度有关。例如大城市市中心，建筑物密集，地面粗糙程度高，风能消耗大，风速则低。由于地貌粗糙程度影响风速，就有必要对确定基本风速或基本风压的地貌作统一规定。

目前风速仪大多安装在气象台，而气象台一般不在城市中心，设在周围空旷平坦的地区居多。因此，我国及世界上大多数国家都规定，基本风速或基本风压按空旷平坦地貌而定。

3. 公称风速的时距

公称风速实际是一定时间间隔内（称为时距）的平均风速，即

$$v_0 = \frac{1}{\tau}\int_0^\tau v(t)\mathrm{d}t \tag{4-10}$$

式中　v_0——公称风速；

　　　$v(t)$——瞬时风速；

　　　τ——时距。

显然对于工程设计所关心的最大风速值与时距的大小有关。如果时距取得很短，例如 3s，则最大风速只反映了风速记录中最大值附近的较大数值的影响，较低风速在最大风速中的作用难以体现，因此最大风速值很高。相反，如果时距取得很大，例如 1 天，则必定将 1 天中大量的小风平均进去，致使最大风速值较低。一般时距越大，最大风速越小；时距越小，最大风速越大。因此确定不同地点的基本风速时，应规定统一的时距。

风速记录表明，10min 至 1h 的平均风速基本上是一个稳定值，若时距太短，则易突出风的脉动峰值作用，使风速值不稳定。另外，风对结构产生破坏作用需一定长度的时间或一定次数的往复作用，因此我国《建筑结构荷载规范》GB 50009—2012 所规定的基本风速的时距为 10min。

4. 最大风速的样本时间

样本时间对最大风速值的影响较大。以时距为 10min 的风速为例，样本时间为 1h 的最

大风速为 6 个风速样本中的最大值，而样本为 1d 的最大风速，为 144 个样本中的最大值，显然 1d 的最大风速要大于 1h 的最大风速。

由于风有它的自然周期，每年季节性地重复一次。因此年最大风速最有其代表性。故世界各国基本上都取 1 年作为统计最大风速的样本时间。

5. 基本风速的重现期

实际工程设计时，一般需考虑几十年（如 30 年、50 年等）的时间范围内的最大风速所产生的风压，则该时间范围内的最大风速定义为基本风速，而该时间范围可理解为基本风速出现一次所需的时间，即重现期。

设基本风速的重现期为 T_0 年，则 $\dfrac{1}{T_0}$ 为每年实际风速超过基本风速的概率，因此每年不超过基本风速的概率或保证率 p_0 为

$$p_0 = 1 - \frac{1}{T_0} \tag{4-11}$$

实际每年的最大风速是不同的，因此可认为年最大风速为一随机变量，图 4-4 为年最大风速的概率密度分布。显然，基本风速的重现期越大，其年保证率 p_0 越高，则基本风速越大。

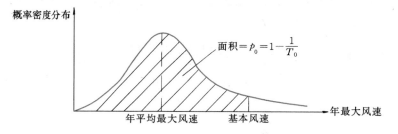

图 4-4　年最大风速概率密度分布

综上所述，基本风压是根据规定的高度、规定的地貌、规定的时距和规定的样本时间所确定的最大风速的概率分布，按规定的重现期（或年保证率）确定的基本风速，然后依据风速与风压的关系所定义的。

4.2.3　非标准条件下的风速或风压的换算

基本风压是按照规定的标准条件确定的，但进行实际工程结构抗风计算时，需考虑很多非标准条件情况，如非标准高度、非标准地貌、非标准时距、非标准重现期等，因此有必要了解非标准条件与标准条件之间风速或风压的换算关系。

1. 非标准高度换算

即使在同一地区，高度不同，风速将不同。要知道不同高度与风速之间的关系，必须掌握它们沿高度的变化规律。

根据实测结果分析，平均风速沿高度变化的规律可用指数函数来描述，即

$$\frac{\overline{v}}{\overline{v}_{\mathrm{s}}} = \left(\frac{z}{z_{\mathrm{s}}}\right)^{\alpha} \tag{4-12}$$

式中　$\overline{v}$、z——任一点的平均风速和高度；

　　　$\overline{v}_{\mathrm{s}}$、$z_{\mathrm{s}}$——标准高度处的平均风速和高度，大多数国家的基本风压都规定标准高度为 10m；

　　　α——与地貌或地面粗糙度有关的指数，地面粗糙程度越大，α 越大，表 4-3 列出了根据实测数据确定的国内外几个主要大城市及其邻近郊区的 α 值。

国内外大城市中心及其邻近郊区的实测 α 值　　　　　　　　　　　　表 4-3

地　区	上海近邻	南　京	广　州	圣路易斯	蒙特利尔	上　海	哥本哈根
α	0.16	0.22	0.24	0.25	0.28	0.28	0.34
地　区	东　京	基　辅	伦　敦	莫斯科	纽　约	圣彼得堡	巴　黎
α	0.34	0.36	0.36	0.37	0.39	0.41	0.45

再根据风压与风速的关系式（4-8），在确定的地貌条件下（设此时的地貌粗糙度指数为 α_{a}），非标准高度处的风压 $w_{\mathrm{a}}(z)$ 与标准高度处的风压 $w_{0\mathrm{a}}$ 间的关系为

$$\frac{w_{\mathrm{a}}(z)}{w_{0\mathrm{a}}} = \frac{\overline{v}^2}{\overline{v}_{\mathrm{s}}^2} = \left(\frac{z}{z_{\mathrm{s}}}\right)^{2\alpha_{\mathrm{a}}} \tag{4-13}$$

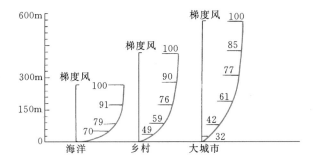

图 4-5　不同粗糙度影响下的风剖面（平均风速分布型）

2. 非标准地貌的换算

基本风压是按空旷平坦地面处所测得的数据求得的。如果地貌不同，由于地面的摩阻大小不同，使得该地貌处 10m 高处的风压与基本风压将不相同。图 4-5 是加拿大风工程专家 Davenport 根据多次观测资料整理出的不同地貌下平均风速沿高度的变化规律，称之为风剖面。可以看出，由于地表摩擦的结果，使接近地表的风速随着离地面距离的减小而降低。只有离地 300～500m 以上的地方，风才不受地表的影响，能够在气压梯度的作用下自由流动，达到所谓梯度速度，而将出现这种速度的高度称为梯度风高度，可用 H_{T} 表示。

地表粗糙度不同，近地面风速变化的快慢将不同。地面越粗糙，风速变化越慢（α 越大），梯度风高度将越高；反之，地面越平坦，风速变化将越快（α 越小），梯度风高度将越小，表 4-4 是各种地貌条件下风速变化指数 α 及梯度风高度 H_T 的参考值。

4.2.3 四类地貌

不同地貌的 α 及 H_T 值 表 4-4

地 貌	海 面	空旷平坦地面	城 市	大城市中心
α	0.1～0.13	0.13～0.18	0.18～0.28	0.28～0.44
H_T（m）	275～325	325～375	375～450	425～550

设标准地貌的基本风速及其测定高度、梯度风高度和风速变化指数分别为 v_{0s}、z_s、H_{Ts}、α_s，另一任意地貌的上述各值分别为 v_{0a}、z_a、H_{Ta}、α_a。由于在同一大气环境中各类地貌梯度风速应相同，则由式（4-12）可得

$$v_{0s}\left(\frac{H_{Ts}}{z_s}\right)^{\alpha_s} = v_{0a}\left(\frac{H_{Ta}}{z_a}\right)^{\alpha_a} \tag{4-14}$$

或

$$v_{0a} = v_{0s}\left(\frac{H_{Ts}}{z_s}\right)^{\alpha_s}\left(\frac{H_{Ta}}{z_a}\right)^{-\alpha_a} \tag{4-15}$$

再由式（4-13），可得任意地貌 10m 高度处的风压 w_{0a} 与标准地貌的基本风压 w_0 的关系为：

$$w_{0a} = w_0\left(\frac{H_{Ts}}{z_s}\right)^{2\alpha_s}\left(\frac{H_{Ta}}{z_a}\right)^{-2\alpha_a} \tag{4-16}$$

【例 4-1】我国《建筑结构荷载规范》GB 50009—2012 将地面粗糙度分为 A、B、C、D 四类，其中 A 类指近海海面和海岛、海岸、湖岸及沙漠地区；B 类指田野、乡村、丛林、丘陵以及房屋比较稀疏的乡镇和城市郊区；C 类指有密集建筑群城市市区；D 类指有密集建筑群且房屋较高的城市市区。各类地貌的 α 及 H_T 值见表 4-5。设基本风压按 10m 高处风压确定，标准地貌为 B 类，求其他地貌 10m 高度处的风压与标准地貌基本风压的数量关系。

我国各类地貌的 α 及 H_T 值 表 4-5

地 貌	A	B	C	D
α	0.12	0.15	0.22	0.30
H_T	300	350	450	550

【解】将表 4-5 中的数值代入式（4-16）得

$$w_{0A} = \left(\frac{350}{10}\right)^{0.30}\left(\frac{300}{10}\right)^{-0.24} w_0 = 1.284 w_0$$

$$w_{0C} = \left(\frac{350}{10}\right)^{0.30} \left(\frac{450}{10}\right)^{-0.44} w_0 = 0.544 w_0$$

$$w_{0D} = \left(\frac{350}{10}\right)^{0.30} \left(\frac{550}{10}\right)^{-0.60} w_0 = 0.262 w_0$$

3. 不同时距的换算

时距不同，所求得的平均风速将不同。国际上各个国家规定的时距并不完全相同。另外，我国过去记录的资料中也有瞬时、1min、2min 等时距，因此在一些情况下，需要进行不同时距之间的平均风速换算。

根据国内外学者所得到的各种不同时距间平均风速的比值，经统计得出各种不同时距与 10min 时距风速的平均比值如表 4-6 所示。

各种不同时距与 **10min** 时距风速的平均比值　　　　　　　表 4-6

风速时距	1h	10min	5min	2min	1min	0.5min	20s	10s	5s	瞬时
统计比值	0.94	1	1.07	1.16	1.20	1.26	1.28	1.35	1.39	1.50

应该指出，表 4-6 所列出的是平均比值。实际上有许多因素影响该比值，其中重要的有：

（1）平均风速值。实测表明，10min 平均风速越小，该比值越大。

（2）天气变化情况。一般天气变化越剧烈，该比值越大。如雷暴大风的比值最大，台风次之，而寒潮大风（冷空气）则最小。

4. 不同重现期的换算

重现期不同，最大风速的保证率将不同，相应的最大风速值也就不同。由于不同结构的重要性不同，结构设计时有可能采用不同重现期的基本风压。因此需了解不同重现期风速或风压间的换算关系。

根据我国各地的风压统计资料，可得出风压的概率分布，然后再根据重现期与超越概率或保证率的关系式（4-11）可得出不同重现期的风压，由此得出不同重现期与常规 50 年重现期风压比值 μ_r，列成表格，如表 4-7 所示。

不同重现期风压与 **50** 年重现期风压的比值　　　　　　　表 4-7

重现期 T_0（年）	100	50	30	20	10	5	3	1	0.5
μ_r	1.114	1.00	0.916	0.849	0.734	0.619	0.535	0.353	0.239

为便于应用，也可将表 4-7 表达的关系拟合成如下近似公式

$$\mu_r = 0.336 \log T_0 + 0.429 \tag{4-17}$$

4.3 结构抗风计算的几个重要概念

4.3.1 结构的风力与风效应

任一水平风作用在任意截面的细长物体表面上（图 4-6），会在其表面产生风压，将物体表面上的风压沿表面积分，将得到三种力的成分，即顺风向力 P_D、横风向力 P_L 及扭力矩 P_M。

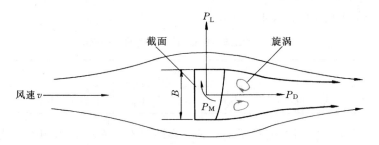

图 4-6 流经任意截面物体所产生的力

由风力产生的结构位移、速度、加速度响应等称为结构风效应。风扭力只引起扭转响应。而对于平面不对称结构，任一方向的风力可引起上述三个方向的响应。

4.3.2 顺风向平均风与脉动风

大量风的实测资料表明，在风的顺风向风速时程曲线中，包括两种成分（参见图 4-7）：一种是长周期成分，其值一般在 10min 以上；另一种是短周期成分，一般只有几秒左右。根据风的这一特点，实用上常把顺风向的风效应分解为平均风（即稳定风）和脉动风（也称阵风脉动）来加以分析。

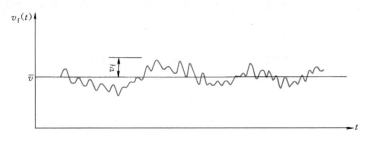

图 4-7 平均风速 $\bar{v}$ 和脉动风速 v_f

平均风相对稳定，即使受风的长周期成分影响，但由于风的长周期远大于一般结构的自振周期，因此这部分风对结构的动力影响很小，可以忽略，可将其等效为静力作用。

脉动风是由于风的不规则性引起的，其强度随时间随机变化。由于脉动风周期较短，与一些工程结构的自振周期较接近，将使结构产生动力响应。实际上，脉动风是引起结构顺风向振动的主要原因。

根据观察资料，可以了解到在不同粗糙度的地面上空同一高度处，脉动风的性质有所不同。在地面粗糙度大的上空，平均风速小，而脉动风的幅值大且频率高；反之在地面粗糙度小的上空，平均风速大，而脉动风的幅值小且频率低。

为分析脉动风对结构的影响，一般将脉动风速处理为随机过程 $[v_f(t), t \in T]$，为便于分析，工程上常假定脉动风速为零均值正态平稳随机过程，其概率密度函数为

$$f(v_f) = \frac{1}{\sqrt{2\pi}\sigma_v} \exp\left(-\frac{v_f^2}{2\sigma_v^2}\right) \tag{4-18}$$

式中　σ_v——脉动风速的均方差。

如在一个合适的时间段 T 内，取得其一个样本 $v_{fi}(t)$（即一条时程记录曲线），如再假定脉动风还符合各态历经条件，即认为一个样本能够充分反映脉动风的随机特性，则可得出其方差为

$$\sigma_v^2 = \frac{1}{T}\int_0^T v_{fi}^2(t)\,dt \tag{4-19}$$

定义风的湍流强度 $I_v = \sigma_v / \bar{v}$，它表征风速的脉动程度。由于 σ_v 沿高度不明显变化，而 $\bar{v}$ 随高度增加而增大，因此 I_v 将随高度增加而减小。

脉动风速的频率特性，可采用功率谱密度表示，其定义为

$$S_{v_f}(\omega) = \frac{1}{2\pi}\int_{-\infty}^{+\infty} R_{v_f}(\tau)e^{-i\omega\tau}\,d\tau \tag{4-20}$$

式中　$S_{v_f}(\omega)$——脉动风功率谱密度，是圆频率 ω 的函数；

　　　$R_{v_f}(\tau)$——脉动风速的自相关函数，由下式计算：

$$R_{v_f}(\tau) = \frac{1}{T}\int_0^T v_f(t)v_f(t+\tau)\,dt \tag{4-21}$$

式（4-20）表明，$S_{v_f}(\omega)$ 实际上是 $R_{v_f}(\tau)$ 的傅里叶变换，因此，$R_{v_f}(\tau)$ 也可表达为 $S_{v_f}(\omega)$ 的傅里叶逆变换形式，即

$$R_{v_f}(\tau) = \int_{-\infty}^{+\infty} S_{v_f}(\omega)e^{i\omega\tau}\,d\omega \tag{4-22}$$

令 $\tau = 0$，则由式（4-22）和式（4-21）得

$$R_{v_f}(0) = \int_{-\infty}^{+\infty} S_{f_v}(\omega)\,d\omega = \frac{1}{T}\int_0^T v_f^2(t)\,dt = \sigma_v^2 \tag{4-23}$$

可见，脉动风速的均方差也可根据其功率谱密度函数 $S_{v_f}(\omega)$ 的积分求得。

加拿大的 Davenport 曾对美国、英国、加拿大、澳大利亚各地不同地区上空，在 $8\sim$ 150m 的高度范围内，收集了 90 次强风测试样本，由此得出水平脉动风速的功率谱密度经验公式

$$S_{v_f}(n) = \frac{4kv_{10}^2}{n} \frac{x^2}{(1+x^2)^{4/3}} \tag{4-24}$$

式中　　v_{10}——10m 高度处风速；

k——与 10m 高度处相应的地面阻力系数，与地面粗糙度有关，从 $0.003\sim0.03$，地面越粗糙，k 值越大；

n——频率，为 $\omega/2\pi$；

x——10m 高度处 L 行程内的脉动次数，由下式计算

$$x = \frac{nL}{v_{10}} \tag{4-25}$$

L——假定的湍流行程长度，近似取 1200m；

$\dfrac{v_{10}}{n}$——10m 高度处一次脉动的行程距离，称之为波长。

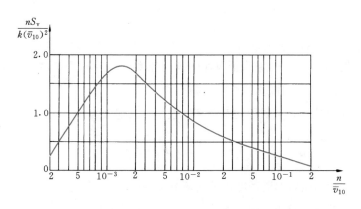

图 4-8　Davenport 水平脉动风速功率谱密度

图 4-8 为按式（4-24）绘制的风速功率谱密度，横坐标采用了对数坐标，其意义为风的各种频率风含量的功率大小。由图 4-8 知，实际脉动风的频率成分分布很广，但由风速功率谱密度可知，哪些频率段的脉动风是主要成分，哪些频率段的脉动风是次要成分。

【例 4-2】由图 4-8 知，脉动风最主要的频率成分分布为 $n/\overline{v}_{10}=5\times10^{-4}\sim8\times10^{-3}\,\text{Hz}\cdot$ s/m，已知某地 10m 高处强风的平均风速为 $\overline{v}_{10}=25\,\text{m/s}$，求该平均风速下脉动风的主要频率成分。

【解】由

$$\frac{n}{\overline{v}_{10}} = 5 \times 10^{-4} \sim 8 \times 10^{-3}$$

得

$$n = (5 \times 10^{-4} \sim 8 \times 10^{-3})\overline{v}_{10} = 0.0125 \sim 0.2 \text{Hz}$$

或

$$T = \frac{1}{n} = 5 \sim 80 \text{s}$$

可见，一般脉动风的频率较小，或周期较长。

4.3.3　横风向风振

很多情况下，横风向力较顺风向力小得多，对于对称结构，横风向力更是可以忽略。然而，对于一些细长的柔性结构，例如高耸塔架、烟囱、缆索等，横风向力可能会产生很大的动力效应，即风振，这时，横风向效应应引起足够的重视。

横风向风振是由不稳定的空气动力特性形成的，它与结构截面形状及雷诺数（Reynolds number）有关。

在空气流动中，对流体质点起着主要作用的是两种力：惯性力和黏性力。根据牛顿第二定律，作用在流体上的惯性力为单位面积上的压力 $\frac{1}{2}\rho v^2$ 乘以面积。黏性是流体抵抗剪切变形的性质，黏性越大的流体，其抵抗剪切变形的能力越大。流体黏性的大小可通过黏性系数 μ 来衡量，流体中黏性应力为黏性系数 μ 乘以速度梯度 $\frac{\mathrm{d}v}{\mathrm{d}y}$ 或剪切角 γ 的时间变化率，而黏性力等于黏性应力乘以面积。

工程科学家雷诺在 19 世纪 80 年代，通过大量实验，首先给出了以惯性力与黏性力之比为参数的动力相似定律，该参数以后被命名为雷诺数。只要雷诺数相同，流体动力便相似。后来发现，雷诺数也是衡量平滑流动的层流（laminar flow），向混乱无规则的湍流（turbulence）转换的尺度。

因为惯性力的量纲为 $\rho v^2 l^2$，而黏性力的量纲是黏性应力 $\mu \frac{v}{l}$ 乘以面积 l^2，故雷诺数 Re 的定义为

$$Re = \frac{\rho v^2 l^2}{\frac{\mu v}{l} l^2} = \frac{\rho v l}{\mu} = \frac{v l}{x} \tag{4-26}$$

式中，$x = \frac{\mu}{\rho}$ 为动黏性，它等于绝对黏性 μ 除以流体密度 ρ；对于空气，其值为 0.145×10^{-4} m^2/s。将该值代入上式，并用垂直于流速方向物体截面的最大尺度 B 代替上式的 l，则式（4-26）成为

$$Re = 69000vB \tag{4-27}$$

由于雷诺数的定义是惯性力与黏性力之比，因而如果雷诺数很小，如小于1/1000，则惯性力与黏性力相比可以忽略，即意味着高黏性行为。相反，如果雷诺数很大，如大于1000，则意味着黏性力影响很小，空气流体的作用一般是这种情况，惯性力起主要作用。

为说明横风向风振的产生，以圆截面柱体结构为例。当空气流绕过圆截面柱体时（图4-9），沿上风面 AB 速度逐渐增大，到 B 点压力达到最低值，再沿下风面 BC 速度又逐渐降低，压力又重新增大，但实际上由于在边界层内气流对柱体表面的摩擦要消耗部分能量，因此气流实际上是在 BC 中间某点 S 处速度停滞，旋涡就在 S 点生成，并在外流的影响下，以一定的周期脱落（图4-9），这种现象称为 Karman 涡街。设脱落频率为 f_s，并以无量纲的 Strouhal 数 $S_t = \dfrac{f_s D}{v}$ 来表示，其中 D 为圆柱截面的直径，v 为风速。

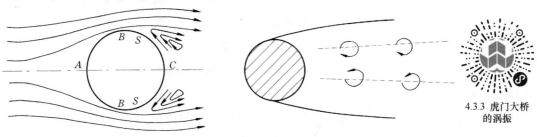

4.3.3 虎门大桥的涡振

图 4-9　旋涡的产生与脱落

试验表明，气流旋涡脱落频率或 Strouhal 数 S_t 与气流的雷诺数 Re 有关：当 $3 \times 10^2 \leqslant Re < 3.0 \times 10^5$ 时，周期性脱落很明显，接近于常数，约为 0.2；当 $3 \times 10^5 \leqslant Re < 3.5 \times 10^6$ 时，脱落具有随机性，S_t 的离散性很大；而当 $Re \geqslant 3.5 \times 10^6$ 时，脱落又重新出现大致的规则性，$S_t = 0.2 \sim 0.3$。上述现象如图4-10所示。当气流旋涡脱落频率 f_s 与结构横向自振频率接近时，结构会发生剧烈的共振，即产生横风向风振。

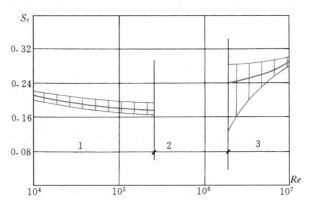

图 4-10　圆形截面物体 S_t 与 Re 的关系

1—亚临界范围；2—超临界范围；3—跨临界范围

对于其他截面结构，也会产生类似圆柱结构的横风向振动效应，但 Strouhal 数有所不同，表4-8显示了一些常见直边截面的 Strouhal 数。

常见截面的 Strouhal 数		表 4-8
截 面		S_t
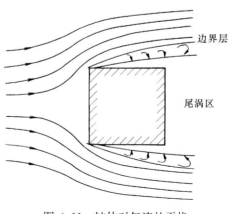（方形及L形、工字形截面）		0.15
（圆形截面）	$3\times10^2 < Re < 3\times10^5$	0.2
	$Re \geqslant 3.5\times10^6$	$0.2\sim0.3$

工程上雷诺数 $Re < 3\times10^2$ 极少遇到。因而根据上述气流旋涡脱落的三段现象，工程上将圆筒式结构划分三个临界范围，即：亚临界（Subcritical）范围，$3\times10^2 \leqslant Re < 3.0\times10^5$；超临界（Suppercritical）范围，$3\times10^5 \leqslant Re < 3.5\times10^6$；跨临界（Transcritical）范围，$Re \geqslant 3.5\times10^6$。

应该指出，由于雷诺数与风速 v 的大小成比例，因而跨临界范围的横风向验算应成为结构抗风设计特别注意的问题。而当结构处于亚临界范围时，虽然也有可能发生横风向共振，但由于风速小，对结构的作用不如跨临界范围严重，通常可以采用构造方法加以处理。而对于超临界范围，由于不会产生共振响应，且风速也不很大，因此工程上常不作横风向的专门处理。

4.4 顺风向结构风效应

前面已说明，结构顺风向的风效应可分解为平均风和脉动风来分析，以下分别讨论之。

4.4.1 顺风向平均风效应

1. 风载体型系数

式（4-8）给出的风速与压力的关系，仅表征自由气流中的风速因阻碍而完全停滞所产生的对障碍表面的压力。因一般工程结构物并不能理想地使自由气流停滞，而是让气流以不同方式在结构表面绕过，因此实际结构物所受的风压并不能直接按式（4-8）计算，而需对其进行修正，其修正系数与结构物的体型有关，故称为风载体型系数。

图 4-11 是一个非流线型截面的柱体（也称

图 4-11 钝体对气流的干扰

钝体），气流受其干扰后，在物体的边缘某处发生脱体。对于矩形截面，脱体在迎风面的两

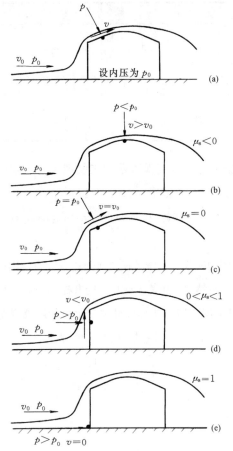

个角隅处发生。而当截面为流线型时，具有黏性的气流可从物体表面流过，在表面形成一层很薄的有速度梯度的边界层。对于钝体，该边界层随脱体而出，将气流分隔成两部分，外区的气流几乎不受流体黏性的影响，对该区可按理想气体应用伯努利方程式（4-5）来确定气流压力和速度的关系。而内区是一个尾涡区，该区受黏性和湍流的影响，能量发散比较明显，已不能用伯努利方程来确定气流状态。尾涡区的压力与边界层边缘的气流压力有直接关系，该压力仍符合伯努利方程与边界层边缘的气流速度有关，而该边缘的气流速度与尾涡区的形状有关，尾涡区的形状又与结构物的截面形状有关。可见，一般情况下，要完全从理论上确定任意受气流影响的物体表面的压力，目前尚做不到，故一般通过试验方法（风洞试验）来确定风载体型系数。

图 4-12　气流通过拱形屋顶房屋示意图

（a）拱形房屋受风荷载示意图；（b）迎风屋面，屋顶处气流截面收缩，流速增大；（c）迎风屋面，屋面上气流未受到阻碍，流速不变；（d）迎风墙面，墙面上气流部分受到阻碍，流速降低；（e）迎风墙面，墙根处气流完全受到阻碍，流速为零

为说明风载体型系数的意义，以一拱形屋顶的房屋为例（图 4-12）。设一水平气流通过该房屋，该气流未受房屋干扰前的流速为 v_0，压力为 p_0。另假设气流脱体点在房屋背风面顶点，则房屋的迎风面及屋面的压力可按伯努利方程确定。

设房屋表面（除背风面）某点的流速为 v，压力为 p。则由伯努利方程有：

$$p_0 + \frac{1}{2}\rho v_0^2 = p + \frac{1}{2}\rho v^2 \tag{4-28}$$

其中 p_0 也相当于大气压力 p，也即为房屋的内表压力。风压实际上为房屋外表与内表压力差，则由式（4-28）有：

$$w = p - p_0 = \left(1 - \frac{v^2}{v_0^2}\right)\frac{\rho v_0^2}{2} = \mu_s w_0 \tag{4-29}$$

其中

$$\mu_s = 1 - \frac{v^2}{v_0^2} \tag{4-30}$$

上式中，w_0 为理想风速风压，μ_s 即为风载体型系数，与房屋表面的气流速度 v 有关，而该

值取决于房屋的几何形状和尺寸。

　　在迎风墙面上（参见图 4-12），由于气流受到阻碍，流速降低，甚至停滞，使 $v<v_0$ 或 $v=0$，由式（4-30）知，此时 $0<\mu_s\leqslant1$，墙面受正风压（压力）。在屋面上，由于气流截面收缩，流速增大，使 $v>v_0$，此时 $\mu_s<0$，即屋面受负风压（吸力）。

　　图 4-13 是一典型双坡屋顶房屋。虽然风洞实验测得各部位每一点的风载体型系数 μ_s 不一定都相同，但为便于设计计算，实用上将同一部位各点的 μ_s 值平均，作为该部位风载体型系数的代表值。图 4-13 中数字即为双坡屋顶房屋迎风面、背风面、侧面、迎风屋面和背风屋面的 μ_s 值。

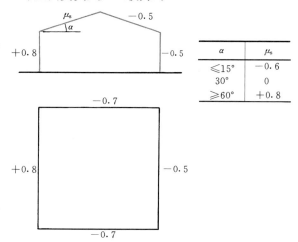

α	μ_s
$\leqslant15°$	-0.6
$30°$	0
$\geqslant60°$	$+0.8$

图 4-13　双坡屋顶房屋风载体型系数

　　当房屋为开敞或局部开敞时，屋内气压直接受外界的影响，此时的风载体型系数也得作相应的改变。图 4-14 给出了单面开敞式及前后墙开敞式的双坡屋面房屋的 μ_s 值。

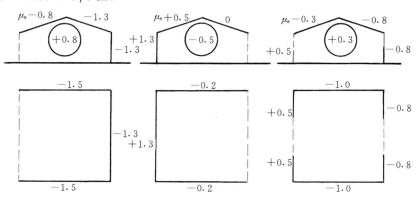

图 4-14　开敞式双坡屋顶房屋风载体型系数

　　高层建筑平面沿高度一般变化不大，可近似为等截面，且平面以矩形为多。根据风洞实验及实测结果，并考虑到工程应用方便，一般取矩形平面高层建筑迎风面体型系数为 $+0.8$（压力），背风面体型系数为 -0.5（吸力），顺风向总体型系数 $\mu_s=1.3$，如图 4-15 所示。

　　对于正多边形平面高层建筑（图 4-16），顺风向总体型系数可按下式计算：

$$\mu_s=0.7+\frac{1.2}{\sqrt{n}} \tag{4-31}$$

式中　n——多边形的边数。

2. 风压高度变化系数

因风速随离地面高度变化，离地面越高，风速越大，风压也就越大。设任意粗糙度任意高度处的风压力 $w_a(z)$，将其与标准粗糙度下标准高度（一般为 10m）处的基本风压之比定义为风压高度变化系数 μ_z，即

$$\mu_z(z) = \frac{w_a(z)}{w_0} \qquad (4-32)$$

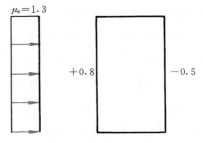

图 4-15　矩形平面高层建筑
顺风向体型系数

将式（4-13）、式（4-16）代入式（4-32），得

$$\mu_z(z) = \left(\frac{H_{Ts}}{z_s}\right)^{2\alpha_s} \left(\frac{H_{Ta}}{z_a}\right)^{-2\alpha_a} \left(\frac{z}{z_s}\right)^{2\alpha_a} \qquad (4-33)$$

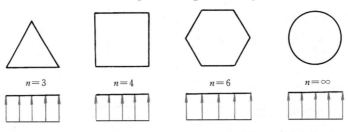

图 4-16　正多边形平面高层建筑及其总顺风向风压分布

式（4-33）风压高度变化系数见图 4-17（a），考虑到近地面风速的不确定性较高，规

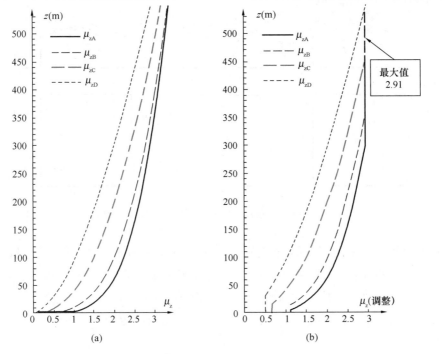

图 4-17　风压高度变化系数
（a）调整前风压变化系数；（b）调整后风压变化系数

范还分别规定了四类地貌的风压高度变化系数截断高度 z_{0a}，对应 A、B、C、D 类地貌分别取 5m、10m、15m 和 30m，风压高度变化系数取值分别不小于 1.09、1.00、0.65 和 0.51，而各类地貌梯度风高度处风压高度系数达到最大值 2.91，调整后风压高度变化系数见图 4-17（b）。所以式（4-33）适用范围为 $z_{0a} \leqslant z \leqslant H_{Ta}$；当 $z \leqslant z_{0a}$ 时，取 $\mu_z(z) = \mu_z(z_{0a})$。对于平坦或稍有起伏的地形，规范中直接给出风压高度变化系数，详见本书第 3 篇表 11-6。

对于山区的建筑物，风压高度变化系数除可按平坦地面粗糙度类别由表 11-6 确定外，还应考虑地形条件的修正，其有关修正系数详见《建筑结构荷载规范》GB 50009—2012。

【例 4-3】 参数同 [例 4-1]，求城市中心（C 类地貌）100m 处风压高度变化系数。

【解】 由 [例 4-1] 知，此时

$$\mu_z(z) = 0.544 \left(\frac{z}{z_s}\right)^{2\alpha_a}$$

则

$$\mu_z(z) = 0.544 \left(\frac{100}{10}\right)^{0.44} = 1.498$$

即城市中心 100*m* 高处的风压是基本风压的 1.498 倍。

3. 平均风下结构的静力风载

平均风对结构的作用可等效为静力荷载。由前面的讨论知，不同高度处的平均风风压可采用风压高度变化系数对基本风压修正的方式确定，而该高度结构所受的平均风风压，可采用风载体型系数对平均风风压修正的方式确定。因此，平均风下结构的静力风载 $\overline{w}(z)$ 可由下式计算

$$\overline{w}(z) = \mu_s \mu_z(z) w_0 \tag{4-34}$$

4.4.2　顺风向脉动风效应

脉动风是一种随机的动力作用，对于高度大于 30*m* 且高宽比大于 1.5 的房屋，以及基本自振周期 T_1 大于 0.25*s* 的各种高耸结构，由风引起的结构振动比较明显，而且随着结构自振周期的增长，风振也随之增强，应考虑风压脉动对结构产生顺风向风振的影响，其对结构产生的响应（或效应）应按结构随机振动理论进行分析；对于风敏感的或跨度大于 36*m* 的柔性屋盖结构，应考虑风压脉动对结构产生风振的影响，而且原则上还应考虑多个振型的影响，其风振响应宜依据风洞试验结果按随机振动理论计算确定。

对于一般竖向悬臂形结构，例如高层建筑和构架、塔架、烟囱等高耸结构，均可仅考虑结构第一振型的影响。若结构对称，结构在风作用下的位移反应一般只随高度 **z** 方向而变化。为说明顺风向脉动风效应，以下以一维连续弹性结构体系为例。

1. 脉动风下结构位移响应

图 4-18 为一维连续弹性体系，在水平脉动风（设为 **y** 方向）作用下，该体系的弯曲运

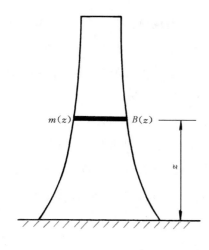

图 4-18 一维连续弹性体系

动方程为

$$m(z)\frac{\partial^2 y}{\partial t^2}+c(z)\frac{\partial y}{\partial t}+\frac{\partial^2}{\partial z^2}\left(EI(z)\frac{\partial^2 y}{\partial z^2}\right)$$
$$=P(z)f(t) \tag{4-35}$$

式中，$m(z)$、$c(z)$、$I(z)$、$P(z)$ 分别为高度 z 处单位长度（沿 z 向）上的质量、阻尼系数、惯性矩和水平脉动风力幅值，$f(t)$ 为幅值为 1 的随机运动函数。

可采用振型分解法求解方程（4-35），为此将体系位移响应用振型表达为

$$y(z,t)=\sum_{j=1}^{\infty}\phi_j(z)q_j(t) \tag{4-36}$$

式中 $\phi_j(z)$——体系 j 振型在高度 z 处的值；

$q_j(t)$——j 振型的正则坐标。

将式（4-36）代入式（4-35），注意到振型关于质量和刚度的正交性，同时假定阻尼为比例阻尼，则可得到互不耦连的正则坐标方程为

$$\ddot{q}_j(t)+2\zeta_j\omega_j\dot{q}_j(t)+\omega_j^2 q_j(t)=f_j(t) \tag{4-37}$$

式中

$$q_j(t)=\frac{\int_0^H P(z,t)\phi_j(z)\mathrm{d}z}{\int_0^H m(z)\phi_j^2(z)\mathrm{d}z} \tag{4-38}$$

其中，ω_j 为体系第 j 阶自振圆频率，ζ_j 为第 j 阶自振阻尼比，H 为体系总高。

由于脉动风 $P(z,t)$ 是一种随机振动，则 $q_j(t)$ 将包含 $P(z,t)$ 的随机性，因此需采用随机振动理论求解方程（4-37）。求得 $q_j(t)$ 后，代入式（4-36），即得结构位移响应。

因脉动风周期较长，对于一般的工程结构（周期较短），第 1 振型响应将起决定作用，故

$$y(z,t)\approx\phi_1(z)q_1(t) \tag{4-39}$$

2. 脉动风下等效风作用力

求得脉动风下结构位移响应后，可由此计算脉动风所产生的等效风作用力。

由结构动力学理论知，如一结构体系按振型 $\phi_j(z)$ 自由振动，与此相应的惯性力为 $m(z)\omega_j^2\phi_j(z)$。由上面的讨论已知，在脉动风作用下，结构主要按第 1 振型振动，振动位移由式（4-39）确定，则相应的最大惯性力（或等效风作用力）为

$$P_\mathrm{d}(z)=m(z)w_1^2\phi_1(z)\mid q_1(t)\mid_{\max} \tag{4-40}$$

为方便工程上计算脉动风作用力，将脉动风下等效风作用力 $P_\mathrm{d}(z)$ 的表达式（4-40）改写为

$$P_d(z) = g\omega_1^2 m(z)\phi_1(z)\sigma_{q_1} \tag{4-41}$$

式中　　g——峰值因子，取 2.5；

ω_1——结构顺风向第 1 阶自振圆频率；

$\phi_1(z)$——第 1 振型函数；

σ_{q_1}——顺风向一阶广义位移均方根，可按下式计算

$$\sigma_{q_1} = \frac{2w_0 I_{10} B(z)\mu_s}{\omega_1^2 m} \cdot \frac{B_z \mu_z(z)}{\phi_1(z)} \sqrt{1+R^2} \tag{4-42}$$

I_{10}——10m 高度名义湍流强度，对应 A、B、C 和 D 类地面粗糙度，可分别取 0.12、0.14、0.23 和 0.39；

$B(z)$——结构迎风面宽度（m），$B(z) \leqslant 2H$；

R——脉动风荷载的共振分量因子；

B_z——脉动风荷载的背景分量因子。

将式（4-42）代入式（4-41），可得

$$P_d(z) = 2gI_{10} B_z \sqrt{1+R^2} \mu_s \mu_z(z) w_0 B(z) \tag{4-43}$$

脉动风荷载的共振分量因子可按下式计算

$$R = \sqrt{\frac{\pi}{6\xi_1} \cdot \frac{x_1^2}{(1+x_1^2)^{4/3}}} \tag{4-44}$$

$$x_1 = \frac{30f_1}{\sqrt{k_w w_0}}, 且\ x_1 > 5 \tag{4-45}$$

式中　　f_1——结构顺风向第 1 阶自振频率；

k_w——地面粗糙度修正系数，对应 A、B、C 和 D 类地面粗糙度，可分别取 1.28、1.0、0.54 和 0.26；

ξ_1——结构阻尼比，对钢结构可取 0.01，有填充墙的钢结构房屋可取 0.02，钢筋混凝土及砌体结构可取 0.05，对其他结构可根据工程经验确定。

脉动风荷载的背景分量因子可按下列规定确定：

（1）对体型和质量沿高度均匀分布的高层建筑和高耸结构，可按下式计算

$$B_z = kH^{a_1} \rho_x \rho_z \frac{\phi_1(z)}{\mu_z(z)} \tag{4-46}$$

式中　　$\phi_1(z)$——结构第 1 阶振型系数；

H——结构总高度（m），对 A、B、C 和 D 类地面粗糙度，H 的取值分别不应大于 300m、350m、450m 和 550m；

ρ_x——脉动风荷载水平方向相关系数；

ρ_z——脉动风荷载竖直方向相关系数；

k、α_1——系数，按表 4-9 取值。

系数 k 和 α_1　　　　　　　　　　　　表 4-9

粗糙度类别		A	B	C	D
高层建筑	k	0.944	0.670	0.295	0.112
	α_1	0.155	0.187	0.261	0.346
高耸结构	k	1.276	0.910	0.404	0.155
	α_1	0.186	0.218	0.292	0.376

（2）对迎风面和侧风面的宽度沿高度按直线或接近直线变化，而质量沿高度按连续规律变化的高耸结构，式（4-46）计算的背景分量因子 B_z 应乘以修正系数 θ_B 和 θ_v。θ_B 为构筑物在 z 高度处的迎风面宽度 $B(z)$ 与底部宽度 $B(0)$ 的比值；θ_v 可按表 4-10 确定。

修 正 系 数 θ_v　　　　　　　　　　表 4-10

$B(z)/B(0)$	1	0.9	0.8	0.7	0.6	0.5	0.4	0.3	0.2	$\leqslant 0.1$
θ_v	1.00	1.10	1.20	1.32	1.50	1.75	2.08	2.53	3.30	5.60

脉动风荷载的空间相关系数可按下列规定确定：

（1）竖直方向的相关系数可按下式计算

$$\rho_z = \frac{10\sqrt{H + 60e^{-H/60} - 60}}{H} \tag{4-47}$$

式中　H——结构总高度（m），对 A、B、C 和 D 类地面粗糙度，H 的取值分别不应大于 300m、350m、450m 和 550m。

（2）水平方向的相关系数可按下式计算

$$\rho_x = \frac{10\sqrt{B(z) + 50e^{-B(z)/50} - 50}}{B(z)} \tag{4-48}$$

式中　$B(z)$——结构迎风面宽度（m），$B(z) \leqslant 2H$。

（3）对迎风面宽度较小的高耸结构，水平方向相关系数可取 $\rho_x = 1$。

3. 第 1 振型函数 $\phi_1(z)$ 的确定

结构的第 1 振型函数 $\phi_1(z)$ 可按结构力学原理计算得出。为便于工程应用，$\phi_1(z)$ 也可根据结构的类型，采用近似公式，例如：

对于低层建筑结构（剪切型结构），取

$$\phi_1(z) = \sin\frac{\pi z}{2H} \tag{4-49a}$$

对于高层建筑结构（弯剪型结构），取

$$\phi_1(z) = \tan\left[\frac{\pi}{4}\left(\frac{z}{H}\right)^{0.7}\right] \tag{4-49b}$$

对于高耸结构（弯曲型结构），取

$$\phi_1(z) = 2\left(\frac{z}{H}\right)^2 - \frac{4}{3}\left(\frac{z}{H}\right)^3 + \frac{1}{3}\left(\frac{z}{H}\right)^4 \tag{4-49c}$$

式中 H——结构的总高。

4.4.3 顺风向总风效应

因结构为线弹性体系，顺风向的总风效应为顺风向平均风效应与脉动风效应的线性组合，或将顺风向平均风压（静风压）$\overline{w}(z)$ 与脉动风压（动风压）$w_{\mathrm{d}}(z)$ 之和表达为顺风向总风压 $w(z)$，即

$$w(z) = \overline{w}(z) + w_{\mathrm{d}}(z) = \overline{w}(z) + \frac{P_{\mathrm{d}}(z)}{B(z)} \tag{4-50}$$

将式（4-34）和式（4-43）代入式（4-50）得：

$$w(z) = (1 + 2gI_{10}B_{\mathrm{z}}\sqrt{1+R^2})\mu_{\mathrm{s}}\mu_{\mathrm{z}}(z)w_0 = \beta(z)\mu_{\mathrm{s}}(z)\mu_{\mathrm{z}}(z)w_0 \tag{4-51}$$

式中 $\beta(z)$——风振系数，按式（4-52）计算

$$\beta(z) = 1 + 2gI_{10}B_{\mathrm{z}}\sqrt{1+R^2} \tag{4-52}$$

4.4.4 示例

下面以高层建筑为例，说明顺风向结构风效应计算。

【例 4-4】已知一矩形平面钢筋混凝土高层建筑，平面沿高度保持不变。$H=100\mathrm{m}$，$B=33\mathrm{m}$，地面粗糙度指数 $\alpha_{\mathrm{a}}=0.22$，基本风压按粗糙度指数为 $\alpha_{\mathrm{a}}=0.15$ 的地貌上离地面高度 $z_{\mathrm{s}}=10\mathrm{m}$ 处的风速确定，基本风压值为 $w_0=0.44\mathrm{kN/m^2}$。结构的基本自振周期 $T_1=2.5\mathrm{s}$。求风产生的建筑底部剪力和弯矩。

【解】（1）为简化计算，将建筑沿高度划分为 5 个计算区段，每个区段 20m 高，取其中点位置的风载值作为该区段的平均风载值，如图 4-19 所示，各段中点的高度分别为：$z_1=10\mathrm{m}$，$z_2=30\mathrm{m}$，$z_3=50\mathrm{m}$，$z_4=70\mathrm{m}$，$z_5=90\mathrm{m}$。

（2）体型系数 $\mu_{\mathrm{s}}=1.3$。

（3）由［例 4-3］知，本例风压高度变化系数为

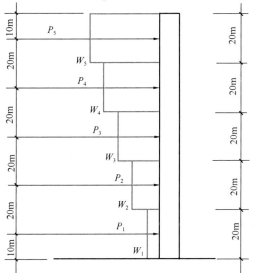

图 4-19 风载计算简图

$$\mu_z(z) = 0.544\left(\frac{z}{10}\right)^{0.44}$$

在各区段中点高度处的风压高度变化系数值分别为

$$\mu_z(z_1) = 0.651,\ \mu_z(z_2) = 0.883,\ \mu_z(z_3) = 1.105,$$

$$\mu_z(z_4) = 1.281,\ \mu_z(z_5) = 1.431$$

(4) 按高层建筑结构(弯剪型结构)计算各区段中点高度处的第 1 振型系数为

$$\phi_1(z_1) = 0.158,\ \phi_1(z_2) = 0.352,\ \phi_1(z_3) = 0.525,$$

$$\phi_1(z_4) = 0.702,\ \phi_1(z_5) = 0.894$$

脉动风荷载竖直方向相关系数

$$\rho_z = \frac{10\sqrt{H + 60e^{-H/60} - 60}}{H} = 0.716$$

脉动风荷载水平方向相关系数

$$\rho_x = \frac{10\sqrt{B + 50e^{-B/50} - 50}}{B} = 0.901$$

峰值因子 $g = 2.5$。

10m 高度名义湍流强度 $I_{10} = 0.23$。

体型和质量沿高度均匀分布的高层建筑,按下式计算 B_z

$$B_z(z) = kH^{\alpha_1}\rho_x\rho_z\frac{\phi_1(z)}{\mu_z(z)} = 0.295 \times 100^{0.261} \times 0.901 \times 0.716 \times \frac{\phi_1(z)}{\mu_z(z)}$$

$$B_z(z_1) = 0.154,\ B_z(z_2) = 0.252,\ B_z(z_3) = 0.301,\ B_z(z_4) = 0.347,\ B_z(z_5) = 0.396$$

$$f_1 = \frac{1}{T_1} = \frac{1}{2.5} = 0.4$$

$$x_1 = \frac{30f_1}{\sqrt{k_w w_0}} = \frac{30 \times 0.4}{\sqrt{0.54 \times 0.44}} = 24.618 > 5$$

$$R = \sqrt{\frac{\pi}{6\xi_1} \cdot \frac{x_1^2}{(1 + x_1^2)^{4/3}}} = \sqrt{\frac{\pi}{6 \times 0.05} \times \frac{24.618^2}{(1 + 24.618^2)^{4/3}}} = 1.111$$

将上列数据代入式(4-52),得各区段中点高度处的风振系数

$$\beta_z(z_1) = 1.265,\ \beta_z(z_2) = 1.434,\ \beta_z(z_3) = 1.518,\ \beta_z(z_4) = 1.596,\ \beta_z(z_5) = 1.680$$

(5) 按式(4-51)计算各区段中点高度处的风压值为

$$w_1 = 1.265 \times 1.3 \times 0.651 \times 0.44 = 0.471\text{kN/m}^2$$

$$w_2 = 1.434 \times 1.3 \times 0.883 \times 0.44 = 0.724\text{kN/m}^2$$

$$w_3 = 1.518 \times 1.3 \times 1.105 \times 0.44 = 0.959\text{kN/m}^2$$

$$w_4 = 1.596 \times 1.3 \times 1.281 \times 0.44 = 1.170\text{kN/m}^2$$

$$w_5 = 1.680 \times 1.3 \times 1.431 \times 0.44 = 1.376\text{kN/m}^2$$

（6）根据图 4-19 所示的计算简图，由风产生的建筑底部剪力和弯矩分别为

$$V = (0.471 + 0.724 + 0.959 + 1.170 + 1.376) \times 20 \times 33 = 3101.55\text{kN}$$

$$\begin{aligned}M =\ & (0.471 \times 10 + 0.724 \times 30 + 0.959 \times 50 + \\ & 1.170 \times 70 + 1.376 \times 90) \times 20 \times 33 \\ =\ & 1.849 \times 10^5\,\text{kN} \cdot \text{m}\end{aligned}$$

图 4-20 为实际风压沿高度变化曲线和分 5 段简化的风压对比，各段中点的风压等于计算值，约等于该段风压的平均值。用积分方法精确地计算风产生的建筑底部剪力和弯矩分别为

$$V = B\int_0^H w_\text{k}(z)\,\text{d}z = 3100.76\text{kN}$$

$$M = B\int_0^H w_\text{k}(z)z\,\text{d}z = 1.860 \times 10^5\,\text{kN} \cdot \text{m}$$

由此看出，分 5 段简化计算得到的建筑底部剪力和弯矩误差分别为 0.026%、−0.602%，因此简化计算的误差很小。

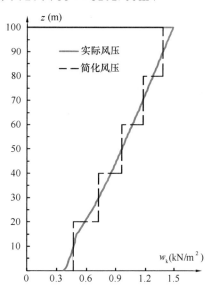

图 4-20　实际风压与简化风压比较

4.5　横风向结构风效应

4.5.1　流经任意截面物体的风力

速度为 v 的风流经任意截面物体，都将产生三个力（参见图 4-6）：物体单位长度上的顺风向力 P_D、横风向力 P_L 以及扭力矩 P_M。根据风速与风压的关系公式（4-8），上述三个力可表达为

$$P_\text{D} = \mu_\text{D}\,\frac{1}{2}\rho v^2 B \tag{4-53a}$$

$$P_\text{L} = \mu_\text{L}\,\frac{1}{2}\rho v^2 B \tag{4-53b}$$

$$P_\text{M} = \mu_\text{M}\,\frac{1}{2}\rho v^2 B^2 \tag{4-53c}$$

式中　B——结构的截面尺寸，取为垂直于风向的最大尺寸；

　　　μ_D——顺风向的风力系数，为迎风面和背风面体型系数的总和；

　　μ_L、μ_M——分别为横风向和扭转力系数。

4.5.2 结构横风向风力

横风向风力系数与雷诺数 Re 有关，图 4-21 是由试验得出的圆形平面结构雷诺数 Re 与横风向风力 μ_L 的关系曲线。可见，在亚临界范围（$3\times10^2 \leqslant Re < 3\times10^5$），圆形平面结构横风向风力系数 μ_L 在 0.2～0.6 之间变化；在超临界范围（$3\times10^5 \leqslant Re < 3.5\times10^6$），由于圆形平面结构横风向作用具有随机性，不能准确确定 μ_L 值；而在跨临界范围（$Re \geqslant 3.5\times 10^6$），结构横风向风力系数 μ_L 又稳定在 0.15～0.2 之间。以上这些系数对于其他平面形式结构也可参考。

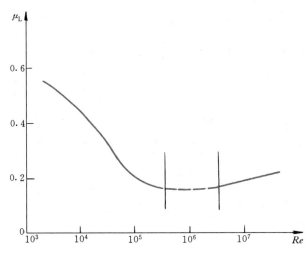

图 4-21　圆形平面结构 μ_L 与 Re 的关系

由于亚临界范围和跨临界范围的结构横风向风作用具有周期性（参见 4.3.3 节的讨论），则可将该范围内结构横风向风作用力与时间的关系表达成

$$P_L(z,t) = \frac{1}{2}\rho v^2(z)B(z)\mu_L \sin\omega_s t \tag{4-54}$$

式中　$P_L(z,t)$——z 高度处 t 时刻结构横风向风力；

$v(z)$、$B(z)$——z 高度处风速和结构迎风最大宽度；

ω_s——风旋涡脱落圆频率，可根据 Strouhal 数确定。

$$\omega_s = 2\pi f_s = \frac{2\pi S_t v(z)}{B(z)} \tag{4-55}$$

由式（4-55）知，在亚临界范围和跨临界范围的结构横风向作用力，其圆频率与风速有关。但实验发现，当横风向风作用力频率 f_s 与结构横向自振基本频率 f_1 接近时，结构横向产生共振反应（图 4-22a，图中 A 为结构横向振幅），此时若风速继续增大，风旋涡脱落频率仍保持常数（图 4-22b），而不再按式（4-55）变化。只有当风速大于结构共振风速的 1.3

倍左右，风旋涡脱落频率才重新按式（4-55）规律变化。将风旋涡脱落频率保持常数（为结构自振频率）的风速区域，称为锁住（lock-in）区域。

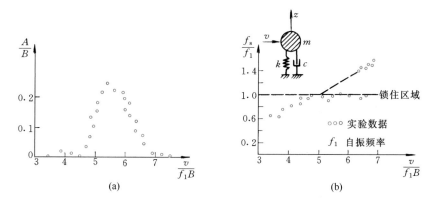

图 4-22 结构横风向共振现象及锁住区域

（a）共振现象；（b）锁住区域

由以上讨论知，一般情况下，特别对于竖向细长结构，结构横风向将受到三种不同性质的风作用力，如图 4-23 所示。

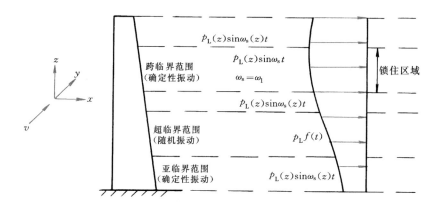

图 4-23 结构横风向风力分布

4.5.3 结构横风向风效应

由图 4-21 知，结构横风向风力系数 μ_L 一般小于 0.4，比结构顺风向风力系数 μ_D（一般为 1.3）的三分之一还小，且结构顺风向风效应最大时，结构横风向风效应不一定最大，因此一般情况下，与结构顺风向风效应相比，横风向风效应可以忽略，在结构抗风设计时不予考虑。

但是，当横风向风作用引起结构共振时，结构横风向风效应则不能忽略，有时甚至对设计还起控制作用。为此，应按下列规定对不同雷诺数 Re 的情况进行横风向风振校核：

（1）当 $Re<3×10^5$ 且结构顶部风速 v_H 大于共振风速 v_{cr} 时，可发生亚临界的微风共振。此时可在构造上采取防振措施，或控制结构的临界风速 v_{cr} 不小于 $15m/s$。

（2）当 $Re≥3.5×10^6$ 且结构顶部风速 v_H 的 1.2 倍大于共振风速 v_{cr} 时，可发生跨临界的强风共振。此时应考虑横风向风振的等效风荷载。

（3）当 $3×10^5≤Re<3.5×10^6$ 时，则发生超临界范围的风振，可不作处理。

为简化结构横风向共振风效应计算，可只考虑锁定区域的周期性风作用力（参见图 4-23），计算简图如图 4-24 所示。

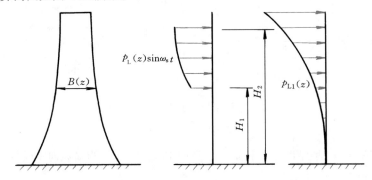

图 4-24　结构横风向共振计算简图及等效共振风力

根据图 4-24，按结构动力学振型分解分析法，考虑到结构动力风效应以第一振型反应为主，可得出结构横风向共振位移反应幅值为

$$y_1(z) = \frac{\int_{H_1}^{H_2} \frac{1}{2}\rho v^2(z)B(z)\mu_L\phi_1(z)dz}{2\zeta_1\omega_1^2\int_0^H m(z)\phi_1^2(z)dz} \tag{4-56}$$

式中　$m(z)$——结构单位长度的质量分布；

ω_1、ζ_1、$\phi_1(z)$——结构横风向第一阶频率、阻尼比和振型；

H_1、H_2——锁住区域的下界和上界高度，H_1 可取为共振风速高度，H_2 可取为 1.3 倍共振风速高度，若 $H_2>H$，应取 $H_2=H$。

共振风速 v_c 可按式（4-55）确定，即（注意共振时 $f_s=f_1$）

$$v_c = \frac{B(z)f_s}{S_t} = 5B(z)f_1 \tag{4-57}$$

式中，S_t 取值参考表 4-8；雷诺数 Re 处于跨临界范围时 S_t 取 $0.2\sim0.3$，此处偏保守计算取值 0.2。

由结构动力学原理，结构等效横风向共振风力为

$$P_{L1}(z) = m(z)\omega_1^2 y_1(z)$$

$$= m(z)\frac{\int_{H_1}^{H_2} \frac{1}{2}\rho v^2(z)B(z)\mu_L\phi_1(z)dz}{2\zeta\int_0^H m(z)\phi_1^2(z)dz} \tag{4-58}$$

将 $P_{L1}(z)$ 作用在结构上，进行结构静力分析，即可得到结构横风向共振风效应。

【例 4-5】 钢筋混凝土烟囱 $H=100\text{m}$，顶端直径 5m，底部直径 10m，顶端壁厚 0.2m，底部壁厚 0.4m。基本频率 $f_1=1\text{Hz}$，阻尼比 $\zeta_1=0.05$。地貌粗糙度指数 $\alpha=0.15$，空气密度 $\rho=1.2\text{kg/m}^3$。10m 高处基本风速 $v_0=25\text{m/s}$。问烟囱是否发生横风向共振，并求烟囱顶端横风向最大位移。

【解】（1）横向风振判别

烟囱顶点风速为

$$v_H = v_{10}\left(\frac{H}{10}\right)^{0.15} = 25 \times \left(\frac{100}{10}\right)^{0.15} = 35.3\text{m/s}$$

烟囱顶点共振风速为

$$v_{Hc} = 5B(H)f_1 = 5 \times 5 \times 1 = 25\text{m/s} < 1.2v_H$$

共振风速下烟囱顶点处雷诺数为

$$Re = 69000 v_{Hc} B(H) = 69000 \times 25 \times 5 = 8.63 \times 10^6 > 3.5 \times 10^6$$

属跨临界范围，故横风向会发生共振。

（2）锁住区域的确定

H_1 按该高度处的风速等于式（4-57）确定的临界风速确定。为此先确定烟囱直径与高度 z 的关系

$$D(z) = 5\left(2 - \frac{z}{H}\right)$$

则

$$25 \times \left(\frac{H_1}{10}\right)^{0.15} = 5 \times 5 \times \left(2 - \frac{H_1}{H}\right) \times 1$$

或

$$H_1 = H\left[2 - \left(\frac{H_1}{10}\right)^{0.15}\right]$$

上式可作为迭代公式求解 H_1。如可先令

$$H_1 = 50\text{m}$$

代入迭代公式，得

$$H_1 = 72.7\text{m}$$

取 $H_1 = 0.5 \times (50+72.7) = 61.3\text{m}$ 代入迭代公式，得

$$H_1 = 68.7\text{m}$$

取 $H_1 = 0.5 \times (61.3+68.7) = 65.0\text{m}$ 代入迭代公式，得

$$H_1 = 67.6\text{m}$$

基本收敛，最后取

$$H_1 = 0.5 \times (65.0 + 67.6) = 66.3\text{m}$$

同样可求解 H_2，得

$$H_2 = 92.6\text{m}$$

（3）求烟囱顶端横风向最大位移

为简化计算，近似取

$$\phi_1(z) = \frac{z}{H}$$

另烟囱内径与高度的关系为

$$\text{d}(z) = 4.6\left(2 - \frac{z}{H}\right)$$

任意高度烟囱截面积与高度的关系为

$$A(z) = \frac{\pi}{4}\left[D^2(z) - \text{d}^2(z)\right] = 3.02\left(2 - \frac{z}{H}\right)^2$$

则任意高度烟囱质量分布为

$$m(z) = 2400A(z) = 7248\left(2 - \frac{z}{H}\right)^2$$

最后由式（4-56）计算烟囱横风向顶点位移为

$$y_1(H) = \frac{\int_{66.3}^{92.6} \frac{1.2}{2} \times 25^2 \times \left(\frac{z}{10}\right)^{0.3} \times 5 \times \left(2 - \frac{z}{100}\right) \times 0.2 \times \left(\frac{z}{100}\right)\text{d}z}{2 \times 0.05 \times (2\pi)^2 \times \int_0^{100} 7248\left(2 - \frac{z}{100}\right)^2\left(\frac{z}{100}\right)^2\text{d}z}$$

$$= 0.01146\text{m}$$

4.5.4　结构总风效应

结构横风向共振时，同时还作用有顺风向风力和扭转风振，因此应将结构横风向风效应、顺风向风效应和扭转风效应叠加，计算结构总风效应，以此进行结构抗风计算。

对于结构某一确定的效应（如某一结构的内力或某一位置的位移等），由于顺风向动力作用效应（脉动效应）、横风向动力作用效应（风振效应）和扭转动力作用效应（扭转风振）不一定在同一时刻发生，一般情况下顺风向风振效应与横风向风振效应的相关性较小，对于顺风向风荷载为主的情况，横风向风荷载不参与组合，结构风效应 S_1 取顺风向风效应 S_D，对于横风向风荷载为主的情况，顺风向风荷载仅静力部分参与组合，简化取顺风向风荷载的 0.6 倍，结构风效应 S_2 按式（4-59）进行计算，而扭转风振虽然与顺风向及横风向风振效应之间存在相关性，但由于影响因素较多，在目前研究尚不成熟的情况下，暂不考虑扭转风振效应与另外两个方向风效应的组合，结构风效应 S_3 仅取扭转风效应 S_T。最后结构总风效应取上述三种组合情况结构风效应 S_1、S_2 和 S_3 的最大值。

$$S_2 = 0.6S_D + S_L \tag{4-59}$$

式中　　S_2——横风向风荷载为主的情况下结构风效应；

　　　　S_D——结构顺风向风效应；

　　　　S_L——结构横风向风效应。

4.5.5　结构横风向驰振（galloping）

一般情况下，由于阻尼的存在，结构的振动（即使共振）是稳定的。但在某些情况下，外界激励可能产生负阻尼成分，当负阻尼大于正阻尼时，结构振动将不断加剧，直到达到极限幅值而破坏。这种现象称为驰振。

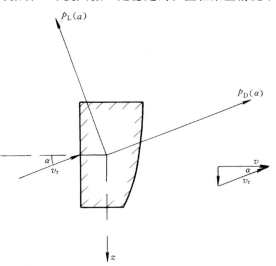

设风向与一等截面细长物体的主轴方向不一致，有一微小夹角 α。如图 4-25 所示。

显然，此时顺风向风力和横风向风力与风向有关，即

$$P_D(\alpha) = \frac{1}{2}\rho v_r^2 B\mu_D(\alpha) \tag{4-60a}$$

$$P_L(\alpha) = \frac{1}{2}\rho v_r^2 B\mu_L(\alpha) \tag{4-60b}$$

图 4-25　任意向风下结构上的风力

则结构主轴横风向 z 的运动方程为

$$m\ddot{z} + c\dot{z} + kz = P_z(\alpha) \tag{4-61}$$

式中

$$P_z(\alpha) = -P_D(\alpha)\sin\alpha - P_L(\alpha)\cos\alpha = \frac{1}{2}\rho v^2 B\mu_{DL}(\alpha) \tag{4-62}$$

式中

$$v = v_r\cos\alpha \tag{4-63}$$

$$\mu_{DL}(\alpha) = -\left[\mu_D(\alpha)\frac{\sin\alpha}{\cos^2\alpha} + \mu_L(\alpha)\frac{1}{\cos\alpha}\right] \tag{4-64}$$

设 α、z 均很小，则 $P_z(\alpha)$ 可在 $\alpha = 0$ 附近展开，仅保留线性项为

$$P_z(\alpha) = P_z(0) + P_z'(0)\alpha = P_z(0) + \frac{1}{2}\rho v^2 B\mu_{DL}'(0)\alpha \tag{4-65}$$

由图 4-25 知

$$\alpha = \frac{\dot{z}}{v} \tag{4-66}$$

则由式（4-61）、式（4-65）、式（4-66）得

$$m\ddot{z} + c'\dot{z} + kz = P_z(0) \tag{4-67}$$

式中

$$c' = c - \frac{1}{2}\rho v B \mu'_{DL}(0) \tag{4-68}$$

上式第一项为结构阻尼系数，第二项为空气动力阻尼系数。由结构动力学知，当 $c' > 0$ 时，振动随时间而减弱，因而是稳定的；而当 $c' < 0$ 时，振动将随时间而增大，出现不稳定驰振现象。因此，$c' = 0$ 是判定是否发生驰振的临界值。此时，由式（4-68）确定的临界风速为

$$v_c = \frac{2c}{\rho B \mu'_{DL}(0)} \tag{4-69}$$

表 4-11 列出了各种截面的 μ'_{DL} (0) 值。

因为 c 通常为正值，如要发生驰振，则式（4-68）第 2 项需大于零，即

$$\mu'_{DL} > 0$$

由式（4-64）可得

$$\mu'_{DL} = -\left[\mu_D(0) + \mu'_L(0) \right] \tag{4-70}$$

故

$$\mu_D(0) + \mu'_L(0) < 0 \tag{4-71}$$

可用于判别是否发生驰振，称为 Glauert-Den Hartog 判别式。应注意的是，该式仅是必要条件，充分条件应为 $c' < 0$。

各种截面在稳定风中（从左到右）的 μ'_{DL} (0) 值　　　　　表 4-11

截　面	Re	μ'_{DL} (0)
	66000	2.7
	66000	0
	33000	3.0
	2000～20000	10.0

续表

截　　面	Re	μ'_{DL} (0)
	66000	0
	51000	-0.5
	75000	0.66

对于圆形截面物体，因为对称性，μ'_{L}（α）＝0，而 μ_{D}（α）＞0，式（4-71）不满足，即不会发生驰振。只有非圆形截面或圆形截面上再附加其他形式的截面，才可能发生驰振。

当物体截面的旋转中心与空气动力的作用中心不重合时，将产生截面的平移和扭转耦合振动，对于这种振动形式，也会发生不稳定振动现象，称其为颤振（flutter）。

习题

第4章　风荷载
课件

第4章　风荷载
思维导图

4.1　风是怎样形成的？
4.2　说明风速与风压的关系。
4.3　基本风压是如何定义的？
4.4　说明影响基本风压的主要因素。
4.5　计算顺风向风效应时，为什么要区分平均风和脉动风？
4.6　解释横风向风振产生的原因。
4.7　说明风载体型系数 μ_{s}，风压高度变化系数 μ_{z}，风振系数 β 的意义。
4.8　在什么条件下需考虑结构横风向风效应？
4.9　解释结构风致驰振现象。
4.10　是非题：
　　（1）我国现行《建筑结构荷载规范》GB 50009—2012 规定基本风压的标准高度为 50m。
　　（2）地面越粗糙，风速变化越慢，梯度风高度越高；反之，风速变化越快，梯度风高度越小。
　　（3）平均风速越小，脉动风的幅值越大，频率越低。
　　（4）对于亚临界范围、超临界范围和跨临界范围，只有处在跨临界范围内时结构才会发生横向共振。
　　（5）截面只为圆形的物体不会发生驰振，非圆形截面或圆形截面上再附加其他形式的截面，才可能发生驰振。

4.11 一矩形高层建筑结构，高度 $H=40\text{m}$，迎风面宽度 $B=30\text{m}$，建造在城市市郊，地面粗糙度指数 $\alpha_\text{a}=0.15$，基本风压 $w_0=0.5\text{kN/m}^2$，标准地貌的地面粗糙指数 $\alpha_\text{s}=0.15$，假设不考虑顺风向脉动风的影响。沿高度均匀分成四段进行近似计算。求：顺风向风产生的建筑底部弯矩。

4.12 某 3 跨 6 层钢筋混凝土框架结构，结构平面图如图 4-26（a）所示，矩形平面布置柱网，柱距为 4.2m；横向框架计算简图如图 4-26（b）所示。基本风压 $w_0=0.55\text{ kN/m}^2$，地貌为 A 类，顺风向风载体型系数如图 4-26（c）所示。风压高度变化系数可按公式 $\mu_\text{z}(z)=\left(\dfrac{H_\text{Ts}}{z_\text{s}}\right)^{2\alpha_\text{s}}\left(\dfrac{H_\text{Ta}}{z_\text{a}}\right)^{-2\alpha_\text{a}}$

$\left(\dfrac{z}{z_\text{s}}\right)^{2\alpha_\text{a}}$，$z_0\leqslant z\leqslant H_\text{Ta}$ 计算，其中下标 s 表示标准地貌，下标 a 表示任意地貌，$z_\text{s}=z_\text{a}=10\text{m}$。

为简化起见，可分 3 段计算风荷载，最下面二层为一段，中间二层为一段，最上面二层为一段，各区段内风荷载按均匀分布考虑，取其中点处的风载值为该区段的平均风载值。试计算：

① 结构平面图 4-26（a）指定横向框架上作用的顺风向风荷载，并且画出风荷载计算简图。

② 该横向框架在顺风向风荷载作用下的底部（支座处）弯矩和剪力。

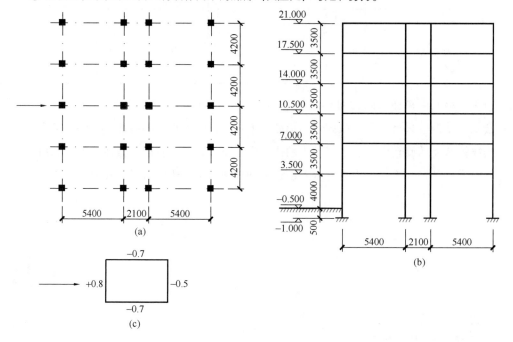

图 4-26 框架结构平面图和计算简图
（a）结构平面图；（b）横向框架计算简图；（c）风载体型系数

4.13 已知一等截面圆形钢烟囱，总高 $H=50\text{m}$，外径 $D=2.5\text{m}$，地面粗糙度指数 $\alpha_\text{a}=0.15$。基本风压按地面粗糙度指数 $\alpha_\text{s}=0.15$ 的地貌上离地面高度 $z_\text{s}=10\text{m}$ 处的风速 $v_0=30\text{m/s}$ 确定。已知结构的基本周期 $T_1=2.0\text{s}$。问：

① 顺风向风产生的烟囱底部弯矩。

② 该烟囱是否可能发生横风向共振？

（提示：基本风压按 $w_0=\dfrac{v_0^2}{1630}$ 确定）

第5章

地　震　作　用

5.1　地震基本知识

5.1.1　地震的类型与成因

地震按其产生的原因，可分为火山地震、陷落地震和构造地震。由于地下空洞突然塌陷而引起的地震叫陷落地震；而由于地质构造运动引起的地震则称为构造地震。一般火山地震和陷落地震强度低，影响范围小，而构造地震释放的能量大，影响范围广，造成的危害严重，工程结构设计时，主要考虑构造地震的影响。

引起构造地震的地质运动与地球的构造和运动有关。地球近似为一个球体，平均半径6400km。通常认为其内部分为三层，如图5-1所示。最表面的一层叫地壳，平均厚度约30km，除表层土外，地壳为由沉积岩、岩浆岩和变质岩等构造的岩层；地壳以下称为地幔，厚约2900km，也为岩石成分构造；最里面的叫地核，半径约3500km，物质主要成分为铁、镍等，由于地核温度高达 4000～5000℃，外核可能处于液态。

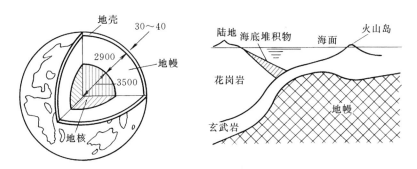

图 5-1　地球的构造（单位：km）

由地质勘探知，地表以下越深，温度越高。经推算，地壳以下地幔上部的温度可大于

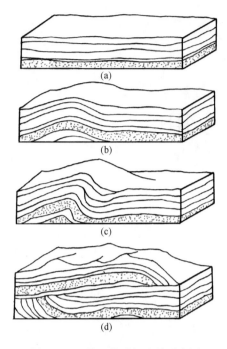

图 5-2　地质运动引起地震示意图

(a) 未变形岩层；(b) 岩层变形累积、
应力不断增大；(c) 岩层应力增大
至岩层强度极限；(d) 岩层断裂

1000℃，在这样的高温下，地幔的物质变得具有流动性，又由于地幔越往地球内部温度越高，构成地幔热对流，引起地壳岩层的地质运动。

除地幔热对流外，地球的自转与公转、月球和太阳的引力影响等，也会引起地质运动。目前普遍认为地幔的热对流是引起地质运动的最主要原因。

地质运动引起地震的过程如图 5-2 所示。地质运动会使地壳岩层变形而产生应力，岩层变形的不断累积会使应力增大，当岩层应力大于岩层强度时，岩层会突然破裂，岩层破裂后将以振动的方式释放能量并产生地震波，地震波到达观测点地面引起地面运动，而形成一般公众所说的"地震"。

图 5-3 表示的是有关地震的几个术语。震源即发震点，是指岩层断裂处。震源正上方的地面地点称为震中。震中至震源的距离为震源深度。地面某处到震中的距离称为震中距。

地震按震源的深浅可分为：浅源地震（震源深度小于 60km）、中源地震（震源深度在 60～300km 之间）和深源地震（震源深度大于 300km）。其中浅源地震造成的危害最大，发生的数量也最多，约占世界地震总数的 85％。当震源深度超过 100km 时，地震释放的能量在传播到地面的过程中大部分被损失掉，故通常不会在地面上造成震害。我国发生的地震绝大多数是浅源地震，震源深度一般为 5～50km。

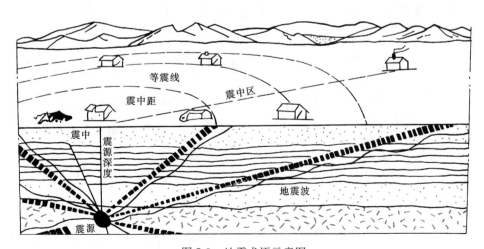

图 5-3　地震术语示意图

5.1.2　地震分布

由于构造地震是由于地壳岩层应力累积造成岩层破裂引起的,因此地震的震源总是岩层的最薄弱处。一般地壳岩层总有一些断层,而断层处抵抗应力的能力通常比非断层处要低,故地震一般发生在岩层断层处,而不是任何地点都会发生地震。

事实上,如果将历史上发生的地震的位置标注在地图上,会发现世界上的地震分布集中在两个带状区域上。其中环绕太平洋的地震带称为环太平洋地震带,而将横贯欧亚大陆的地震带称为欧亚地震带。据统计,全世界 75% 左右的地震发生在环太平洋地震带上,其余大部分发生在欧亚地震带上。

全球地震的带状分布是地质学上的板块构造理论的有力佐证,反过来板块理论对世界地震带状分布现象给予了一个较好的解释。板块构造理论认为,地球地壳岩层被分为六大板块,即欧亚板块、太平洋板块、美洲板块、非洲板块、印澳板块和南极洲板块,各大板块之间还可以划分为较小的板块。板块之间的结合部类型有:海岭、海沟、转换断层及缝合线。

板块与板块之间可认为是大的断层,板块在地幔热对流的作用下将发生缓慢漂移,当两个板块相遇时,其中一个板块会俯冲插入另一板块之下,在板块俯冲过程中会引起板块交会附近岩层应力的增加,造成岩层脆性破裂而发生地震。上述两大地震带,正是板块与板块之间由于挤压碰撞而在板块边缘上发生的地震。统计表明,全世界 85% 左右的地震发生在板块边界带上,仅有 15% 左右的地震发生在板块内部。

我国位于世界两大地震带的交会处,因此地震发生频繁,是世界上少数多地震国家之一。我国可以大致分成如下六个地震活动区:①台湾地区;②喜马拉雅山地区;③西北地区;④天山地区;⑤华北地区;⑥东南沿海地区。其中①、②、⑥为板边地震,属环太平洋地震带,③、④、⑤为板内地震。我国板内地震也较多的原因是,我国东面受到太平洋板块的挤压,南面受到印澳板块的挤压,因此板内应力较大,从而容易引发地震。

5.1.3　震级与烈度

1. 震级

震级是衡量一次地震规模大小的数量等级。震级的表示方法有很多,目前国际上常用的是里氏震级,其定义首先由里克特(Richter)于 1935 年给出,即

$$M = \lg A \tag{5-1}$$

式中　M——里氏地震等级;

　　　A——用标准地震仪(周期为 0.8s,阻尼比为 0.8,放大倍数为 2800)在距震中 100km 处记录的以 μm($= 10^{-6} m$)为单位的最大水平地面位移。

由式(5-1)知,震级增大一级,地面振动幅值增大 10 倍。一般对于 $M < 2$ 的地震

$(A < 10^2 \mu m)$，人体感觉不到，只有仪器能够记录到，称为微震；对于 $M = 2 \sim 4$ 的地震 $(10^2 \mu m \leqslant A \leqslant 10^4 \mu m)$，人体有所感觉，称为有感地震；而对于 $M > 5$ 的地震 $(A > 0.1m)$，会引起地面工程结构的破坏，称为破坏性地震。另外，将 $M > 7$ 的地震习惯称大地震，而将 $M > 8$ 的地震称为特大地震。

5.1.3 汶川
地震破坏

1976 年 7 月 28 日在我国唐山发生的地震，震级为 7.8 级，造成 24 万多人死亡，16 万人受伤。到目前为止，世界上记录到的最大地震是 1960 年 5 月 22 日在智利南部发生的 9.5 级地震。

式（5-1）实际上仅适于 6 级以下地震的直接定义。当 $M \geqslant 6$ 时，若按式(5-1)则 $A \geqslant 1m$，这与实际不符。事实上，当地面运动振幅较大时，表土将产生较大的黏滞塑性变形，消耗地面振动能量，而抑制地面振幅。从而震级与地面振幅不再满足式（5-1）的关系。因此，当 $M \geqslant 6$ 时，一般需通过其他方式来定义震级。

此外，地震时距震中 100km 处不一定恰好有地震观测台站，而且地震观测台站也不一定有上述标准地震仪，这时，应将记录的地面位移修正为满足式（5-1）条件的标准位移，才能按式（5-1）确定震级。

2. 地震能

地震是由于岩层破裂释放能量引起的，因此一次地震所释放的能量（称为地震能，记为 E）应是一定的。由于一次地震震级是确定的，因此震级 M 与地震能 E 之间必有一定的关系，经统计该关系为

$$\lg E = 11.8 + 1.5M \tag{5-2}$$

式中，E 的单位为尔格（1 尔格 $= 10^{-7}$J）。

由式（5-2）知，震级增大一级，地震能约增大 32 倍。一次 7 级地震，约相当于 30 枚 2 万吨 TNT 的原子弹爆炸所释放的能量，可见，一次大地震所释放的能量是巨大的，所造成的破坏也将是毁灭性的。

3. 烈度

将某一特定地区遭受一次地震影响的强弱程度定义为地震烈度。

炸弹爆炸时，爆炸中心附近破坏力最大，而离爆炸中心越远，破坏力越小。地震也是一样，震中附近地震的影响最大，而随着震中距的增大，地震的影响逐渐减小。因此，一次地震只有一个震级，然而在不同的地点却会有不同的地震烈度。

地震烈度除日本采用 0 ~ 7 的 8 个等级划分外，我国和世界绝大多数地震国家均采用 1 ~ 12 的等级划分。地震烈度值一般根据人的感觉、器物的反应以及地貌、建筑物的破坏等宏观现象综合评定，各国都制定有地震烈度表以此作为烈度的评定标准。表 5-1 是我国 2008 年制定的地震烈度表。

中国地震烈度表（GB/T 17742—2020）　　　　　　　表 5-1

地震烈度	人的感觉	房屋震害			其他震害现象	水平向地面运动	
		类型	震害程度	平均震害指数		峰值加速度（m/s²）	峰值速度（m/s）
I	无感	—	—	—	—	—	—
II	室内个别静止中人有感觉	—	—	—	—	—	—
III	室内少数静止中人有感觉	—	门、窗轻微作响	—	悬挂物微动	—	—
IV	室内多数人、室外少数人有感觉，少数人梦中惊醒	—	门、窗作响	—	悬挂物明显摆动，器皿作响	—	—
V	室内绝大多数、室外多数人有感觉，多数人梦中惊醒	—	门窗、屋顶、屋架颤动作响，灰土掉落，个别房屋抹灰出现细微细裂缝，个别檐瓦掉落，个别屋顶烟囱掉砖	—	悬挂物大幅度晃动，不稳定器物摇动或翻倒	0.31（0.22～0.44）	0.03（0.02～0.04）
VI	多数人站立不稳，少数人惊逃户外	A	少数中等破坏，多数轻微破坏和/或基本完好	0～0.11	家具和物品移动；河岸和松软土出现裂缝，饱和砂层出现喷砂冒水；个别独立砖烟囱轻度裂缝	0.63（0.45～0.89）	0.06（0.05～0.09）
		B	个别中等破坏，少数轻微破坏，多数基本完好				
		C	个别轻微破坏，大多数基本完好	0～0.08			
VII	大多数人惊逃户外，骑自行车的人有感觉，行驶中的汽车驾乘人员有感觉	A	少数毁坏和/或严重破坏，多数中等和/或轻微破坏	0.09～0.31	物体从架子上掉落；河岸出现塌方，饱和砂层常见喷水冒砂，松软土地上地裂缝较多；大多数独立砖烟囱中等破坏	1.25（0.90～1.77）	0.13（0.10～0.18）
		B	少数毁坏，多数严重和/或中等破坏				
		C	个别毁坏，少数严重破坏，多数中等和/或轻微破坏	0.07～0.22			
VIII	多数人摇晃颠簸，行走困难	A	少数毁坏，多数严重和/或中等破坏	0.29～0.51	干硬土上出现裂缝，饱和砂层绝大多数喷砂冒水；大多数独立砖烟囱严重破坏	2.50（1.78～3.53）	0.25（0.19～0.35）
		B	个别毁坏，少数严重破坏，多数中等和/或轻微破坏				
		C	少数严重和/或中等破坏，多数轻微破坏	0.20～0.40			

续表

地震烈度	人的感觉	房屋震害				其他震害现象	水平向地面运动	
		类型	震害程度		平均震害指数		峰值加速度 (m/s²)	峰值速度 (m/s)
IX	行动的人摔倒	A	多数严重破坏和毁坏		0.49～0.71	干硬土上多处出现裂缝,可见基岩裂缝、错动,滑坡、塌方常见;独立砖烟囱多数倒塌	5.00 (3.54～7.07)	0.50 (0.36～0.71)
		B	少数毁坏,多数严重和/或中等破坏					
		C	少数毁坏和/或严重破坏,多数中等和/或轻微破坏		0.38～0.60			
X	骑自行车的人会摔倒,处不稳状态的人会摔离原地,有抛起感	A	绝大多数毁坏		0.69～0.91	山崩和地震断裂出现;基岩上拱桥破坏;大多数独立砖烟囱从根部破坏或倒毁	10.00 (7.08～14.14)	1.00 (0.72～1.41)
		B	大多数毁坏					
		C	多数毁坏和/或严重破坏		0.58～0.80			
XI	—	A	绝大多数毁坏		0.89～1.00	地震断裂延续很大,大量山崩滑坡	—	—
		B						
		C			0.78～1.00			
XII	—	A	—		1.00	地面剧烈变化,山河改观	—	—
		B						
		C						

注:表中的数量词:"个别"为10%以下;"少数"为10%～45%;"多数"为40%～70%;"大多数"为60%～90%;"绝大多数"为80%以上。

4. 烈度与震级的关系

烈度与震级虽是两个不同的概念,但一次地震发生,震级是一定的,对于确定地点上的烈度也是一定的,且定性上震级越大,确定地点上的烈度也越大。

震中一般是一次地震烈度的最大地区,其烈度与震级和震源深度有关。在环境条件基本相同的情况下,震级越大、震源深度越小,则震中烈度越高。根据我国的地震资料,对于发生最多的浅源地震,可建立震中烈度 I_0 与震级 M 的近似关系

$$M = 1 + \frac{2}{3}I_0 \tag{5-3}$$

对于非震中区,可利用烈度随震中距衰减的关系,建立烈度与震级的关系。一般烈度衰减关系为

$$I = I_0 - c \cdot \lg\left(\frac{\Delta}{h} + 1\right) \tag{5-4}$$

式中 Δ——震中距;

h——震源深度；

I——震中距为 Δ 处的烈度；

c——烈度衰减参数。

由式（5-4）知，地震烈度随震中距按对数规律衰减。一般平原地区衰减快，山区衰减慢，则平原地区 c 值大于山区。另外，震级越大，烈度衰减越快。可见，参数 c 与地貌、震级等因素有关。

将式（5-4）代入式（5-3）得

$$M = 1 + \frac{2}{3}I + \frac{2}{3}c \cdot \lg\left(\frac{\Delta}{h} + 1\right)$$
(5-5)

上式即为任意地点烈度与震级间的数值关系式。

5.1.4　地震波与地面运动

1. 地震波

岩层破裂（地震）时，将引起周围介质振动，并以波的形式从震源向各个方向传播并释放能量。这种传播地震能量的波即为地震波。

地震波分为在地球内部传播的体波和在地面附近传播的面波。一般认为，面波是体波经地层界面多次反射、折射所形成的次生波。

体波有两种，一种为纵波（记为 P 波），一种为横波（记为 S 波）。纵波为压缩波，其质点的振动方向与波的行进方向一致，如图 5-4（a）所示。纵波可在固体与流体（包括液体与气体）中传播，如声音就是在空气中传播的一种纵波。横波为剪切波，其质点的振动方向与波的行进方向垂直，如图 5-4（b）所示。横波只能在固体中传播，因流体不能承受剪应力。

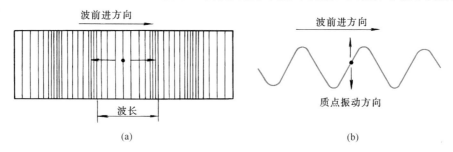

图 5-4　体波质点的振动方向

（a）纵波（压缩波）；（b）横波（剪切波）

根据弹性波动理论，纵波和横波的传播速度可分别按下列公式计算

$$v_{\mathrm{P}} = \sqrt{\frac{E(1-\nu)}{p(1+\nu)(1-2\nu)}}$$
(5-6)

$$v_S = \sqrt{\frac{E}{2p(1+\nu)}} = \sqrt{\frac{G}{p}} \qquad (5-7)$$

式中　E——介质的弹性模量；

　　　G——介质的剪切模量；

　　　p——介质的密度；

　　　ν——介质的泊松比。

对于一般地表土层介质，近似取 $\nu = 1/4$，则可得

$$v_P = \sqrt{3} v_S \qquad (5-8)$$

表 5-2 列出了 S 波在一些介质中的传播速度值。

不同介质的 v_S 值（m/s）　　　　　　　表 5-2

砂	60	含砂砾石	300~400	粉质黏土	100~200	砾石	600
人工填土	100	饱和砂土	340	黏土	250	第三纪岩层	1000 以上

面波也有两种，一种为瑞雷波（记为 R 波），一种为洛夫波（记为 L 波）。瑞雷波传播时，质点在与地面成垂直的平面内沿波的前进方向作椭圆运动（图 5-5a）。洛夫波传播时，质点在地平面内作与波行进方向相垂直的振动（图 5-5b）。

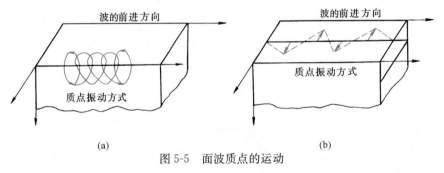

图 5-5　面波质点的运动

（a）瑞雷波质点振动；（b）洛夫波质点振动

根据观测与分析，面波比 S 波的传播速度慢，其速度只有 S 波传播速度的 92%。

一般来说，波传播速度越快，其振动周期和振幅越小。由此可得出地震各种波的特点为：纵波速度快、周期短、振幅小；横波速度较快、周期较长、振幅较大；面波速度慢、周期长、而振幅大。

2. 地震地面运动

对于地面上的某一点，当地震体波到达该点或面波经过该点时，就会引起该点往复运动，此即地震地面运动。

波在不同介质中传播会发生折射，地震体波由较坚硬土层向较软弱土层传播时，就会产

生这种折射现象，如图 5-6 所示为最简单的情况。
由于地表土层一般总是越深越坚硬，因为波的折
射，体波传播到地面时，其行进方向将近似与地面
垂直。如将地面任一观测点与震中的连线方向定义
为前进方向（假设观测点处的人面对震中），将地
面上与上述连线垂直的方向定义为左右方向，将垂
直于地面的方向定义为上下方向，则 P 波主要引起
地面上下运动，S 波主要引起地面前后、左右运动，
R 波主要引起地面上下、前后运动，L 波主要引起
地面左右运动。

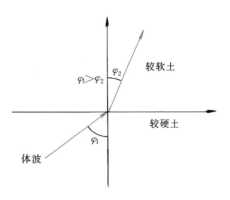

图 5-6　体波的折射

可见，地震地面运动总是三维运动，其中竖向运动主要由 P 波和 R 波引起，而水平前后
运动主要由 S 波和 R 波引起，水平左右运动主要由 S 波和 L 波引起。根据地震波的特性，两
个方向水平地面运动的强度大致相等，而竖向地面运动的强度一般小于水平地面运动的强度。
根据实测资料统计，一次地震竖向地面运动的平均强度约为水平地面运动平均强度的 2/3。

一般震中附近，体波成分较多，面波成分较少，而随着震中距增加，体波成分减少，面
波成分增加。因此，竖向地面运动与水平地面运动的比值在震中附近可能会较大，而远离震
中，该比值则会减小。

3. 地震记录

地面运动的位移、速度和加速度可以用仪器记录下来，在工程结构抗震研究与应用中采
用的多是地震加速度记录，图 5-7 是一次实际地震地面某点三个方向（东西、南北、上下）
的加速度记录。

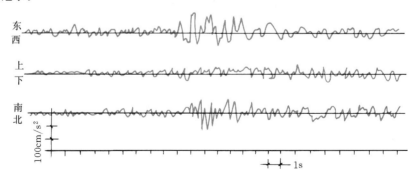

图 5-7　地震地面运动加速度记录

实测记录表明，地震地面运动是极不规则的，根据数学上的三角级数展开概念，地面运
动可理解为由许多不同频率简谐运动合成的复合运动。地面运动对工程抗震最有意义的物理
量有三个，即：强度（最大振幅）、频谱（分解后不同频率简谐运动的幅值与其频率的关系）

和强烈振动的持续时间。强度表征地面运动的强烈程度，频谱表征地面运动的频率成分（特别是主要频率成分），而持续时间表征地面运动对工程结构反复作用的次数。

4. 地面运动强度与烈度的关系

由于烈度是地震对地面影响的宏观评价，地面运动强度仅是影响烈度的一个因素，还有一些其他因素（如频谱、持续时间等）对烈度也有影响。因此，单独建立地面运动强度与烈度的关系时，会发现离散性很大，但总的趋向是烈度越大，地面运动强度越大。由表 5-1 知，地震地面运动加速度的平均值与烈度间的平均关系为

$$a = 1.25 \times 2^{I-7} \quad (\text{m/s}^2) \tag{5-9}$$

式中 I——地震烈度；

   a——地面加速度幅值。

5. 影响地面运动频谱的主要因素

影响地面运动频谱主要有两个因素：一是震中距，二是场地条件。

一般波的周期越短，在有阻尼介质中传播衰减得越快，因此随着震中距的增加，地面运动短周期成分所占的比例越来越小，长周期成分所占的比例越来越大。

场地条件主要指所考虑的工程结构所在地（即场地）地表土层的软硬程度和土层的覆盖层厚度（地表至地下坚硬土层顶面）。根据 S 波在单一土层中传播的分析，可得出场地有一特征周期，即

$$T_g = \frac{4d_{ov}}{v_{sm}} \tag{5-10}$$

式中 v_{sm}——场地土平均剪切波速；

   d_{ov}——剪切波速小于 500m/s 的场地土覆盖层厚度。

当 S 波的周期与式（5-10）表达的特征周期一致时，会发生共振反应，使由 S 波传播到地面所产生的地面运动放大数倍甚至数十倍，而对于其他周期的 S 波所引起的地面运动，则不会有上述那样的放大效应。

由于地震波的周期成分很多，而仅与场地特征周期 T_g 接近的周期成分被较大地放大，因此，T_g 也将是地面运动的主要周期，故也称 T_g 为场地卓越周期。

5.2 单质点体系地震作用

5.2.1 单质点体系地震反应

当结构的质量相对集中在某一个确定位置时，可将结构处理成单质点体系进行地震反应

分析，如图 5-8 所示。

尽管地震地面运动是三维运动，但若结构处于弹性状态，可将三维地面运动对结构的影响分解为三个一维地面运动对结构的影响之和。故以下只讨论单向水平地震对单质点体系的影响。

单质点体系在地震水平地面运动作用下，将产生相对于地面的水平运动，如图 5-9 所示。此时质点上作用有三种力：

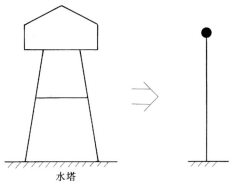

图 5-8　单质点体系简图

其一是惯性力

$$f_1 = -m(\ddot{x}_g + \ddot{x}) \tag{5-11a}$$

其二是阻尼力

$$f_c = -c\dot{x} \tag{5-11b}$$

其三是弹性恢复力

$$f_k = -kx \tag{5-11c}$$

式中　x、$\dot{x}$、$\ddot{x}$——质点相对于地面的位移、速度和加速度；

　　　　$\ddot{x}_g$——地面运动加速度；

　　　　m——质点质量；

　　　　c——体系阻尼系数；

　　　　k——体系刚度（使质点产生单位位移所需的力）。

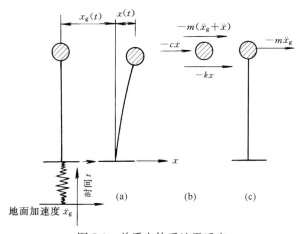

图 5-9　单质点体系地震反应

(a) 体系的运动；(b) 平衡力系；(c) 等效地震荷载

上述三种力应平衡，即

$$f_1 + f_c + f_k = 0 \tag{5-12}$$

将式（5-11）代入式（5-12），可得

$$m\ddot{x} + c\dot{x} + kx = -m\ddot{x}_{g} \tag{5-13}$$

上式为单质点体系在单向水平地面运动下的运动方程，在数学上为二阶线性微分方程。为便于求解，令

$$\omega = \sqrt{\frac{k}{m}}$$

$$2\omega\zeta = \frac{c}{m}$$

则式（5-13）可转化为

$$\ddot{x} + 2\omega\zeta\dot{x} + \omega^2 x = -\ddot{x}_{g} \tag{5-14}$$

在零初始条件（初位移 $x(0) = 0$、初速度 $\dot{x}(0) = 0$）下，方程（5-14）的解为

$$x(t) = -\frac{1}{\omega_{D}}\int_{0}^{t}\ddot{x}_{g}(\tau)\mathrm{e}^{-\zeta\omega(t-\tau)}\sin[\omega_{D}(t-\tau)]\mathrm{d}\tau \tag{5-15}$$

式中

$$\omega_{D} = \omega\sqrt{1-\zeta^2}$$

式（5-15）实际上是用积分形式表达的单质点体系地震位移反应。其中：ω 为无阻尼体系自由振动圆频率；ζ 称为阻尼比，意义为体系实际阻尼系数与体系不产生自由振动最小阻尼系数（称为临界阻尼系数）的比值，一般工程结构 ζ 值较小，在 $0.01 \sim 0.1$ 之间；ω_{D} 为有阻尼时体系自由振动圆频率，显然一般情况下，$\omega_{D} \approx \omega$。

若对式（5-15）关于时间微分一次和二次，则可得体系地震速度反应和地震加速度反应如下

$$\dot{x}(t) = \int_{0}^{t}\ddot{x}_{g}(\tau)\mathrm{e}^{-\zeta\omega(t-\tau)}\left[\frac{\zeta\omega}{\omega_{D}}\sin[\omega_{D}(t-\tau)]\right.$$

$$\left. -\cos[\omega_{D}(t-\tau)]\right]\mathrm{d}\tau \tag{5-16}$$

$$\ddot{x}(t) = \omega_{D}\int_{0}^{t}\ddot{x}_{g}(\tau)\mathrm{e}^{-\zeta\omega(t-\tau)}\left\{\left[1-\left(\frac{\zeta\omega}{\omega_{D}}\right)^2\right]\sin[\omega_{D}(t-\tau)]\right.$$

$$\left. +\frac{2\zeta\omega}{\omega_{D}}\cos[\omega_{D}(t-\tau)]\right\}\mathrm{d}\tau - \ddot{x}_{g}(t) \tag{5-17}$$

注意到一般 ζ 值很小，则上两式可近似简化为

$$\dot{x}(t) = -\int_{0}^{t}\ddot{x}_{g}(\tau)\mathrm{e}^{-\zeta\omega(t-\tau)}\cos[\omega_{D}(t-\tau)]\mathrm{d}\tau \tag{5-18}$$

$$\ddot{x}_{g}(t) + \ddot{x}(t) = \omega_{D}\int_{0}^{t}\ddot{x}_{g}(\tau)\mathrm{e}^{-\zeta\omega(t-\tau)}\sin[\omega_{D}(t-\tau)]\mathrm{d}\tau \tag{5-19}$$

5.2.2 地震作用与地震反应谱

对工程结构抗震设计来说，最有用的是结构地震时程反应（内力、变形等）的最大值。

由数学定理知，当结构位移反应取最大值时（$x \rightarrow x_{\max}$），结构速度反应为零，即 $\dot{x} \rightarrow 0$。对比式（5-15）与式（5-19）知

$$|\ddot{x}_g + \ddot{x}| \approx \omega^2 |x| \tag{5-20}$$

则 $x \rightarrow x_{\max}$ 时，近似有 $|\ddot{x}_g + \ddot{x}| \rightarrow |\ddot{x}_g + \ddot{x}|_{\max}$。因此，由式（5-13）可得

$$m|\ddot{x}_g + \ddot{x}|_{\max} = k|x|_{\max} \tag{5-21}$$

上式左端为质点最大惯性力，将其定义为地震作用，即

$$F = m|\ddot{x}_g + \ddot{x}|_{\max} \tag{5-22}$$

若已知结构的地震作用（作用在结构的质点上），则式（5-21）成为一静力方程

$$F = k|x|_{\max} \tag{5-23}$$

即按静力分析方法就可得到结构的最大地震位移及相应的内力反应。

为计算地震作用，定义如下地震加速度反应谱

$$S_a = |\ddot{x}_g + \ddot{x}|_{\max} \tag{5-24}$$

S_a 实质上是自振圆频率为 ω、阻尼比为 ζ 的单质点体系在确定的地震地面运动下的最大加速度反应，因此地震反应谱 S_a 与体系自振频率 ω（或自振周期 $T = 2\pi/\omega$）和阻尼比 ζ 有关。当阻尼比一定时，S_a 是体系自振周期 T 的函数。图 5-10 是在某一地面运动下地震反应谱 S_a 随体系自振周期变化的曲线。

影响地震反应谱的因素有结构阻尼比和地面运动。一般阻尼比越

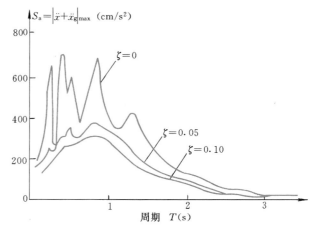

图 5-10　地震加速度反应谱

小，反应谱值越大。另外，反应谱是一定地面运动的一种谱函数，地面运动不同，地震反应谱也不同。因此影响地面运动的一些特征量也将影响地震反应谱。这些特征量主要有：

（1）地面运动幅值。显然地面运动的幅值越大，S_a 也越大，它们之间成线性比例关系。

（2）地面运动频谱。地面运动的频谱不同，则地面运动的主要周期成分将不同，由于共振反应，将造成地震反应谱的形状发生变化，地震反应谱的峰值频率一般与地面运动的主要频率相对应。图 5-11 和图 5-12 所表示的随着场地土变软或随着震中距的增加地震反应谱峰值周期增长，说明了地面运动频谱对地震反应谱形状的影响。

因地震反应谱可预先计算得到，若已确定地震反应谱，则单质点体系的地震作用可根据其自振周期对应的反应谱值十分简便地按下式计算得到

$$F = mS_a(T) \tag{5-25}$$

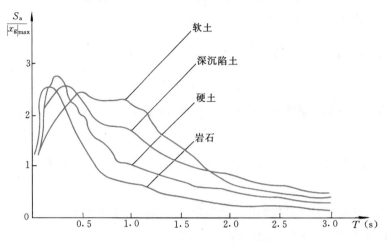

图 5-11　不同场地条件的地震反应谱

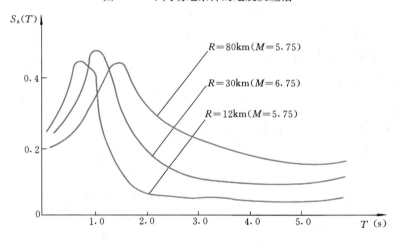

图 5-12　不同震中距条件的地震反应谱

(R—震中距，M—震级)

5.2.3　设计反应谱

地震反应谱是根据已发生的地震地面运动记录计算得到的，而工程结构抗震设计需考虑的是将来发生的地震对结构造成的影响。由于地震的随机性和影响地面运动因素的复杂性，即使同一地点不同时间发生地震的地面运动无论强度还是频谱（或波形），不会完全相同，因此地震反应谱也将不同。可见，工程结构抗震设计不能采用某一确定地震记录的反应谱，而应考虑地震地面运动的随机性，确定一条供设计用反应谱，称为设计反应谱。

因地震反应谱与地面运动幅值和频谱有关，为分别考虑它们的影响，将地震反应谱表达成

$$S_a(T) = \frac{S_a(T)}{|\ddot{x}_g|_{\max}} \frac{|\ddot{x}_g|_{\max}}{g} g \tag{5-26}$$

引入两个参数

$$k = \frac{|\ddot{x}_g|_{\max}}{g} \tag{5-27}$$

$$\beta(T) = \frac{S_a(T)}{|\ddot{x}_g|_{\max}} \tag{5-28}$$

称 k 为地震系数，$\beta(T)$ 为动力系数。以下先讨论这两个设计参数的确定。

1. 地震系数

工程结构抗震设计时，地震系数的取值可与地震烈度设防标准相联系。设防烈度一般定义为结构设计基准期内超越概率为 10% 的烈度水平。国际上一般结构的设计基准期均取为 50 年（包括我国），而我国正好将一个地区 50 年超越概率为 10% 的烈度定义为基本烈度，并根据历史震害调查和地震危害分析确定了全国的基本烈度分布。因此，各地的设防烈度即可取为当地的基本烈度。

目前国际上一般采用"小震不坏、中震可修、大震不倒"的抗震设计原则。"中震"实际上指结构设计基准期内超越概率为 10% 的烈度水平的地震影响，当结构设计基准期为 50 年时，即为基本烈度地震影响；"小震"是指结构设计基准期内超越概率为 63% 的烈度水平的地震影响；"大震"则指结构设计基准期内超越概率为 2%~3% 的烈度水平的地震影响。根据我国的地震资料统计，当结构设计基准期为 50 年时，小震烈度比中震烈度约小 1.5 度，大震烈度比中震烈度约大 1 度（当基本烈度为 9 度时不到 1 度）。

确定了结构的设计基准期及相应超越概率的烈度水平后，即可根据地面运动加速度峰值与地震烈度间的平均关系式（5-9）代入式（5-27）后得到地震系数与烈度的关系式为

$$k = 0.125 \times 2^{I-7} \tag{5-29}$$

在制定具体结构抗震设计规范时，考虑到设计安全度及传统习惯等因素，可能会对按式（5-29）确定的地震系数与烈度的关系进行调整，如我国建筑抗震设计规范采用的地震系数为式（5-29）计算结果的 85%。

2. 动力系数

由式（5-28）知，动力系数实质上是规则化的地震反应谱，剔除了地面运动幅值对地震反应谱的影响，但仍包含地面运动频谱对地震反应谱的影响。为考虑地面运动频谱的影响，可将历史上实测得到的相近场地条件和相近震中距的地震地面运动记录进行分类，计算每一类地震记录的地震反应谱。

图 5-13 是某一类地震记录的规则化地震反应谱（动力系数）。可见，即使是相近场地条件和相近震中距的地震记录，其动力系数也不尽一致，而有一定的离散性。为用于工程抗震

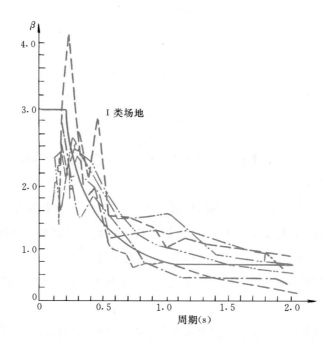

图 5-13　相近场地及相近震中距的规则化地震反应谱（不同地震记录）

设计，一般采用大量同类地震记录的统计平均谱，并加以规则平滑化后具有图 5-13 所示的形式。

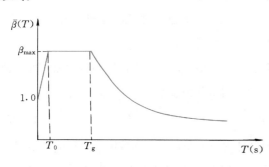

图 5-14　同类地震记录的平均动力系数谱

图 5-14 中，β_{max} 与结构的阻尼比有关，对于常用的混凝土结构或砌体结构取 $\zeta=0.05$，对于钢结构可取 $\zeta=0.02$。因地震记录分类不同及选取的地震记录样本不同，得到 β_{max} 的值的范围多在 $2.0\sim3.0$ 之间，我国建筑物和构筑物抗震设计规范均取 $\beta_{max}=2.25$。

图 5-14 中，T_0 和 T_g 分别是动力系数取最大值的周期下界和上界。因地震反应谱在结构周期较小时变异性较大，为保证抗震设计安全，T_0 宜尽量取小点，一般取 $T_0=0.1$s。而 T_g 则与地面运动的频谱分布有关或与场地条件和震中距有关，称为设计反应谱特征周期。场地土越软、场地土越厚、震中距越大，T_g 值越大。一般 T_g 不小于 0.2s，最大可达 2.0s。

图 5-14 中，$T=0$ 表示结构刚度无限大，结构的绝对加速度反应与地面运动加速度完全相同，故 $\bar{\beta}(T)=1.0$，在 $T=0\sim T_0$ 之间，$\bar{\beta}(T)$ 一般取为直线，而 $T>T_g$ 后，$\bar{\beta}(T)$ 随结构周期增大而减小（称为动力系数的下降段），一般取如下形式

$$\bar{\beta}(T) = \beta_{\max}\left(\frac{T_g}{T}\right)^b \tag{5-30}$$

式中　b——参数，一般在 $0.65\sim1.0$ 之间，b 值越大，$\bar{\beta}(T)$ 随 T 减小的速度越快。

5.2.4　地震作用的计算

将式（5-27）、式（5-28）代入式（5-26）后，再代入式（5-25）得到单质点体系地震作用计算公式为

$$F = (mg)k\bar{\beta}(T) = G\alpha(T) \tag{5-31}$$

式中　G——单质点体系重量；

　　　$\alpha(T)$——称为地震影响系数，意义为地震作用与体系重力之比。

$$\alpha(T) = k\bar{\beta}(T) \tag{5-32}$$

地震影响系数 $\alpha(T)$ 与动力系数 $\bar{\beta}(T)$ 仅相差一常数（地震系数），故 $\alpha(T)$ 的特征与 $\bar{\beta}(T)$ 将相同，$\alpha(T)$ 曲线形状也将与 $\bar{\beta}(T)$ 相同，如图 5-15 所示。

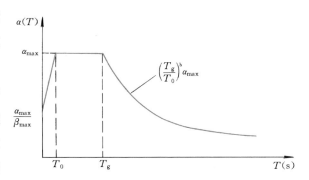

图 5-15　地震影响系数谱曲线

【例 5-1】设有一单质点体系，质点重量为 125kN，体系自振周期为 1.25s，位于基本烈度为 8 度区，体系所在地设计反应谱特征周期为 $T_g=0.4$s，设计反应谱下降段指数 $b=0.9$，动力系数最大值 $\bar{\beta}_{\max}=2.25$，体系结构设计基准期为 50 年，求体系所受小震烈度的水平地震作用。

【解】先求地震系数。因小震烈度比中震烈度（本例即为基本烈度）小 1.5 度，则计算地震作用的烈度为

$$I = 8 - 1.5 = 6.5$$

代入式（5-29）得

$$k = 0.125 \times 2^{6.5-7} = 0.088$$

按我国建筑抗震设计规范，地震系数取平均值的 85%，则

$$k' = 0.85 \times 0.088 = 0.075$$

再计算动力系数。因结构周期 $T > T_g$，则按式（5-30）计算

$$\bar{\beta}(T) = 2.25 \times \left(\frac{0.4}{1.25}\right)^{0.9} = 0.807$$

则地震作用为

$$F = Gk'\overline{\beta}(T) = 125 \times 0.075 \times 0.807 = 7.57\text{kN}$$

5.3 多质点体系地震作用

5.3.1 多质点体系地震反应

当结构的质量不集中于一个确定位置时，应将结构处理成多质点体系进行地震反应分析，如图 5-16 所示。

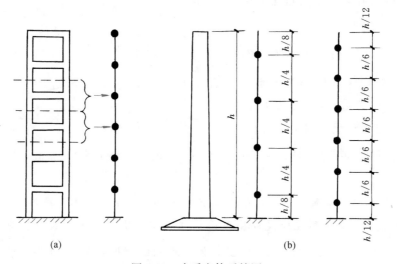

图 5-16 多质点体系简图

（a）框架的简化；（b）质量均匀分布结构的简化

1. 运动方程

多质点体系在单向水平地面运动作用下将产生相对于地面的运动，如图 5-17 所示。

设体系有 n 个质点，令

$$\{x\} = [x_1, x_2, \cdots, x_n]^\text{T}$$

$$\{\dot{x}\} = [\dot{x}_1, \dot{x}_2, \cdots, \dot{x}_n]^\text{T}$$

$$\{\ddot{x}\} = [\ddot{x}_1, \ddot{x}_2, \cdots, \ddot{x}_n]^\text{T}$$

$$[M] = \text{diag}(m_1, m_2, \cdots, m_n)$$

$$\{F\} = [f_{\text{I}1}, f_{\text{I}2}, \cdots, f_{\text{I}n}]^\text{T}$$

$\{x\}$、$\{\dot{x}\}$、$\{\ddot{x}\}$ 分别为体系的位移向量、速度向量和加速度向量；$[M]$ 为体系的质量矩阵；$\{F\}$ 为体系的惯性力向量。

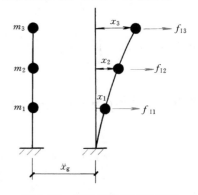

图 5-17 多质点体系地震反应

由于

$$f_{1i} = -m_i(\ddot{x}_i + \ddot{x}_g) \tag{5-33}$$

则

$$\{F\} = -[M](\{\ddot{x}_i\} + \{1\}\ddot{x}_g) \tag{5-34}$$

式中

$$\{1\} = [1, 1, \cdots\cdots, 1]^T \tag{5-35}$$

当结构无阻尼时，由结构力学理论知，作为外力应与体系的弹性恢复力（内力）向量相等，即

$$\{F\} = [K]\{x\} \tag{5-36}$$

式中 $[K]$——体系与位移向量相应的刚度矩阵。

将式(5-34)代入式(5-36)，即可得多质点无阻尼体系在地面运动作用下的运动方程为

$$[M]\{\ddot{x}\} + [K]\{x\} = -[M]\{1\}\ddot{x}_g \tag{5-37}$$

对比单质点体系运动方程式（5-13），多质点有阻尼体系的运动方程形式为

$$[M]\{\ddot{x}\} + [C]\{\dot{x}\} + [K]\{x\} = -[M]\{1\}\ddot{x}_g \tag{5-38}$$

式中 $[C]$——体系的阻尼矩阵。

2. 自由振动

由式（5-37）可知，无外界激励的多质点无阻尼体系的自由振动方程为

$$[M]\{\ddot{x}\} + [K]\{x\} = \{0\} \tag{5-39}$$

上式为二阶线性微分方程组。根据方程的形式，可令解为

$$\{x\} = \{\phi\}\sin(\omega t + \varphi) \tag{5-40}$$

$$\{\phi\} = [\phi_1, \phi_2, \cdots, \phi_n]^T \tag{5-41}$$

式中 $\phi_i(i=1, 2, \cdots, n)$——常数，是每个质点的振幅。

将 $\{x\}$ 关于时间 t 微分两次，得

$$\{\ddot{x}\} = -\omega^2\{\phi\}\sin(\omega t + \varphi) \tag{5-42}$$

将式（5-40）、式（5-42）代入式（5-39）得

$$([K] - \omega^2[M])\{\phi\}\sin(\omega t + \varphi) = \{0\} \tag{5-43}$$

由于 $\sin(\omega t + \varphi) \neq 0$，则由上式可导得

$$([K] - \omega^2[M])\{\phi\} = \{0\} \tag{5-44}$$

可见，原来微分方程形式的自由振动方程可转化为代数方程形式，其中未知参数 ω 和 $\{\phi\}$ 分别为体系各质点自由振动圆频率和由各质点振幅组成的向量（称为振型），表征体系自由振动的特征，故式（5-44）也称为特征方程。

体系自由振动时，$\{\phi\} \neq \{0\}$，则由线性代数理论知，为使式（5-44）有 $\{\phi\}$ 的非零

解，其系数矩阵的行列式应等于零，即

$$\left|\,[K]-\omega^2[M]\,\right|=0 \tag{5-45}$$

上式称为特征值方程，将其展开后实际上为 ω^2 的 n 次代数方程，应有 ω^2 的 n 个解。由于结构的刚度矩阵 $[K]$ 是对称正定的，则可在理论上证明 ω^2 的 n 个解全为正实数解。如将 ω 的 n 个正数解按从小到大的次序排列 $\omega_1 < \omega_2 < \cdots < \omega_n$，则称 ω_1 为体系自振第一阶频率（或基本频率），$\omega_i\,(i>1)$ 为体系自振第 i 阶频率。

将任意 i 阶自振频率 ω_i 代入特征方程式（5-44），可确定与之相应的 i 阶自由振动振型 $\{\phi_i\}$

$$([K]-\omega_i^2[M])\{\phi_i\}=\{0\} \tag{5-46}$$

具体求解时，可令 $\{\phi_i\}$ 中的任一元素为一确定值（一般令 $\{\phi_i\}$ 中的第一个元素等于1），则可由式（5-46），解得 $\{\phi_i\}$ 的其他元素。

为证明振型的一个重要性质，将式（5-46）改写为

$$[K]\{\phi_i\}=\omega_i^2[M]\{\phi_i\} \tag{5-47}$$

上式对体系的第 j 阶自由振动也应成立，即

$$[K]\{\phi_j\}=\omega_j^2[M]\{\phi_j\} \tag{5-48}$$

将式（5-47）和式（5-48）的两边分别左乘 $\{\phi_j\}^{\mathrm{T}}$ 和 $\{\phi_i\}^{\mathrm{T}}$ 得

$$\{\phi_j\}^{\mathrm{T}}[K]\{\phi_i\}=\omega_i^2\{\phi_j\}^{\mathrm{T}}[M]\{\phi_i\} \tag{5-49}$$

$$\{\phi_i\}^{\mathrm{T}}[K]\{\phi_j\}=\omega_j^2\{\phi_i\}^{\mathrm{T}}[M]\{\phi_j\} \tag{5-50}$$

对式（5-49）两边转置，并注意到 $[M]$ 和 $[K]$ 的对称性有

$$\{\phi_i\}^{\mathrm{T}}[K]\{\phi_j\}=\omega_i^2\{\phi_i\}^{\mathrm{T}}[M]\{\phi_j\} \tag{5-51}$$

将式（5-51）与式（5-50）两边相减，得

$$(\omega_i^2-\omega_j^2)\{\phi_i\}^{\mathrm{T}}[M]\{\phi_j\}=0 \tag{5-52}$$

当 $i\neq j$ 时，$\omega_i\neq\omega_j$，则由上式可推论

$$\{\phi_i\}^{\mathrm{T}}[M]\{\phi_j\}=0 \quad i\neq j \tag{5-53}$$

将式（5-53）代入式（5-50）得

$$\{\phi_i\}^{\mathrm{T}}[K]\{\phi_j\}=0 \tag{5-54}$$

式（5-53）和式（5-54）即表示，多质点体系的任意两个不同振型关于质量矩阵和刚度矩阵加权正交。

3. 运动方程的求解

为利用振型的正交性求解任意多质点有阻尼体系的运动方程式（5-38），可令阻尼矩阵 $[C]$ 为质量矩阵和刚度矩阵的线性组合，即

$$[C]=a[M]+b[K] \tag{5-55}$$

上式称为瑞雷（Rayleigh）阻尼矩阵，其中 a、b 为常数。显然，振型关于瑞雷阻尼矩阵也正交，即

$$\{\phi_i\}^{\mathrm{T}}[C]\{\phi_j\} = 0 \quad i \neq j \tag{5-56}$$

由振型的正交性知，$\{\phi_1\}$、$\{\phi_2\}$、$\cdots$、$\{\phi_n\}$ 相互独立。根据线性代数理论，n 维向量 $\{x\}$ 总可以表达为 n 个独立向量 $\{\phi_i\}$ $(i=1,2,\cdots,n)$ 的代数和，即

$$\{x\} = \sum_{i=1}^{n} q_i \{\phi_i\} \tag{5-57}$$

将式（5-57）代入式（5-38）得

$$\sum_{i=1}^{n} \left([M]\{\phi_i\}\ddot{q}_i + [C]\{\phi_i\}\dot{q}_i + [K]\{\phi_i\}q_i\right) = -[M]\{1\}\ddot{x}_{\mathrm{g}} \tag{5-58}$$

将上式两边左乘 $\{\phi_j\}^{\mathrm{T}}$，同时注意到振型的正交性关系式（5-53）、式（5-54）和式（5-56），得

$$\{\phi_j\}^{\mathrm{T}}[M]\{\phi_j\}\ddot{q}_j + \{\phi_j\}^{\mathrm{T}}[C]\{\phi_j\}\dot{q}_j + \{\phi_j\}^{\mathrm{T}}[K]\{\phi_j\}q_j = -\{\phi_j\}^{\mathrm{T}}[M]\{1\}\ddot{x}_{\mathrm{g}} \tag{5-59}$$

由式（5-50），令 $i=j$，得

$$\omega_j^2 = \frac{\{\phi_j\}^{\mathrm{T}}[K]\{\phi_j\}}{\{\phi_j\}^{\mathrm{T}}[M]\{\phi_j\}} \tag{5-60}$$

令

$$2\omega_j\zeta_j = \frac{\{\phi_j\}^{\mathrm{T}}[C]\{\phi_j\}}{\{\phi_j\}^{\mathrm{T}}[M]\{\phi_j\}} \tag{5-61}$$

$$\gamma_j = \frac{\{\phi_j\}^{\mathrm{T}}[M]\{1\}}{\{\phi_j\}^{\mathrm{T}}[M]\{\phi_j\}} \tag{5-62}$$

式中　ζ_j——体系第 j 阶振型阻尼比（简称 j 阶阻尼比）；

γ_j——j 振型参与系数。

利用式（5-60）、式（5-61）、式（5-62），将方程（5-59）两边同除以 $\{\phi_i\}^{\mathrm{T}}[M]\{\phi_j\}$ 得

$$\ddot{q}_j + 2\omega_j\zeta_j\dot{q}_j + \omega_j^2 q_j = -\gamma_j\ddot{x}_{\mathrm{g}} \tag{5-63}$$

上式实际上是圆频率为 ω_j、阻尼比为 ζ_j 的单质点体系单向振动运动方程（参见式5-14），仅地面运动乘一比例系数 γ_j，因此可将解表达为

$$q_j(t) = \gamma_j\Delta_j(t) \tag{5-64}$$

式中　$\Delta_j(t)$——圆频率为 ω_j、阻尼比为 ζ_j 的单质点体系在水平地面运动 x_{g} 作用下的相对地面位移反应。

将式（5-64）代入式（5-57）得

$$\{x\} = \sum_{j=1}^{n} \gamma_j\Delta_j(t)\{\phi_j\} = \sum_{j=1}^{n} \{x_j\} \tag{5-65}$$

式中

$$\{x_j\} = \gamma_j\Delta_j(t)\{\phi_j\} \tag{5-66}$$

显然，$\{x_j\}$ 是体系按振型 $\{\phi_j\}$ 振动的位移反应，称为 j 振型地震反应。而由式 (5-65)、式 (5-66) 知，多自由度体系的地震反应可分解为相当于多个独立的单自由度体系的振型反应来计算，故称这种分析多自由度地震反应的方法为振型分解法。

5.3.2 振型分解反应谱法

结构抗震设计最关心的是某一设计量（内力、变形等）在地震时程反应过程中的最大值。振型分解反应谱法是利用地震反应谱计算各振型地震作用，以此按静力分析方法计算得到结构各振型反应最大值，再由各振型反应最大值估计结构地震反应最大值的一种实用方法。

1. 一个有用的关系式

因振型向量 $\{\phi_i\}$ 是相互独立的向量，则可将单位向量 $\{1\}$ 表达成

$$\{1\} = \sum_{i=1}^{n} a_i \{\phi_i\} \tag{5-67}$$

式中，a_i 是待定常数。将上式两边左乘 $\{\phi_i\}^{\mathrm{T}} [M]$，注意到振型的正交性，得

$$\{\phi_j\}^{\mathrm{T}} [M]\{1\} = \sum_{i=1}^{n} a_i \{\phi_j\}^{\mathrm{T}} [M]\{\phi_i\} = a_j \{\phi_j\}^{\mathrm{T}} [M]\{\phi_j\} \tag{5-68}$$

对比式 (5-62)、式 (5-68) 知

$$a_j = \gamma_j \tag{5-69}$$

则将上式代入式 (5-68)，得到下面将要用到的一个有用的关系式

$$\{1\} = \sum_{i=1}^{n} \gamma_i \{\phi_i\} \tag{5-70}$$

2. 质点任意时刻的地震惯性力

参见图 5-20，质点 i 任意时刻的地震惯性力为

$$f_{\mathrm{I}i} = - m_i (\ddot{x}_{\mathrm{g}} + \ddot{x}_i) \tag{5-71}$$

由式 (5-65) 对时间微分两次，得

$$\ddot{x}_i(t) = \sum_{j=1}^{n} \gamma_j \ddot{\Delta}_j(t) \phi_{ji} \tag{5-72}$$

式中　ϕ_{ji}——i 质点处的 j 振型坐标。

而由式 (5-72) 可将 $\ddot{x}_{\mathrm{g}}(t)$ 表达为

$$\ddot{x}_{\mathrm{g}}(t) = \sum_{j=1}^{n} \gamma_j \phi_{ji} \ddot{x}_{\mathrm{g}}(t) \tag{5-73}$$

则将式 (5-72)、式 (5-73) 代入式 (5-71)，得

$$f_{\mathrm{I}i} = - \sum_{j=1}^{n} m_i \gamma_j \phi_{ji} [\ddot{x}_{\mathrm{g}}(t) + \ddot{\Delta}_j(t)] = \sum_{j=1}^{n} f_{\mathrm{I}ji} \tag{5-74}$$

式中　$f_{\mathrm{I}ji}$——质点 i 的 j 振型地震惯性力：

$$f_{1ji} = -m_i\gamma_j\phi_{ji}\left[\ddot{x}_{\mathrm{g}}(t) + \ddot{\Delta}_j(t)\right] \tag{5-75}$$

3. 质点 i 的 j 振型地震作用

质点 i 的 j 振型地震作用 F_{ji} 定义为该振型的最大地震惯性力，即

$$F_{ji} = |f_{1ji}|_{\max} = m_i\gamma_j\phi_{ji}|\ddot{x}_{\mathrm{g}}(t) + \ddot{\Delta}_j(t)|_{\max} \tag{5-76}$$

注意到 $|\ddot{x}_{\mathrm{g}}(t) + \ddot{\Delta}_j(t)|_{\max}$ 实际为周期等于 T_j 的单自由度体系的最大绝对加速度，则根据反应谱定义式(5-24)，上式可表达为

$$F_{ji} = m_i\gamma_j\phi_{ji}S_{\mathrm{a}}(T_j) \tag{5-77}$$

当采用设计反应谱—地震影响系数 α 时，注意到 S_{a} 与 α 的关系式 $S_{\mathrm{a}}=\alpha g$，则振型地震作用最后可按下式计算

$$F_{ji} = G_i\gamma_j\phi_{ji}\alpha(T_j) \tag{5-78}$$

式中　G_i——质点 i 的重量。

4. 振型组合

将任一振型地震作用施加在各质点上，进行静力分析，即可得到结构任意地震反应量（构件内力、结构变形等）的相应振型最大反应值，记为 S_j。由于各振型反应的最大值不在同一时刻发生，则将各振型最大反应直接相加估计结构该地震反应量的最大值一般会偏大。根据随机振动理论，采用各振型最大反应的平方和开方的振型反应组合方式，可较好地估计结构最大地震反应 S，即

$$S = \sqrt{\sum_{j=1}^{n} S_j^2} \tag{5-79}$$

【例 5-2】已知一个三层剪切型结构，如图 5-18 所示。已知该结构的各阶周期和振型为

$T_1=0.433\mathrm{s}$、$T_2=0.202\mathrm{s}$、$T_3=0.136\mathrm{s}$、$\{\phi_1\}=\begin{Bmatrix}0.301\\0.648\\1.000\end{Bmatrix}$、$\{\phi_2\}=\begin{Bmatrix}-0.676\\-0.601\\1.000\end{Bmatrix}$、$\{\phi_3\}=$

$\begin{Bmatrix}2.47\\-2.57\\1.00\end{Bmatrix}$，设计反应谱的有关参数为

$T_{\mathrm{g}}=0.2\mathrm{s}$、$b=0.9$、$\alpha_{\max}=0.16$。采用振型分解反应谱法求该三层剪切型结构在地震作用下的底部最大剪力和顶部最大位移。

【解】(1) 求有关参数

各阶地震影响系数

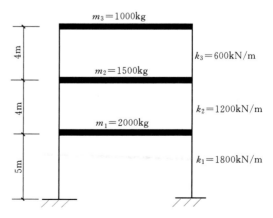

图 5-18　三层剪切型结构

$$\alpha_1 = \left(\frac{T_g}{T_1}\right)^{0.9} \alpha_{\max}$$

$$= \left(\frac{0.2}{0.433}\right)^{0.9} \times 0.16 = 0.0798$$

$$\alpha_2 = \left(\frac{0.2}{0.202}\right)^{0.9} \times 0.16 = 0.159$$

$$\alpha_3 = 0.16$$

各阶振型参与系数

$$\gamma_1 = \frac{\{\phi_1\}^{\mathrm{T}}[M]\{1\}}{\{\phi_1\}^{\mathrm{T}}[M][\phi_1]} = \frac{\sum m_i \phi_{1i}}{\sum m_i \phi_{1i}^2}$$

$$= \frac{1 \times 1 + 1.5 \times 0.648 + 2 \times 0.301}{1 \times 1^2 + 1.5 \times 0.648^2 + 2 \times 0.301^2} = 1.421$$

$$\gamma_2 = -0.510$$

$$\gamma_3 = 0.090$$

(2) 各阶振型地震作用

第一阶振型地震作用

$$F_{11} = G_1 \gamma_1 \phi_{11} \alpha_1 = 2 \times 9.8 \times 1.421 \times 0.301 \times 0.0798 = 0.669\text{kN}$$

$$F_{12} = 1.5 \times 9.8 \times 1.421 \times 0.648 \times 0.0798 = 1.080\text{kN}$$

$$F_{13} = 1.0 \times 9.8 \times 1.421 \times 1.000 \times 0.0798 = 1.111\text{kN}$$

第二阶振型地震作用

$$F_{21} = 1.074\text{kN}, F_{22} = 0.716\text{kN}, F_{23} = -0.795\text{kN}$$

第三阶振型地震作用

$$F_{31} = 0.697\text{kN}, F_{32} = -0.544\text{kN}, F_{33} = 0.141\text{kN}$$

(3) 求最大底部剪力

各振型地震作用产生的底部剪力为

$$V_{11} = F_{11} + F_{12} + F_{13} = 2.860\text{kN}$$

$$V_{21} = F_{21} + F_{22} + F_{23} = 0.995\text{kN}$$

$$V_{31} = F_{31} + F_{32} + F_{33} = 0.294\text{kN}$$

通过振型组合求最大底部剪力

$$V_1 = \sqrt{V_{11}^2 + V_{21}^2 + V_{31}^2} = 3.042\text{kN}$$

若只取前两阶振型反应组合，可得

$$V_1' = \sqrt{V_{11}^2 + V_{21}^2} = 3.028\text{kN} \approx V_1$$

（4）求最大顶部位移

各振型地震作用产生的顶部位移为

$$u_{13} = \frac{F_{11} + F_{12} + F_{13}}{k_1} + \frac{F_{12} + F_{13}}{k_2} + \frac{F_{13}}{k_3} = \frac{2.860}{1800} + \frac{1.080 + 1.111}{1200} + \frac{1.111}{600}$$
$$= 5.266 \times 10^{-3} \, \text{m}$$

$$u_{23} = \frac{F_{21} + F_{22} + F_{23}}{k_1} + \frac{F_{22} + F_{23}}{k_2} + \frac{F_{23}}{k_3} = -0.838 \times 10^{-3} \, \text{m}$$

$$u_{33} = \frac{F_{31} + F_{32} + F_{33}}{k_1} + \frac{F_{32} + F_{33}}{k_2} + \frac{F_{33}}{k_3} = 0.063 \times 10^{-3} \, \text{m}$$

通过振型组合求最大顶部位移

$$u_3 = \sqrt{u_{13}^2 + u_{23}^2 + u_{33}^2} = 5.333 \times 10^{-3} \, \text{m}$$

若只取前两阶振型反应组合，可得

$$u_3' = \sqrt{u_{13}^2 + u_{23}^2} = 5.332 \times 10^{-3} \, \text{m} \approx u_3$$

从本例可知：

（1）结构的低阶振型反应比高阶振型反应大，一般情况下，振型反应随振型阶数的增大而减小。

（2）高阶振型反应对结构最大地震反应的贡献相对很小，一般可忽略。工程实用上，对于单向振动的多自由度结构体系，取前 2~3 阶振型反应估计结构最大地震反应，即可获得满意的计算精度。

5.3.3　底部剪力法

采用振型分解反应谱法确定的地震作用计算结构最大地震反应精度较高，因为结构各振型最大反应的计算在理论上是精确的，计算结构最大地震反应的近似仅在于振型组合。然而，采用振型分解反应谱法进行抗震计算，需确定结构各阶周期与振型，而这只能通过计算机才能进行。另外，振型分解反应谱法的总地震作用不直观，结构各处的各种最大地震反应并没有统一的总地震作用与之对应。为进一步便于工程应用，在振型分解反应谱法的基础上再加以简化，而提出所谓底部剪力法。

底部剪力法是把地震作用当作等效静力作用在结构上，以此计算结构的最大地震反应。因该方法首先计算地震产生的结构底部最大剪力，然后将该剪力分配到结构各质点上作为地震作用，而得此名。

1. 计算假定

采用以下两个假定：

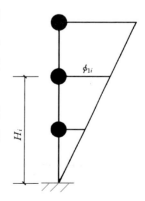

图 5-19　第一振型
分布假设

（1）结构地震反应以第一振型反应为主，忽略其他振型反应。

（2）结构第一振型为线性倒三角形分布，如图5-19所示。则任一质点的振型位移与该质点离根部嵌固端的高度成正比，即

$$\phi_{1i} = cH_i \tag{5-80}$$

式中　c——常数。

2. 底部剪力

按振型分解反应谱法计算公式（5-78），质点的地震作用为

$$F_i = G_i\gamma_1\phi_{1i}\alpha_1 = G_i\frac{\sum G_j\phi_{1j}}{\sum G_j\phi_{1j}^2}\phi_{1i}\alpha_1 \tag{5-81}$$

将式（5-80）代入上式得

$$F_i = \frac{\sum G_jH_j}{\sum G_jH_j^2}G_iH_i\alpha_1 \tag{5-82}$$

则结构的底部剪力为

$$F_{Ek} = \sum F_i = \frac{\sum G_jH_j}{\sum G_jH_j^2}\sum(G_iH_i)\alpha_1$$

$$= \frac{(\sum G_jH_j)^2}{(\sum G_jH_j^2)(\sum G_j)}(\sum G_j)\alpha_1 \tag{5-83}$$

令

$$\chi = \frac{(\sum G_jH_j)^2}{(\sum G_jH_j^2)(\sum G_j)} \tag{5-84}$$

$$G_E = \sum G_i \tag{5-85}$$

称 χ 为等效重力系数，G_E 为结构总重力荷载。则结构底部剪力表达式可简化为

$$F_{Ek} = \chi G_E\alpha_1 \tag{5-86}$$

一般建筑结构各层重量近似相等，层高相同，则可导得 χ 与建筑层数 n 的关系为

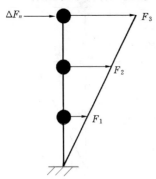

图 5-20　底部剪力法地震
作用分布

$$\chi = \frac{3(n+1)}{2(2n+1)} \tag{5-87}$$

对于任意多质点结构，上式中 n 也可近似取为质点数。显然当 $n=1$ 时，$\chi=1$；而当 $n>1$ 时，$\chi=0.75\sim0.90$，工程上可近似取 $\chi=0.85$。

3. 地震作用分布

底部剪力可以认为是结构各质点上地震作用的总和，可将其分配到各质点上。由式（5-82）知，质点 i 上的地震作用

与该质点的重量和离地面高度的乘积成正比，由此可得任意质点上的地震作用分布计算公式为（参见图 5-20）

$$F_i = \frac{G_i H_i}{\sum\limits_{j=1}^{n} G_j H_j} F_{Ek} \qquad (5\text{-}88)$$

在上述推导过程中，忽略了高阶振型反应的影响。如对结构的高阶振型反应加以考虑，可在结构顶部附加一集中力 ΔF_n

$$\Delta F_n = \delta_n F_{Ek} \qquad (5\text{-}89)$$

式中　δ_n——与结构形式和基本周期有关的系数，一般结构基本周期越大，δ_n 值越大，但一般不超过 0.3。

由于结构底部剪力仍保持不变，则考虑高阶振型反应影响的各质点地震作用计算公式成为：

$$F_i = \frac{G_i H_i}{\sum\limits_{j=1}^{n} G_j H_j} (F_{Ek} - \Delta F_n) \qquad (5\text{-}90)$$

【例 5-3】 结构及地震设计反应谱参数同［例 5-2］，采用底部剪力法计算地震作用下结构底部最大剪力和顶部最大位移。

【解】（1）求底部剪力

由例 5-2 已确定 $\alpha_1 = 0.0798$。

结构总重力荷载为

$$G_E = (1.0 + 1.5 + 2.0) \times 9.8 = 44.1 \text{kN}$$

因结构质点数 $n = 3 > 1$，近似取 $\chi = 0.85$，则

$$V_1 = F_{Ek} = \chi G_E \alpha_1 = 0.85 \times 44.1 \times 0.0798 = 2.991 \text{kN}$$

与［例 5-2］结果很接近。

第5章 地震作用
课件

（2）各质点地震作用

不考虑高阶振型影响，则

$$F_1 = \frac{G_1 H_1}{\sum G_j H_j} F_{Ek} = \frac{2 \times 5}{2 \times 5 + 1.5 \times 9 + 1.0 \times 13} \times 2.991 = 0.819 \text{kN}$$

$$F_2 = \frac{1.5 \times 9}{2 \times 5 + 1.5 \times 9 + 1.0 \times 13} \times 2.991 = 1.106 \text{kN}$$

$$F_3 = \frac{1.0 \times 13}{2 \times 5 + 1.5 \times 9 + 1.0 \times 13} \times 2.991 = 1.065 \text{kN}$$

（3）顶部位移

$$u_3 = \frac{F_{Ek}}{k_1} + \frac{F_2 + F_3}{k_2} + \frac{F_3}{k_3} = \frac{2.991}{1800} + \frac{1.065 + 1.106}{1200} + \frac{1.065}{600}$$

$$= 5.246 \times 10^{-3} \text{m}$$

与例 5-2 结果也很接近。

第5章 地震作用
思维导图

习题

5.1 地震有哪些类型?

5.2 构造地震是怎样产生的?

5.3 世界地震分布有何特征? 请解释原因。

5.4 震级和烈度有何差别? 有何联系?

5.5 为什么地震地面运动总是三维运动?

5.6 表征地面运动特征的主要物理量有哪些?

5.7 地震反应谱的实质是什么?

5.8 影响地震反应谱的主要因素有哪些?

5.9 说明振型分解反应谱法的主要理论基础。

5.10 说明底部剪力法的计算步骤。

5.11 是非题:

(1) 一次地震只有一个震级,但可以有多个烈度。

(2) 地震波中的体波可以分为横波和纵波,两者均可在固体和流体中传播。

(3) 地震竖向地面运动的强度一般大于水平地面运动的强度。

(4) 结构的振型实际上是由结构上各质点振幅组成的向量。

5.12 已知一个两层剪切型框架,立面如图 5-21 所示,层高均为 4m。试分别采用振型分解反应谱法和底部剪力法求该结构在地震作用下底部最大剪力和顶部最大位移。已知设计反应谱的有关参数为:$T_g = 0.2s$、$b = 0.9$、$\alpha_{max} = 0.16$。

5.13 某三层钢筋混凝土框架结构,设计地震基本烈度为 8 度(0.2g),场地为 IV 类,设计地震分组为第二组,结构所在场地特征周期值 $T_g = 0.75s$,结构层高和各层重力荷载代表值如图 5-22 所示,结构基本自振周期为 0.50s。重力加速度 $g = 9.8 \text{m}/s^2$。已知设计反应谱的有关参数为:$T_g = 0.75s$、$b = 0.9$、$\alpha_{max} = 0.16$。试采用底部剪力法,求:

(1) 结构的底部总剪力;

(2) 作用在各层楼板上的地震作用;

(3) 结构顶部最大位移。

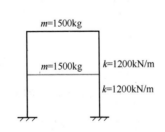

图 5-21 习题 5.12 框架立面图

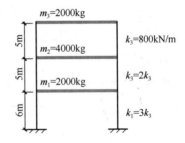

图 5-22 习题 5.13 框架立面图

第 6 章

其　他　作　用

6.1　温度作用

6.1.1　基本概念及温度作用原理

固体的温度发生变化时，体内任一点（微小单元体）的热变形（膨胀或收缩）由于受到周围相邻单元体的约束或固体的边界受其他构件的约束，使体内该点形成一定的应力，这个应力称为温度应力，也叫热应力。因此从广义上说，温度变化也是一种荷载作用。

在土木工程领域中会遇到大量温度作用的问题，因而对它的研究具有十分重要的意义。例如，工业建筑的生产车间，由于外界温度的变化，直接影响到屋面板混凝土内部的温度分布，产生不同的温度应力和温度变形；各类结构物温度伸缩缝的设置方法以及大小和间距等的优化设计，也必须建立在对温度应力和变形的准确计算上；还有诸如板壳的热应力和热应变，相应的翘曲和稳定问题；地基低温变形引起基础的破裂问题；构件热残余应力的计算；温度变化下断裂问题的分析计算；热应力下构件的合理设计问题；浇筑大体积混凝土，例如高层建筑筏板基础的浇捣，水化热温升和散热阶段的温降引起贯穿裂缝；对混合结构的房屋，因屋面温度应力引起开裂渗漏；浅埋结构土的温度梯度影响等。

以混凝土梁板结构为例，说明温度对结构的影响。梁板结构的板常出现贯穿裂缝，这种裂缝往往是由降温及收缩引起的。当结构周围的气温及湿度变化时，梁板都要产生温度变形及收缩变形。由于板的厚度远远小于梁，所以全截面紧随气温变化而变化，水分蒸发也较快，当环境温度降低时，收缩变形将较大。但是梁较厚（一般大于板厚 10 倍），故其温度变化滞后于板，特别是在急冷变化时更为明显。由此产生的两种结构（梁与板）的变形差，引起约束应力。由于板的收缩变形大于梁的收缩变形，梁将约束板的变形，则板内呈拉应力，梁内呈压应力。在拉应力作用下，混凝土板出现开裂。

6.1.2 温度应力的计算

温度的变化对结构物内部产生一定的影响，其影响的计算应根据不同结构类型区别对待。静定结构在温度变化时不对温度变形产生约束，故不产生内力，但由于材料具有热胀冷缩的性质，可使静定结构自由地产生符合其约束条件的位移，这种位移可由变形体系的虚功原理按下式计算

$$\Delta_{kt} = \sum \alpha t_0 w_{\overline{N}_k} + \sum \alpha \Delta_t w_{\overline{M}_k} / h \tag{6-1}$$

式中　Δ_{kt}——结构中任一点 K 沿任意方向 $k\text{-}k$ 的位移；

$\quad\quad \alpha$——材料的线膨胀系数（材料每升高 1℃ 的相对变形）；

$\quad\quad t_0$——杆件轴线处的温度变化，若设杆件体系上侧温度升高为 t_1，下侧温度升高为 t_2，截面高度为 h，h_1 和 h_2 分别表示杆轴至上、下边缘的距离，并设温度沿截面高度为线性变化（即假设温度变化时横截面仍保持为平面），则由几何关系可得杆件轴线处的温度升高 $t_0 = (t_1 h_2 + t_2 h_1)/h$，若杆件轴截面对称于形心轴，即 $h_1 = h_2 = h/2$，则上式变为 $t_0 = (t_1 + t_2)/2$；

$\quad\quad \Delta_t$——杆件上、下侧温差的绝对值；

$\quad\quad h$——杆截面高度；

$\quad\quad w_{\overline{N}_k}$——杆件的 $\overline{N}_k$ 图的面积，$\overline{N}_k$ 图为虚拟状态下轴力大小沿杆件的分布图；

$\quad\quad w_{\overline{M}_k}$——杆件的 $\overline{M}_k$ 图的面积，$\overline{M}_k$ 图为虚拟状态下弯矩大小沿杆件的分布图。

对超静定结构，由于存在多余约束，当温度改变时引起的温度变形会受到约束，从而在结构内产生内力，这也是超静定结构不同于静定结构的特征之一。超静定结构的温度作用效应，一般可根据变形协调条件，按结构力学方法计算。下面举例，具体说明如何求超静定杆系结构由于温度变化所引起的内力。

【例 6-1】如图 6-1（a）所示两铰刚架，其内侧温度升高 25℃，外侧温度升高 15℃，材料的线膨胀系数为 α，各杆矩形等截面的高 $h = 0.1l$，试求刚架最终弯矩图。

【解】用力法求解超静定问题。

此刚架仅一个多余约束，取图 6-1（b）作为基本结构，力法方程为

$$\delta_{11} X_1 + \Delta_{1t} = 0$$

为求系数和自由项，作出单位弯矩图和轴力图分别如图 6-1（c）和图 6-1（d）所示，计算如下

$$\delta_{11} = \sum \int \overline{M}_1^2 \frac{dx}{EI} = \frac{5l^3}{3EI}$$

$$\Delta_{kt} = \sum \alpha t_0 w_{\overline{N}_k} + \sum \alpha \Delta_t w_{\overline{M}_k} / h$$

$$= \left(\frac{25+15}{2}\right)\alpha(-1 \times l) + (25-15)\frac{\alpha}{0.1l} \times \left(-\frac{l^2}{2} \times 2 - l^2\right)$$

$$= -220\alpha l$$

于是

$$X_1 = 220\alpha l \times \frac{3EI}{5l^3} = 132\alpha EI/l^2$$

最终弯矩图可按 $M = \overline{M}_1 X_1$ 绘出，如图 6-1 (e) 所示。

同样，应用变形体的虚功原理及其相应的单位荷载法还可以求解温度变化所引起的超静定结构的位移，这里就不详述了。

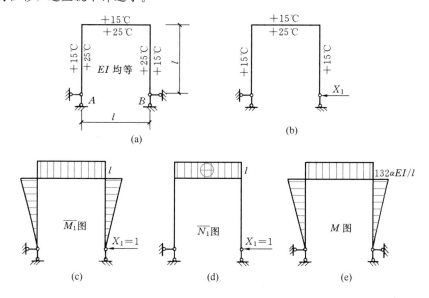

图 6-1　温度变化对两铰刚架的影响

（a）结构升温；（b）计算结构；（c）单位弯矩图；（d）单位轴力图；（e）弯矩图

6.2　变形作用

这里的变形，指的是由于外界因素的影响，如结构支座移动或不均匀沉降等，使得结构物被迫发生变形。如果结构体系为静定结构，则允许构件产生符合其约束条件的位移，此时不会产生内力；若结构体系为超静定结构，则多余约束会束缚结构的自由变形，从而产生内力。因而从广义上说，这种变形作用也是荷载。

由于在工程实际中碰到的大多是超静定问题，在这种情况下，由于变形作用引起的内力问题必须引起足够的重视，譬如支座的下沉或转动引起结构物的内力；地基不均匀沉降使得上部结构产生次应力，严重时会使房屋开裂；构件的制造误差使得强制装配时产生内力等。

常见的一种变形作用就是地基变形引起的。在软土、填土、冲沟、古河道、暗渠以及各种不均匀地基上建造结构物，或者地基虽然比较均匀，但是荷载差别过大，结构物刚度悬殊时，都会由于差异沉降而引起结构内力。地基不均匀沉降会引起砌体结构房屋裂缝，如砌体墙中下部区域常出现正八字形裂缝，这是由于建筑物中部沉降大、两端沉降小，结构中下部受拉、端部受剪，墙体由于剪力形成的主拉应力破裂，使裂缝呈正八字形；又如砌体房屋窗角处常因应力集中产生裂缝，这是纯剪裂缝的一种，当地基差异沉降比较集中时，由于窗间墙受竖向压力，灰缝沉降大，而窗台部分上部为自由面，从而在相交的窗角处产生裂缝。

对于混凝土结构而言，还有两种特殊的变形作用，即徐变和收缩。混凝土在长期外力作用下产生随时间而增长的变形称为徐变。通常情况下，混凝土往往与钢筋组成钢筋混凝土构件而共同承受荷载，当构件承受不变荷载的长期作用后，混凝土将产生徐变。由于钢筋与混凝土的粘结作用，两者将协调变形，于是混凝土的徐变将迫使钢筋的应变增加，钢筋的应力也随之增大。可见，由于混凝土徐变的存在，钢筋混凝土构件的内力将发生重分布，当外荷载不变时，混凝土应力减小而钢筋应力增加。另外，混凝土在空气中结硬时其体积会缩小，这种现象称为混凝土的收缩，收缩是混凝土在不受力情况下因体积变化而产生的变形。若混凝土不能自由收缩，则混凝土内产生的拉应力将导致混凝土裂缝的产生。在钢筋混凝土构件中，由于钢筋和混凝土的粘结作用，钢筋将缩短而受压；混凝土的收缩变形受到钢筋的阻碍而不能自由发生，使得混凝土承受拉力。当混凝土收缩较大而构件截面配筋又较多时，这种变形作用往往使得混凝土构件产生收缩裂缝。

由上述分析可知，所谓变形作用，其实质就是结构物由于种种原因引起的变形受到多余约束的阻碍，从而导致结构物产生内力。对于变形作用引起的结构内力和位移计算，只需遵循力学的基本原理求解，也即根据静力平衡条件和变形协调条件求解即可。下面仍以超静定杆系结构支座发生位移后引起的内力作一说明。

【例 6-2】 图 6-2 (a) 为超静定体系，支座 B 发生了水平位移 a 和下沉 b，求刚架的弯矩图。

【解】 选取图 6-2 (b) 所示基本结构，沿多余约束力 X_1 方向的已知位移是 $-a$，故力法方程为

$$\delta_{11}X_1 + \Delta_{1c} = -a$$

由单位未知力的作用情况（图 6-2c）可算出

$$\delta_{11} = \sum \int \overline{M}_1^2 \frac{\mathrm{d}x}{EI} = \frac{5l^3}{3EI}$$

而基本结构由支座位移引起的位移 Δ_{1c} 可由变形体系的虚功原理求得，即

$$\Delta_{1c} = -\sum \overline{R}c$$

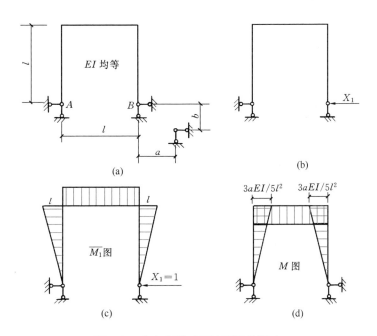

图 6-2　支座变形对两铰刚架的影响

（a）结构支座位移；（b）计算结构；（c）单位弯矩图；（d）弯矩图

其中 $\overline{R}$ 为基本结构中发生位移的支座反力，c 为对应方向上的位移。在本例中，只有一个 $\overline{R}$，其对应的位移为 b，但在单位荷载 $X_1=1$ 作用下，$\overline{R}$ 值为零，故 $\Delta_{1c}=0$。

于是解得多余未知力为

$$X_1=-3aEI/5l^3$$

最终弯矩图按 $M=\overline{M}_1X_1$ 绘出，如图 6-2（d）所示。

对于地下结构而言，还有一种特殊的变形作用，即所谓地层弹性抗力的存在，这也是地下结构区别于地面结构的显著特点之一。因为地面结构在外力作用下可以自由变形而不受介质的约束，但地下结构在外荷载作用下发生变形，还同时受到周围地层的约束，在地下结构的变形导致地层发生与之协调的变形时，地层就对地下结构产生了反作用力。这一反作用力的大小同地层发生变形的大小有关，一般假设反作用力的大小与地层变形成线弹性关系，并把这一反作用力称为弹性抗力。

在地下结构的各种计算方法中，如何确定弹性抗力的大小及其作用范围（抗力区），历来有两种理论：一种是局部变形理论，认为弹性地基上某点处施加的外力只会引起该点的变形（沉陷）；另一种是共同变形理论，认为作用于弹性地基上一点的外力，不仅使该点发生沉陷，而且会引起附近地基也发生沉陷。一般来说，后一种理论较为合理，但由于局部变形理论的计算方法比较简单，也尚能满足工程设计的精度要求，所以至今仍多采用局部变形理论来计算地层弹性抗力。

需要注意的是在地下结构中，由于岩土介质的流变作用，使得作用在结构上的荷载逐渐增加，这部分荷载称之为蠕变压力。这种压力由于涉及面广，计算复杂，在此不再赘述。

6.3 爆炸作用

6.3.1 爆炸概念

爆炸作用是一种比较复杂的荷载。一般来说，如果在足够小的容积内以极短的时间突然释放出能量，以致产生一个从爆源向有限空间传播出去的一定幅度的压力波，即在该环境内发生了爆炸。这种能量可以是原来就以各种形式储存于该系统中，可以是核能、化学能、电能或压缩能等。然而，不能把一般的能量释放都认为是爆炸，只有足够快地和足够强地以致产生一个人们能够听见的空气冲击压力波，才称为爆炸。这里所指的爆炸具有广泛的范围，诸如核爆炸以及普通炸药爆炸和生活中耳闻到油罐、煤气、天然气罐爆炸等。非核爆炸产生的空气冲击波的作用时间非常短促，一般仅几个毫秒，在传播过程中强度减小得很快，也比较容易削弱，其对结构物的作用比起核爆炸冲击波要小得多。因此，在设计可能遭遇到类似爆炸作用的结构物时，必须考虑爆炸的空气冲击波荷载。

6.3.2 爆炸荷载的计算

当冲击波与结构物相遇时，会引起压力、密度、温度和质点速度迅速变化，从而作为一种荷载施加于结构物上，此荷载是冲击波所遇到的结构物几何形状、大小和所处方位的强函数。一般来说，爆炸产生的空气冲击波根据结构物所处地面和地下位置不同，其作用也不一样，因此爆炸作用应对地面结构和地下结构区分对待。

1. 爆炸冲击波对地面结构物的作用

爆炸冲击波对结构产生的荷载主要分为两种，即冲击波超压和冲击波动压。爆炸发生在空气介质中时，反应区内瞬时形成的极高压力与周围未扰动的空气处于极端的不平衡状态，于是形成一种高压波从爆心向外运动，这是一个强烈挤压邻近空气并不断向外扩展的压缩空气层，它的前沿，又称波阵面，犹如一道运动着的高压气体墙面。这种由于气体压缩而产生的压力即为冲击波超压。此外，由于空气质点本身的运动也将产生一种压力，即冲击波动压。假设爆炸冲击波运行时碰到一封闭结构，在直接遭遇冲击波的墙面（称为前墙）上冲击波产生正反射，前墙瞬时受到骤然增大的反射超压，在前墙附近产生高压区，而此时作用于前墙上的冲击波动压值为零。这时的反射超压峰值可按如下公式计算

$$K_f = \frac{\Delta P_f}{\Delta P} = 2 + \frac{6\Delta P}{\Delta P + 7} \tag{6-2}$$

式中　ΔP_f——最大的反射超压（kPa）；

　　　　ΔP——入射波波阵面上的最大超压（kPa）；

　　　　K_f——反射系数，取值 $2\sim 8$。

爆炸冲击波除作用于结构物正面产生超压外，还绕过结构物运动，对结构产生动压作用。由于结构物形状不同，墙面相对于气流流动方向的位置也不同，因而不同墙面所受到的动压作用压力值也不同。这个差别可用试验确定的表面阻力系数 C_d 来表示。这样动压作用引起的墙面压力等于 $C_d \cdot q(t)$，因此前墙压力从 ΔP_f 衰减到 $\Delta P(t) + C_d \cdot q(t)$，以后整个前墙上单位面积平均压力 $\Delta P_1(t)$ 可由下式表示

$$\Delta P_1(t) = \Delta P(t) + C_d \cdot q(t) \tag{6-3}$$

式中　$\Delta P_1(t)$——整个前墙单位面积平均压力（kPa）；

　　　　C_d——表面阻力系数，由试验确定，对矩形结构物取 1.0；

　　　　$q(t)$——冲击波产生的动压（kPa）。

对结构物的顶盖、侧墙及背墙上每一点压力自始至终为冲击波超压与动压作用之和，计算公式同式（6-3）。所不同的是，由于涡流等原因，侧墙、顶盖和背墙在冲击波压力作用下受到吸力作用，因此 C_d 取负值。所以对矩形结构物来讲，作用于前墙和后墙上的压力波不仅在数值大小上有差别，而且作用时间也不尽相同。因此结构物受到巨大挤压作用，同时由于前后压力差，使得整个结构物受到巨大的水平推力，可能使整个结构平移和倾覆。

对于细长形目标如烟筒、塔楼以及桁架杆件等，它们的横向线性尺寸很小，结构物四周作用有相同的冲击波超压值和不同的动压值，整个结构物所受的合力就只有动压作用。因此由于动压作用，这种细长形结构物容易遭到抛掷和弯折。

2. 爆炸冲击波对地下结构物的作用

位于岩土介质中的地下结构物所受到的来自地面爆炸产生的荷载与许多因素有关，主要有：①地面空气冲击波压力参数，它引起岩土压缩波向下传播；②压缩波在自由场中传播时的参数变化；③压缩波遇到结构物时产生反射，这个反射压力取决于波与结构物的相互作用。一般对埋入岩土介质中的地下结构，荷载的确定采用简化的综合反射系数法，这种方法是一种半经验性质的实用方法，考虑了压缩波在传播过程中的衰减。它是根据地面冲击波超压计算出作用在结构物上的动载峰值，然后再换算成等效静载。

地下结构周围的岩土材料一般由土体颗粒、水分和空气三相介质构成。对非饱和土体，其变形性能主要取决于颗粒骨架，并由它承受外加荷载，因此压缩波在非饱和土体中传播时衰减相对要大些。而对饱和土体，主要靠水分来传递外加荷载，因此在饱和土体中压缩波传播时衰减很少。

地下结构物的荷载计算步骤及公式如下：

（1）深度 h 处压缩波峰值压力 P_h 计算公式为

$$P_h = \Delta P_d e^{-\alpha h} \tag{6-4}$$

式中　ΔP_d——地面空气冲击波超压（kPa）；

　　　h——距地表的深度（m）；

　　　α——衰减系数，对土取 $0.03\sim0.1$（适用于核爆炸，普通爆炸衰减的速率要大得多）。

（2）结构顶盖动载峰值 P_1 的计算

$$P_1 = K_f \cdot P_h \tag{6-5}$$

式中　P_h——顶盖深度处自由场压力峰值（kPa）；

　　　K_f——综合反射系数，对饱和土中的结构取 1.8；对非饱和土，K_f 值取决于结构埋深和结构的外包尺寸及形状，比较复杂。

（3）结构侧墙动载峰值 P_2 的计算

认为作用在侧墙上的动载与同一深度处的自由场侧压相同，其峰值计算公式为：

$$P_2 = \xi \cdot P_h \tag{6-6}$$

式中　ξ——压缩波作用下的侧压系数，取值如表 6-1。

（4）底板动载峰值计算如下

$$P_3 = \eta \cdot P_1 \tag{6-7}$$

式中　η——底压系数，对非饱和土中的结构 $\eta=0.5\sim0.75$，对饱和土中的结构 η 取 $0.8\sim1.0$。

根据上述计算的结构物各自的动载峰值，再根据结构的自振频率以及动载的升压时间查阅有关图表得到荷载系数，最后可以计算作用在结构物上的等效静载。

侧压系数 ξ　　表 6-1

岩土介质类别		侧压系数 ξ
碎石土		$0.15\sim0.25$
砂土	地下水位以上	$0.25\sim0.35$
	地下水位以下	$0.70\sim0.90$
粉土		$0.33\sim0.43$
黏土	坚硬、硬塑	$0.20\sim0.40$
	可塑	$0.40\sim0.70$
	软、流塑	$0.70\sim1.0$

需要说明的是，上述荷载计算公式（6-4）、公式（6-5）和公式（6-6）同 2020 年实施的《人民防空地下室设计规范》GB 50038—2019 公式基本一致，所不同的是规范在计算压缩波峰值压力 P_h 时采用的计算公式较为复杂，另外计算参数多，且取值大多基于经验，而本教材主要是侧重于基本概念，因此采用的计算方法是考虑压缩波衰减的简化经验反射系数法。

【例 6-3】某土中浅埋双跨隧道结构如图 6-3 所示，已知地面空气冲击波荷载超压峰值 $\Delta P_d=15\mathrm{kPa}$，结构埋深 2m，地下水位离地表 2.3m，土质为天然湿度粉土。试按综合反射系数法确定作用于结构顶面和底板的动载。

【解】1. 顶板荷载

顶板埋深 $h=2\mathrm{m}$，则该处自由场压缩波峰压为

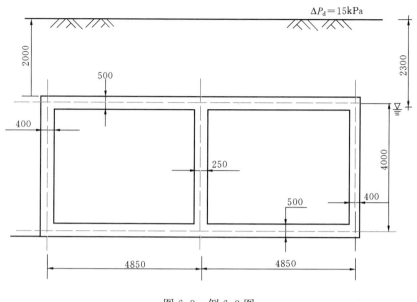

图 6-3　例 6-3 图

$$P_h = \Delta P_d e^{-ah} = 15 \times e^{-0.05 \times 2} = 13.6 \text{kPa}$$

由于结构外包尺寸较大且结构位于水下，故综合反射系数 K_f 取 1.8，顶板的动载峰值为

$$P_1 = K_f \cdot P_h = 1.8 \times 13.6 = 24.5 \text{kPa}$$

2. 底板荷载

因处于水下，底板动载峰值取为顶板的 0.8 倍，有

$$P_3 = \eta \cdot P_1 = 0.8 \times 24.5 = 19.5 \text{kPa}$$

6.4　浮力作用

对于土中结构物的浮力计算至今仍存在争议。一般讲，地下水或地表水能够透过土的孔隙达到结构物基底是产生浮力的必要条件，为此，浮力计算要取决于土的物理特性。只有土颗粒间的接触面很小，可以把它们作为点接触时，才可以认为土中结构物或土处于完全浮力状态（如对粉土或砂性土等）。假使土颗粒之间的接触面或土颗粒与结构物基底之间的接触面相当大，而且各个固体颗粒的联结是由胶结性连接而形成的（如对密实的黏性土），则土和结构物不会处于完全的浮力作用状态，因为水不能充分进入土与结构物之间，计算浮力时应乘以由实验确定的小于 1 的系数。另一种意见认为，不论土的物理特性如何，对各种土都可考虑完全的浮力作用。

土中结构物的浮力作用可采用结构物的圬工有效重度或土的有效重度来反应，圬工的有效重度等于圬工重度减去水的重度。土的有效重度见 2.2 节。

从安全角度出发，对浮力作用可以作如下处理：

(1) 置于透水性饱和地基上的结构物，抗浮验算应考虑历史最高水位时的浮力作用；

(2) 置于不透水性地基上且结构物基础底面与地基接触良好，可不考虑浮力作用；

(3) 当不能确定地基是否透水时，应将透水和不透水两种情况与其他荷载组合，取其最不利者。

6.5 制动力、牵引力与冲击力

6.5.1 汽车（列车）制动力和（列车）牵引力

汽车（列车）制动力（或列车牵引力）是为克服车辆在桥上刹车时（或启动时）的惯性力（或阻力）在车轮与路面或轨面之间产生的滑动摩擦力。由于在桥上一列车同时刹车的概率极小，制动力的取值为摩擦系数乘以桥上车列的汽车（列车）重力的一个部分。对于铁路桥梁，《铁路桥涵设计规范》TB 10002—2017 规定列车制动力或牵引力按作用在桥跨范围的竖向静活载的 10% 计算。对于公路桥梁，只考虑制动力。《公路桥涵设计通用规范》JTG D60—2015 规定：对于一个设计车道，制动力标准值按规定的车道荷载在加载长度上计算的总重力的 10% 计算，但公路－Ⅰ级汽车荷载的制动力标准值不得小于 165kN；公路－Ⅱ级汽车荷载的制动力标准值不得小于 90kN。同向行驶双车道、三车道和四车道的汽车荷载制动力标准值分别为一个设计车道制动力标准值的 2 倍、2.34 倍和 2.68 倍。

制动力（或牵引力）的方向为顺行车方向（或逆行车方向），其着力点在车辆的重心位置，一般为公路桥面以上 1.2m 或铁路桥梁轨顶处以上 2m。在计算墩台时，可移至支座中心处（铰或滚轴中心）或滑动、橡胶、摆动支座的底板面上，在计算刚架桥、拱桥时，可移至桥面上，但不计由此而产生的力矩和竖向力。

6.5.2 吊车制动力

在工业厂房中常有桥式吊车（图 6-4），吊车在运行中的刹车也会产生制动力。因此设计有吊车厂房结构时，需考虑吊车的纵向和横向水平制动力。

吊车纵向水平制动力是由吊车桥架沿厂房纵向运行时制动引起的惯性力产生的，其大小受制动轮与轨道间的摩擦力的限制，当制动惯性力大于制动轮与轨道间的摩擦力时，吊车轮将在轨道上滑动。经实测，吊车轮与钢轨间的摩擦系数一般小于 0.1，所以吊车纵向水平荷载可按一边轨道上所有刹车轮的最大轮压之和的 10％采用。制动力的作用点位于刹车轮与轨道的接触点，方向与行车方向一致。

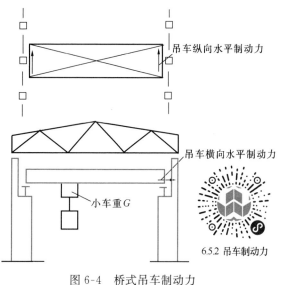

吊车横向水平制动力是吊车小车及起吊物沿桥架在厂房横向运行时制动所引起的惯性力。该惯性力与吊钩种类和起吊物重量有关，一般硬钩吊车比软钩吊车制动加速度大。另外，起吊物越重，一般运行速度越慢，制动产生的加速度则较小。故《建筑结构荷载规范》规定，吊车横向水平荷载按下式计算

图 6-4　桥式吊车制动力

$$T_X = \alpha_H(G + W) \tag{6-8}$$

式中　G——小车重量；

　　　W——吊车额定起重量；

　　　α_H——制动系数。对于硬钩吊车取 0.2；对于软钩吊车，当额定起重量不大于 10t 时，取 0.12，当额定起重量为 15～50t 时，取 0.1，当额定起重量为 75t 时，取 0.08。

6.5.3　汽车（列车）竖向冲击力

汽车（列车）以较高速度驶过桥梁时，由于桥面或轨面的不平整、车轮不圆以及发动机的抖动或机车的偏心轮作用等原因，会引起桥梁结构的振动，这种动力效应通常称为冲击作用。在这种情况下，运行中的汽车（列车）荷载对桥梁结构所引起的应力和变形比同样大小的静荷载所引起的大。汽车（列车）的冲击力可用汽车（列车）荷载乘以冲击系数 μ 来计算。有时习惯上也将 $1+\mu$ 称为冲击系数。当竖向活载包括冲击力时，系指将汽车（列车）荷载乘以冲击系数 $1+\mu$。冲击系数是根据在已建成的实桥上所做的振动试验的结果分析整理而确定的。设计中可按不同结构种类和跨度大小选用相应的冲击系数。式（6-9）和式（6-10)中分别列出了公路、铁路桥梁结构的部分冲击系数值。

对于公路桥梁汽车荷载冲击系数可按下式计算：

当 $f < 1.5\text{Hz}$ 时　　　　　　$\mu = 0.05$

当 $1.5\text{Hz} \leqslant f \leqslant 14\text{Hz}$　　$\mu = 0.1767\ln f - 0.0157$ $\qquad(6\text{-}9)$

当 $f > 14\text{Hz}$　　　　　　　$\mu = 0.45$

式中　f——结构基频（Hz）。

汽车荷载的局部加载及 T 梁、箱梁悬臂板上的冲击系数采用 1.3。

对于铁路钢筋混凝土、混凝土、石砌的桥跨结构及涵洞、刚架桥，当其顶上填土厚度 h ≥1m（从轨底算起）时不计冲击力；当 $h<1m$ 时

$$1+\mu=1+\alpha\left(\frac{6}{30+L}\right) \tag{6-10}$$

式中　$\alpha=4\ (1-h)\leqslant2$；

　　　L——桥跨长度或（局部）构件的影响线加载长度。

鉴于结构物上的填料能起缓冲和扩散冲击荷载的作用，对拱桥、涵洞以及重力式墩台，当填料厚度（包括路面厚度）等于或大于 500mm 时，《公路桥涵设计通用规范》JTG D60—2015 规定可以不计冲击作用。

6.6　离心力

离心力系指汽车（列车）行驶在曲线线路上时，由于方向变化而引起的力。离心力等于汽车（列车）重力 P（不计冲击力）乘以离心力系数 C，即

$$H = CP$$

其中

$$C = \frac{v^2}{127R}$$

式中　v——计算车速（km/h）；

　　　R——弯道半径（m）。

为了计算方便，汽车（列车）荷载重力通常就采用均匀分布的等代荷载。多车道的等代荷载也按规定折减。离心力的着力点在汽车（列车）的重心处，一般取为桥面以上 1.2m 处（公路桥）或轨顶面以上 2m 处（铁路桥）。但有时为了计算方便也可移至桥面上，而不计由此引起的力矩。

例如，一曲线箱形截面简支梁，计算跨径 39.60m，曲率半径 195m，设计荷载汽公路-Ⅰ级，设计行车速度为 40km/h，求一列公路-Ⅰ级荷载引起的离心力。

车道集中力　$p_k = 270+\frac{l-5}{50-5}\times(360-270)=270+\frac{39.6-5}{50-5}\times90=339.2kN$

车道分布力　$q_k=10.5kN/m$

作为在计算跨径上的汽车重力：$P=p_k+q_kl=339.2+10.5\times39.6=755kN$

离心力系数：$C=v^2/(127R)=40^2/(127\times195)=0.065$

离心力：$H=C\cdot P=0.065\times700=45.5kN$

6.7　预加力

以特定的方式在结构的构件上预先施加的、能产生与构件所承受的外荷载效应相反的应力状态的力称为预加力。在混凝土构件上，在受载受拉区预加压力能延缓构件的开裂，从而提高构件的截面刚度和正常使用阶段的承载能力，降低截面高度，减少构件自重，增加构件的跨越能力。习惯上将建立了与外荷载效应相反的应力状态的构件称为预应力构件。

预加力的施加方式多种多样，主要取决于结构设计和施工的特点，以下介绍几种主要方式。

1. 外部预加力和内部预加力

当结构杆件中的预加力来自于结构之外时，所加的预加力称为外部预加力。对混凝土拱桥拱顶用千斤顶施加水平预压力，或在连续梁的支点处用千斤顶施加反力等，使结构内力呈有利分布的即属于此类。当混凝土结构构件中的预加力是通过张拉和锚固设置在结构构件中的高强度钢筋，使构件中产生与外荷载效应相反的应力状态的，所加的预加力称为内部预加力。前者常用于结构内力调整，后者则为钢筋混凝土构件施加预加力的常规方式。

2. 先张法预加力和后张法预加力

先张拉高强度钢筋，后浇筑包裹钢筋的混凝土，待混凝土达到设计强度，钢筋和混凝土之间具有可靠的粘结力后，放松钢筋，钢筋变形的弹性恢复受钢筋周围混凝土阻碍而传给混凝土的力为先张法预加力。先浇筑混凝土，并在混凝土中预留放置预应力筋的孔道，待混凝土达到设计强度后再张拉预应力筋，并通过锚固措施将钢筋受力后的弹性变形锁住而将其弹性变形

6.7　先张法和后张法的比较

回复的力传给混凝土，这种传给混凝土的力即为后张法预加力，图 6-5 显示了后张法预加力工艺流程。

由于先张法预加力和管道灌浆的后张法预加力是通过钢筋与混凝土之间的粘结力传给混凝土的，故也称有粘结预加力。而管道不灌浆的后张法预加力是通过构件两端的锚具对混凝土施加预应力的，故也称无粘结预加力。

预应力混凝土构件预加力的大小取决于构件在正常使用阶段的截面材料的控制应力、截面的极限承载能力和抗裂性等因素，在上述条件下确定了预应力钢筋面积 A_y 后，预加力 $N_y = A_y \sigma_k$，其中 σ_k 为张拉控制应力，由于混凝土和预应力钢筋的物理力学特征以及所采用的预应力钢筋的锚具的特性，在构件的预应力张拉阶段和正常使用阶段将发生与张拉工艺相对应的预应力损失 σ_s，所以预加力是随时间变化而减小的。

对于先张法预应力混凝土构件，预应力会发生的损失有：温差损失 σ_{s3}、弹性压缩损失 σ_{s4}、钢筋松弛损失 σ_{s5}、混凝土收缩徐变损失 σ_{s6}。对于后张法预应力混凝土构件，会发生的

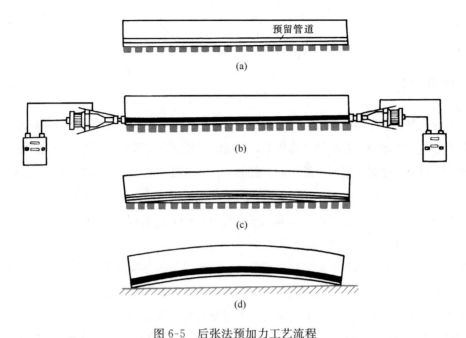

图 6-5　后张法预加力工艺流程

（a）预留管道浇筑混凝土；（b）穿预应力筋并施加预应力；（c）张拉完毕用锚
具进行锚固；（d）管道内压浆并浇筑封头混凝土

预应力损失有：摩阻损失 σ_{s1}、锚具损失 σ_{s2}、预应力钢筋分批张拉损失 σ_{s4}、钢筋松弛损失 σ_{s5}、混凝土收缩徐变损失 σ_{s6}。总预应力损失约占张拉控制应力 σ_k 的 1/3。跨径 138m 的重庆大桥，后张法预应力钢筋的张拉控制应力 σ_k 为 1280MPa，其各项预应力损失（单位为"MPa"）见表 6-2。

重庆大桥预应力钢筋应力损失　　　　　　　　　　表 6-2

损失项目	σ_{s1}	σ_{s2}	σ_{s4}	σ_{s5}	σ_{s6}	总和
损失量（MPa）	88	44.3	46.1	52.2	166.1	396.7

下面以后张法为例，介绍预应力的施加方法。

后张法预加力（先浇筑混凝土后张拉钢筋）的工艺流程见图 6-5。在浇筑的混凝土中，按预应力钢筋的设计位置预留管道或明槽，见图 6-5（a）；待混凝土养护结硬到一定强度后，将预应力钢筋穿入孔道，并利用构件作为加力台座，使用千斤顶对预应力钢丝进行张拉，见图 6-5（b）；在张拉钢筋的同时，构件混凝土受压，钢筋张拉完毕后，用锚具将钢筋锚固在构件的两端，见图 6-5（c）；然后在管道内压浆，使构件混凝土与钢筋粘结成整体以防止钢筋锈蚀，并增加构件的刚度，见图 6-5（d）。后张法主要是靠锚具传递和保持预加应力的。

后张法多用于大跨度桥梁，不需要专门的张拉台座，台座一般宜在施工场地预制或在桥位上就地浇筑。预应力钢筋可按照设计要求，根据构件的内力变化而布置成合理的曲线形式。后张法的施工工艺比较复杂，锚固钢筋用的锚具耗钢量大。

3. 预弯梁预加力

预弯梁预加力是通过钢梁与混凝土之间的粘结构造将钢梁的弹性恢复力施加于混凝土上，弹性恢复力利用屈服强度很高的钢梁预先弯曲产生弹性变形而获得。

预弯钢筋-混凝土组合简支梁的施工工艺为（参见图 6-6）：在预先弯曲梁的 $L/4$ 处施加两个等同的集中荷载；当钢梁被压到挠度为零时，在钢梁的下翼缘浇筑高强度等级混凝土；混凝土经养护达到强度要求后，撤除钢梁上的集中力，钢梁回弹，所浇筑的混凝土就受到钢梁回弹产生的压力作用；然后浇筑腹板和上翼缘混凝土。通过这种工艺得到的钢梁与混凝土的组合构件为预弯梁预应力构件。

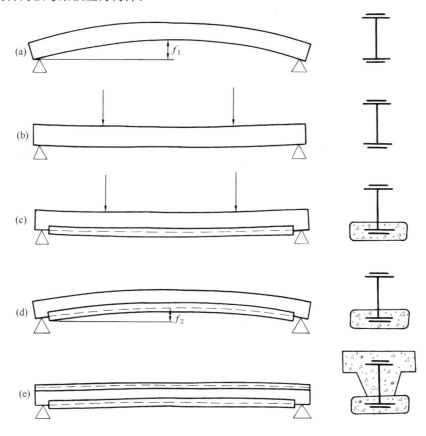

图 6-6　预弯梁的预加力施加过程

（a）预弯梁；（b）施加压力；（c）梁下翼缘浇筑混凝土；（d）释放压力；（e）梁上翼缘及腹板浇筑混凝土

第6章 其他作用
课件

第6章 其他作用
思维导图

习题

6.1 温度作用和变形作用是如何产生的? 在工程上往往如何处理?

6.2 为什么降温及收缩容易引起混凝土梁板结构的板常出现贯穿裂缝?

6.3 地基不均匀沉降对结构产生什么样的影响? 举例说明。

6.4 对于有热源的生产车间中的钢筋混凝土大梁, 一般为什么不将钢筋配置在结构的高温区?

6.5 试解释混凝土结构的徐变和收缩变形作用。

6.6 爆炸是如何产生的? 爆炸作用对地面结构物和地下结构物有何不同?

6.7 计算底板荷载时采用的底压系数 η, 在含水量较多土介质中的结构, 为什么取大值?

6.8 车辆竖向冲击作用产生的原因是什么?

6.9 施加预应力的目的是什么? 预应力的施加方式有几种?

6.10 先张法和后张法有何区别?

6.11 是非题:

(1) 不论在静定结构中还是在超静定结构中, 温度作用和变形作用都会产生力。

(2) 由于混凝土徐变的存在, 钢筋混凝土构件的内力将发生重分布, 当外荷载不变时, 混凝土应力增加而钢筋应力减小。

(3) 通常, 不能把一般的能量释放都认为是爆炸, 只有足够快地和足够强地以致产生一个人们能够听见的空气冲击波, 才称为爆炸。

(4) 先张法和后张法可以提高混凝土构件的极限承载力。

第 2 篇

工程结构可靠性设计原理

三代结构设计
理论比较

第 7 章

荷载的统计分析

7.1　荷载的概率模型

7.1.1　平稳二项随机过程模型

按荷载随时间变化的情况，可将荷载分为以下三类：

（1）永久荷载。如结构物自重，这类荷载随时间的变化很小，近似保持恒定的量值，如图 7-1（a）所示。

（2）持久荷载。如建筑楼面活载，这类荷载在一定的时段内可能是近似恒定的，但各个时段的量值可能不等，还可能在某个时段内完全不出现，如图 7-1（b）所示。

（3）短时荷载。如最大风压及地震作用，这类荷载不经常出现，即使出现其时间也很短，各个时刻出现的量值也可能不等，如图 7-1（c）所示。

如对相同条件下的同类结构上作用的以上各类荷载在任一确定时刻的量值进行统计，发现该量值为一随机变量，记为 Q，也将其称为任意时点荷载。由于不同时刻任意时点荷载将不同，因此荷载实际上是一个随时间变化的随机变量，在数学上可采用随机过程概率模型

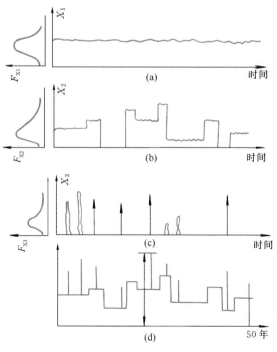

图 7-1　各类荷载随时间的变化

（a）永久荷载；（b）持久荷载；（c）短时荷载；（d）总荷载

来描述。

对结构设计来说，最有意义的是结构设计基准期 T 内的荷载最大值 Q_T，不同的 T 时间内统计得到的 Q_T 值很可能不同，即 Q_T 为一随机变量。为便于 Q_T 的统计分析，通常将荷载处理成平稳二项随机过程，如图 7-2 所示。

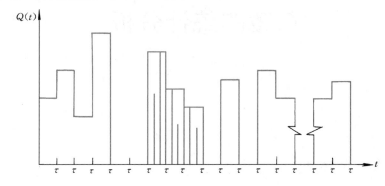

图 7-2　平稳二项随机过程荷载模型

平稳二项随机过程荷载模型的假定为：

（1）根据荷载每变动一次作用在结构上的时间长短，将设计基准期 T 等分为 r 个相等的时段 τ，或认为设计基准期 T 内荷载均匀变动 $r = T/\tau$ 次；

（2）在每个时段 τ 内，荷载 Q 出现（即 $Q > 0$）的概率为 p，不出现（即 $Q = 0$）的概率为 $q = 1 - p$；

（3）在每一时段 τ 内，荷载出现时，其幅值是非负的随机变量，且在不同时段上的概率分布是相同的，记时段 τ 内的荷载概率分布（也称为任意时点荷载分布）为 $F_i(x) = P[Q(t) \leqslant x,\ t \in \tau \mid Q(t) \neq 0]$；

（4）不同时段 τ 上的荷载幅值随机变量相互独立，且与在时段 τ 上是否出现荷载无关。

由上述假定，可由荷载的任意时点分布，导得荷载在设计基准期 T 内最大值 Q_T 的概率分布 $F_T(x)$。为此先确定任一时段 τ 内的荷载概率分布 $F_\tau(x)$

$$
\begin{aligned}
F_\tau(x) &= P[Q(t) \leqslant x, t \in \tau] \\
&= P[Q(t) \neq 0]P[Q(t) \leqslant x, t \in \tau \mid Q(t) \neq 0] + P[Q(t) = 0] \\
&\quad P[Q(t) \leqslant x, t \in \tau \mid Q(t) = 0] \\
&= p \cdot F_i(x) + q \cdot 1 = p \cdot F_i(x) + (1 - p) \\
&= 1 - p \cdot [1 - F_i(x)]
\end{aligned}
\tag{7-1}
$$

则

$$
\begin{aligned}
F_T(x) &= P[Q_T \leqslant x] = P[\max Q(t) \leqslant x, t \in T] \\
&= \prod_{j=1}^{r} P[Q(t_j) \leqslant x, t_j \in \tau] = \prod_{j=1}^{r} \{1 - p[1 - F_i(x)]\}
\end{aligned}
$$

$$= \{1 - p[1 - F_i(x)]\}^r \tag{7-2}$$

设荷载在 T 年内出现的平均次数为 N，则

$$N = pr \tag{7-3}$$

显然当 $p=1$ 时，$N=r$，此时，由式（7-2）

$$F_T(x) = [F_i(x)]^N \tag{7-4}$$

当 $p<1$ 时，利用近似关系式

$$e^{-x} = 1 - x \quad （x \text{ 为小数}） \tag{7-5}$$

如果式（7-2）中 $p[1-F_i(x)]$ 项充分小，则

$$F_T(x) \approx \{e^{-p[1-F_i(x)]}\}^r = \{e^{-[1-F_i(x)]}\}^{pr} \approx \{1 - [1 - F_i(x)]\}^{pr}$$

由此

$$F_T(x) \approx [F_i(x)]^N \tag{7-6}$$

由以上讨论知，采用平稳二项随机过程模型确定设计基准期 T 内的荷载最大值的概率分布 $F_T(x)$ 需已知三个量：即荷载在 T 内变动次数 r 或变动一次的时间 τ；在每个时段 τ 内荷载出现的概率 p；以及荷载任意时点概率分布 $F_i(x)$。对于永久荷载，$p=1$，$\tau=T$，则 $F_T=F_i(x)$。对于持久荷载，可根据荷载保持基本不变的平均时间确定 τ，如对于建筑楼面活荷载，调查统计表明一般约 10 年变动一次，若 $T=50$ 年，则可取 $r=5$；对于持久荷载很多情况下，$p=1$，且一般均可由统计资料确定 $F_i(x)$。对于短时荷载，显然平稳二项随机过程模型与其不符，但为了利用该模型确定 $F_T(x)$ 的简便性，可人为地假定一 τ 值，此时 $F_i(x)$ 按 τ 时段内出现的短时荷载的最大值统计确定（参见图 7-2）；例如，对于风载，为便于统计可取 τ 为 1 年，此时 τ 按一年内风载的最大值统计确定，而 $p=1$；当 T 为 50 年，$r=50$。

7.1.2　$F_T(x)$ 与 $F_i(x)$ 统计参数关系

按照上述平稳二项随机过程荷载模型，在下列情况下，可以直接由任意时点荷载概率分布 $F_i(x)$ 的统计参数推求设计基准期 T 内荷载概率分布 $F_T(x)$ 的统计参数。

1. $F_i(x)$ 为正态分布情况

此时 $F_i(x)$ 的表达式为

$$F_i(x) = \int_{-\infty}^{x} \frac{1}{\sqrt{2\pi}\sigma_i} \exp\left[-\frac{(y-m_i)^2}{2\sigma_i^2}\right] dy \tag{7-7}$$

式中　m_i、σ_i——任意时点荷载的均值和均方差。

若已知设计基准期内荷载的平均变动次数为 N，由式(7-4)或式(7-6)可以证明 $F_T(x)$ 也近似服从正态分布(1949 年由苏联尔然尼钦给出)，即

$$F_T(x) = \int_{-\infty}^{x} \frac{1}{\sqrt{2\pi}\sigma_T} \exp\left[-\frac{(y-m_T)^2}{2\sigma_T^2}\right] dy \tag{7-8}$$

其统计参数（均值和均方差）m_T 及 σ_T 可按下列公式近似计算

$$m_T \approx m_i + 3.5\left(1 - \frac{1}{\sqrt[4]{N}}\right)\sigma_i \tag{7-9a}$$

$$\sigma_T \approx \frac{\sigma_i}{\sqrt[4]{N}} \tag{7-9b}$$

2. $F_i(x)$ 为极值 I 型分布情况

此时 $F_i(x)$ 的表达式为

$$F_i(x) = \exp\left\{-\exp\left[-\frac{x - u_i}{\alpha_i}\right]\right\} \tag{7-10}$$

式中，u_i、α_i 为常数，其与均值 m_i 和方差 σ_i 的关系为

$$\alpha_i = \frac{\sigma_i}{1.2826} \tag{7-11a}$$

$$u_i = m_i - 0.5772\alpha_i \tag{7-11b}$$

由式（7-4）或式（7-6）

$$F_T(x) = [F_i(x)]^N = \exp\left\{-N\exp\left[\frac{x - u_i}{\alpha_i}\right]\right\}$$

$$= \exp\left\{-\exp(\ln N)\exp\left[-\frac{x - u_i}{\alpha_i}\right]\right\}$$

$$= \exp\left\{-\exp\left[-\frac{x - u_i - \alpha_i\ln N}{\alpha_i}\right]\right\} \tag{7-12}$$

显然，$F_T(x)$ 仍为极值型分布，将其表达为

$$F_T(x) = \exp\left\{-\exp\left[-\frac{x - u_T}{\alpha_T}\right]\right\} \tag{7-13}$$

对比式（7-13）与式（7-12），参数 u_T、α_T 与 u_i、α_i 间的关系为

$$u_T = u_i + \alpha_i\ln N \tag{7-14a}$$

$$\alpha_T = \alpha_i \tag{7-14b}$$

$F_T(x)$ 的均值 m_T 与均方差 σ_T 与参数 u_T、α_T 的关系式仍为式（7-11）的形式，由此可得 m_T、σ_T 与 m_i、σ_i 的关系为

$$\sigma_T = \sigma_i \tag{7-15a}$$

$$m_T = m_i + \frac{\sigma_i\ln N}{1.2826} \tag{7-15b}$$

7.1.3 实例

【例 7-1】某地 25 年年标准最大风压 x_i（N/m²）记录为

$$111.4, \quad 138.1, \quad 143.1 \quad 436.7, \quad 352.0,$$
$$374.4, \quad 214.2, \quad 198.0, \quad 239.6, \quad 222.5,$$
$$314.4, \quad 218.3, \quad 198.0, \quad 160.4, \quad 148.2,$$
$$138.1, \quad 204.2, \quad 202.0, \quad 198.0, \quad 118.9,$$
$$198.0, \quad 160.4, \quad 126.7, \quad 79.8, \quad 101.2。$$

求该地设计基准期年的标准最大风压统计参数。

【解】（1）计算年标准最大风压统计参数

$$m_i = \frac{1}{n} \sum_{i=1}^{n} x_i = 199.9$$

$$\sigma_i = \sqrt{\frac{1}{n-1} \sum_{i=1}^{n} (x_i - m_i)^2} = 88.1$$

（2）统计假设

设 x_i 服从极值 I 型分布，由式（7-11）

$$\alpha_i = \frac{\sigma_i}{1.2826} = 68.69$$

$$u_i = m_i - 0.5772\alpha_i = 199.9 - 0.5772 \times 68.69 = 160.3$$

则

$$F_i(x) = \exp\left\{-\exp\left[-\frac{x - 160.3}{68.69}\right]\right\}$$

经 $k=5$ 法检验，在信度 5% 条件下 $F_i(x)$ 不拒绝服从极值 I 型分布假设。

（3）求设计基准期 $T=50$ 年的标准最大风压统计参数

由平稳二项随机过程荷载模型假定，设计基准期 $T=50$ 年的标准最大风压也将服从极值 I 型分布。由式（7-15），其均值和均方差分别为

$$\sigma_T = \sigma_i = 88.1$$

$$m_T = m_i + \frac{\sigma_i \ln N}{1.2826} = 199.9 + \frac{88.1}{1.2826}\ln 50 = 468.6$$

而参数

$$\alpha_T = \frac{\sigma_T}{1.2826} = \frac{88.1}{1.2826} = 68.69$$

$$u_T = m_T - 0.5772\alpha_T = 468.6 - 0.5772 \times 68.69 = 429.0$$

则

$$F_T(x) = \exp\left\{-\exp\left[-\frac{x - 429.0}{68.69}\right]\right\}$$

7.2 荷载的各种代表值

由前一节的讨论知，在结构设计基准期内，各种荷载的最大值 Q_T 一般为一随机变量，但在结构设计规范中，为实际设计方便，仍采用荷载的具体数值，这些确定的荷载值可理解为荷载的各种代表值。

一般可变荷载有如下代表值：标准值、准永久值、频遇值和组合值。而永久荷载（恒载）仅有一个代表值，即标准值。

7.2.1 标准值

标准值是荷载的基本代表值，其他代表值可以在标准值的基础上换算得到。

荷载标准值 Q_k 可以定义为在结构设计基准期 T 中具有不被超越的概率 p_k，即

$$F_T(Q_k) = p_k \tag{7-16}$$

如何规定 p_k，目前世界各国没有统一规定。即使在我国，对于各种不同荷载的标准值，其相应的 p_k 也不一致。表 7-1 列出了我国现行各种荷载标准值的 p_k 值。

荷载的标准值 Q_k 也可采用重现期 T_k 来定义。重现期为 T_k 的荷载值，也称为"T_k 年一遇"的值，即在年分布中可能出现大于此值的概率为 $\frac{1}{T_k}$。因此

我国现行各种荷载标准值的 p_k　表 7-1

荷载类型	p_k
恒载	0.21
住宅楼面活荷载	0.80
办公楼面活荷载	0.92
风荷载	0.57
屋面雪荷载	0.36

$$F_i(Q_k) = 1 - \frac{1}{T_k} \tag{7-17a}$$

或

$$\left[F_T(Q_k)\right]^{\frac{1}{T}} = 1 - \frac{1}{T_k} \tag{7-17b}$$

则

$$T_k = \frac{1}{1 - \left[F_T(Q_k)\right]^{\frac{1}{T}}} = \frac{1}{1 - p_k^{\frac{1}{T}}} \tag{7-18}$$

上列公式给出了重现期 T_k 与 p_k 间的关系。如当 $T_k=50$ 时（即 Q_k 为 50 年一遇荷载值），$p_k=0.364$；而当 Q_k 的不被超越概率为 $p_k=0.95$ 时，$T_k=975$，（即 Q_k 为 975 年一遇）；而如果取 $p_k=0.5$，即取 Q_k 为 Q_T 分布的中位值，则 $T_k=72.6$，相当于 Q_k 为 72.6 年

一遇。

显然，今后为使荷载标准值的概率意义统一，应该规定 p_k 或 T_k 值。但究竟如何合理选定 p_k 或 T_k 值，亦是可以探讨的问题。

7.2.2　准永久值

图 7-3 表示可变荷载随机过程的一个样本函数，设荷载超过 Q_x 的总持续时间为 $T_x = \sum_{i=1}^{n} t_i$，其与设计基准期 T 的比值 T_x / T 用 μ_x 来表示，则荷载的准永久值可用 μ_x 来定义。

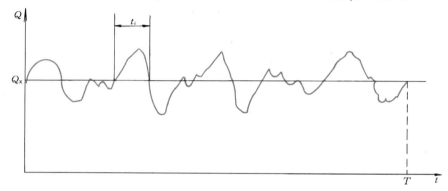

图 7-3　可变荷载的一个样本

荷载的准永久值系指在结构上经常作用的可变荷载值，它在设计基准期内具有较长的持续时间 T_x，其对结构的影响相似于永久荷载，如进行混凝土结构有关徐变影响的计算时，应采用可变荷载的准永久值。

确定荷载准永久值 Q_x 时，一般取 $\mu_x \geqslant 0.5$。若 $\mu_x = 0.5$，则准永久值大约相当于任意时点荷载概率分布 $F_i(x)$ 的中位值，即

$$F_i(Q_x) = 0.5 \tag{7-19}$$

令

$$\varphi_x = \frac{Q_x}{Q_k} \tag{7-20}$$

称 φ_x 为荷载准永久值系数。我国目前按 $\mu_x = 0.5$ 确定的各种可变荷载准永久值系数如表 7-2 所示。

7.2.3　频遇值

对可变荷载，在设计基准期内被超越的总时间仅为设计基准期一小部分（$<50\%$）的荷

荷载准永久值系数　　表 7-2

可变荷载种类	适用地区	φ_x
办公楼、住宅楼面活荷载	全国	0.40
风荷载	全国	0
雪荷载	东北	0.20
	新疆北部	0.15
	其他有雪地区	0

载值，或在设计基准期内其超越频率为某一给定频率（<50%）的荷载值。显然，由于可变荷载的频遇值发生的概率小于准永久值，故频遇值的数值大于准永久值。

7.2.4 荷载组合值

当作用在结构上有两种或两种以上的可变荷载时，荷载不可能同时以其最大值出现，此时荷载的代表值可采用其组合值，通常可表达为荷载组合系数与标准值的乘积，即 $\psi_c Q_k$。荷载组合系数的确定详见本书第 10 章。

7.3 荷载效应及荷载效应组合

7.3.1 荷载效应

结构荷载效应是指作用在结构上的荷载所产生的内力、变形、应变等。对于线弹性结构，结构荷载效应 S 与荷载 Q 之间有简单的线形比例关系，即

$$S = CQ \tag{7-21}$$

式中　C——称为荷载效应系数，与结构形式、荷载形式及效应类型有关。例如，对于

图 7-4 所示的简支梁，在跨中集中力 P 作用下，跨中弯矩 $M = \dfrac{l}{4}P$，则荷载效

应系数 $C = \dfrac{l}{4}$，而跨中挠度 $f = \dfrac{l^3}{48EI}P$，则荷载效应系数 $C = \dfrac{l^3}{48EI}$。

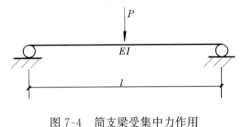

图 7-4　简支梁受集中力作用

可见对于特定结构，荷载效应系数与结构尺寸、结构截面特性和结构材料特性有关。与荷载的变异性相比，荷载效应系数的变异性较小，可近似当作常数。这样荷载效应的概率特性（概率分布）与荷载的概率特性将相同，它们统计参数间的关系为

$$m_s = Cm_Q \tag{7-22a}$$
$$\sigma_s = C\sigma_Q \tag{7-22b}$$

将随机变量的均方差与均值之比定义为变异系数 δ，即

$$\delta = \frac{\sigma}{m} \tag{7-23}$$

则

$$\delta_s = \delta_Q \tag{7-24}$$

7.3.2　荷载效应组合

结构在设计基准期内，可能承受永久荷载及两种或两种以上的可变荷载，如活荷载、风荷载、雪荷载等。这几种可变荷载在设计基准期内以其最大值相遇的概率很小。例如，最大风载与最大雪载同时发生的情况很少。因此，为确保结构安全，除了单一荷载效应的概率分布外，还必须研究多个荷载效应组合的概率分布问题。

1. Turkstra 组合规则

为了使荷载效应组合问题容易地被工程设计人员所理解，Turkstra 从直觉出发，最早提出了一个简单组合规则。该规则轮流以一个荷载效应的设计基准期 T 内最大值与其余荷载的任意时点值组合，即取

$$S_{Ci} = \max_{t \in [0, T]} S_i(t) + S_1(t_0) + \cdots + S_{i-1}(t_0) + S_{i+1}(t_0) + \cdots + S_n(t_0)$$

$$i = 1, 2, \cdots, n \tag{7-25}$$

式中　t_0——$S_i(t)$ 达到最大的时刻。

在时间 T 内，荷载效应组合的最大值 S_C 取为上列诸组合的最大值，即

$$S_C = \max(S_{C_1}, S_{C_2}, \cdots, S_{C_n}) \tag{7-26}$$

其中任一组组合的概率分布，可根据式（7-25）中各求和项的概率分布通过卷积运算得到。

图 7-5 为三个荷载随机过程，按 Turkstra 规则组合的情况。显然，该规则并不是偏于保守的，因为理论上还可能存在着更不利的组合。但由于 Turkstra 规则简单，且理论上也

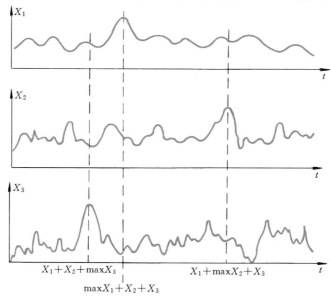

图 7-5　三个不同荷载的组合

证明在很多实用情况下，该规则仍是一个很好的近似方法。因此在工程实践中被广泛应用。

2. JCSS 组合规则

该规则是国际结构安全度联合委员会（JCSS）建议的荷载组合规则。按照这种规则，先假定可变荷载的样本函数为平稳二项过程，将某一可变荷载 $Q_1(t)$ 在设计基准期 $[0, T]$ 内的最大值效应 $\max_{t \in [0, T]} S_1(t)$（持续时间为 τ_1），与另一可变荷载 $Q_2(t)$ 在时间 τ_1 内的局部最大值效应 $\max_{t \in [0, \tau_1]} S_2(t)$（持续时间为 τ_2），以及第三个可变荷载 $Q_3(t)$ 在时段 τ_2 内的局部最大值效应 $\max_{t \in [0, \tau_2]} S_3(t)$ 相组合，依此类推。图 7-6 所示阴影部分为三个可变荷载效应组合的示意。

按该规则确定荷载效应组合的最大值时，可考虑所有可能的不利组合项，取其中最不利者。对于 n 个荷载组合，一般有 2^{n-1} 项可能的不利组合。

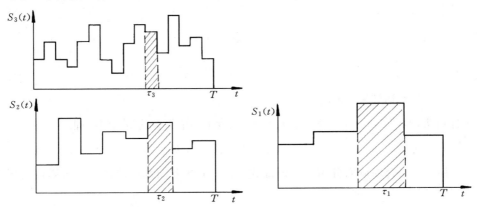

图 7-6　JCSS 组合规则

第7章 荷载的统计分析课件

第7章 荷载的统计分析思维导图

习题

7.1　什么是平稳二项随机过程？

7.2　将荷载处理为平稳二项随机过程有何优点？

7.3　荷载有哪些代表值？有何意义？

7.4　荷载效应与荷载有何区别？有何联系？

7.5　如何理解荷载效应组合？JCSS 组合规则和 Turkstra 组合规则的优缺点各是什么？

7.6　是非题：

(1) 考虑到荷载不可能同时达到最大，所以在实际工程设计时，当出现两个或两个以上荷载时，应采用其荷载组合值。

(2) 荷载效应是指结构的内力。

7.7　已知某地区年最大风速服从极值Ⅰ型分布，通过大量观测，该地区年最大风速样本的平均值为 18.903m/s，标准差为 2.485m/s。

① 求出该地区 50 年最大风速的概率分布函数；

② 分别计算 30 年和 50 年一遇的最大风速（即平均重现期为 30 年和 50 年的最大风速）；

③ 分别计算 30 年和 50 年一遇最大风速不被超越的概率 p_k（设计基准期 $T = 50$ 年）。

第 8 章

结构抗力的统计分析

8.1　影响结构抗力的不定性

结构抗力指结构承受外加作用的能力。结构抗力可分为四个层次，即：整体结构抗力、结构构件抗力、构件截面抗力及截面各点的抗力。例如：整体结构承受风荷载的能力为整体结构抗力，结构构件在轴力、弯矩作用下的承载能力为结构构件抗力，构件截面抗弯、抗剪的能力为构件截面抗力，而截面各点抵抗正应力、剪应力的能力为截面各点的抗力。

结构抗力与结构荷载效应相对应。当结构设计时所考虑的荷载效应为荷载作用内力时，则与其对应的抗力为结构承载力；而当结构设计时所考虑的荷载效应为荷载作用变形，则与其对应的抗力为结构抵抗变形的能力，即刚度，因此刚度也是一种结构的抗力。

目前结构设计时，变形验算可能针对结构构件，也可能针对整体结构；而承载力的验算一般只针对结构构件，因此以下对结构抗力的讨论只针对结构构件（含构件截面）。

影响结构构件抗力的因素很多，主要因素有三种，即：材料性能的不定性 X_m，几何参数的不定性 X_a，计算模式的不定性 X_p。这些不定性一般可处理为随机变量，因此结构构件的抗力是多元随机变量的函数。

直接对各种结构构件的抗力进行统计，并确定其统计参数和分布类型非常困难。因此，通常先对影响结构构件抗力的各种主要因素分别进行统计分析，确定其统计参数，然后通过抗力与各有关因素的函数关系，从各种因素的统计参数推求出结构构件抗力的统计参数。而结构构件抗力的概率分布类型，可根据各种主要影响因素的概率分布类型，应用数学分析方法或经验判断方法确定。

在推求结构构件抗力及其各项影响的统计参数时，通常采用下列近似公式：

设随机变量 Y 为随机自变量 X_i（$i = 1, 2, \cdots, n$）的函数，即

$$Y = \varphi(X_1, X_2, \cdots, X_n) \tag{8-1}$$

则

均值 $$\mu_Y = \varphi(\mu_{X_1}, \mu_{X_2}, \cdots, \mu_{X_n}) \tag{8-2}$$

方差 $$\sigma_Y^2 = \sum_{i=1}^{n}\left[\frac{\partial \varphi}{\partial X_i}\Big|_m\right]^2 \cdot \sigma_{X_i}^2 \tag{8-3}$$

变异系数 $$\delta_Y = \frac{\sigma_Y}{\mu_Y} \tag{8-4}$$

式（8-3）中，下标 m 表示偏导数中的随机变量 X_i 均以其平均值赋值。

8.2 结构构件材料性能的不定性

结构构件材料性能是指制成构件的强度、弹性模量、泊松比等物理性能。由于材料本身品质的差异，以及制作工艺、环境条件等因素引起的材料性能的变异，导致了材料性能的不定性。例如，按同一配比制成的混凝土，其强度也会出现相当大的差异，因为每一次混凝土的水泥强度，砂、石强度，含水率，搅拌时间，以及当时的气候等都会有变化，这些因素的随机性就会导致材性的不定性。

结构构件材料性能的不定性可采用随机变量 X_m 表达

$$X_m = \frac{f_c}{k_0 f_k} \tag{8-5}$$

式中 f_c——结构构件实际的材料性能值；

$k_0 f_k$——规范规定的结构构件材料性能值。其中，f_k 为规范规定的材料性能标准值；k_0 为规范规定的反映结构构件材料性能与试件材料性能差别的系数。

令

$$X_0 = \frac{f_c}{f_s}, \quad X_f = \frac{f_s}{f_k} \tag{8-6}$$

则

$$X_m = \frac{1}{k_0}X_0 X_f \tag{8-7}$$

式中 f_s——试件材料性能值；

X_f——反映试件材料性能不定性的随机变量；

X_0——反映结构构件材料性能与试件材料性能差别的随机变量。

根据式（8-2）～式（8-4），可得 X_m 的统计参数为

均值 $$\mu_{X_m} = \frac{1}{k_0}\mu_{X_0}\mu_{X_f} = \frac{\mu_{X_0}\mu_{f_s}}{k_0 f_k} \tag{8-8}$$

变异系数 $$\delta_{X_m} = \sqrt{\delta_{X_0}^2 + \delta_{f_s}^2} \tag{8-9}$$

式中　μ_{f_s}、μ_{X_0}、μ_{X_f}——试件材料性能 f_s 的平均值及随机变量 X_0、X_f 的平均值；

δ_{f_s}、δ_{X_0}——试件材料性能的变异系数及随机变量 X_0 的变异系数。

可见，只要分别对 X_0、X_f 进行研究，通过实测得到统计参数，就可得到 X_m 的统计参数。

【例 8-1】求 Q235 沸腾钢屈服强度的统计参数。

已知：试件材料屈服强度的平均值 $\mu_{f_y}=280.3 \mathrm{N/mm}^2$，均方差 $\sigma_{f_y}=21.3 \mathrm{N/mm}^2$。由于加荷速度及上、下屈服点的差别，构件中材料的屈服强度低于试件材料的屈服强度，经统计，两者比值 X_0 的均值 $\mu_{X_0}=0.92$，均方差 $\sigma_{X_0}=0.032$。规范规定的构件材料屈服强度值为 $k_0 f_k=240 \mathrm{N/mm}^2$。

【解】

$$\delta_{f_y}=\frac{\sigma_{f_y}}{\mu_{f_y}}=\frac{21.3}{280.3}=0.076$$

$$\delta_{X_0}=\frac{\sigma_{X_0}}{\mu_{X_0}}=\frac{0.032}{0.92}=0.035$$

则由式（8-8）、式（8-9）可得

$$\mu_{X_m}=\frac{\mu_{X_0}\mu_{f_y}}{k_0 f_k}=\frac{0.92\times 280.3}{240}=1.076$$

$$\delta_{X_m}=\sqrt{\delta_{X_0}^2+\delta_{f_y}^2}=\sqrt{0.035^2+0.076^2}=0.084$$

我国对各种常用结构材料的强度性能进行过大量统计研究，得出其统计参数如表 8-1 所示。

各种结构材料强度的统计参数　　　　　　　　　　表 8-1

结构材料种类	材料品种和受力状况		μ_{x_m}	δ_{x_m}
型钢	受拉	Q235 钢	1.08	0.08
薄壁型钢	受拉	Q235F 钢 Q235 钢	1.12 1.27	0.10 0.08
钢筋	受拉	HRB335	1.14	0.07
混凝土	轴心受压	C20 C30 C40	1.66 1.41 1.35	0.23 0.19 0.16
砖砌体	轴心受压 小偏心受压 齿缝受弯 受剪		1.15 1.10 1.00 1.00	0.20 0.20 0.22 0.24
木材	轴心受拉 轴心受压 受弯 顺纹受剪		1.48 1.28 1.47 1.32	0.32 0.22 0.25 0.22

8.3 结构构件几何参数的不定性

结构构件几何参数指构件截面的几何特征，如高度、宽度、面积、惯性矩、抵抗矩等，以及结构构件的长度、跨度等。由于制作和安装方面的原因，结构构件的尺寸会出现偏差，制作安装后的实际结构与设计中预期的构件几何特征会有差异，这种差异为构件几何参数不定性。

结构构件几何参数的不定性可用随机变量 X_A 表达

$$X_A = \frac{a}{a_k} \tag{8-10}$$

式中 a——结构构件几何参数的实际值；

a_k——结构构件几何参数的标准值，一般取为设计值。

X_A 的统计参数为

$$\mu_{X_A} = \frac{\mu_a}{a_k} \tag{8-11}$$

$$\delta_{X_A} = \delta_a \tag{8-12}$$

式中 μ_a——结构构件几何参数的平均值；

δ_a——结构构件几何参数的变异系数。

结构构件几何参数的统计参数，可根据正常生产情况下结构构件几何尺寸的实测数据，经统计分析得到。表 8-2 是我国通过大量实测得到的各类结构构件几何特征 X_A 的统计参数。

各类结构构件几何特征 X_A 的统计参数　　　　　　表 8-2

结构构件种类	项目	μ_{X_A}	δ_{X_A}
型钢构件	截面面积	1.00	0.05
薄壁型钢构件	截面面积	1.00	0.05
钢筋混凝土构件	截面高度、宽度	1.00	0.02
	截面有效高度	1.00	0.03
	纵筋截面面积	1.00	0.03
	纵筋重心到截面近边距离（混凝土保护层厚度）	0.85	0.30
	箍筋平均间距	0.99	0.07
	纵筋锚固长度	1.02	0.09
砖砌体	单向尺寸（37cm）	1.00	0.02
	截面面积（37cm×37cm）	1.01	0.02
木构件	单向尺寸	0.98	0.03
	截面面积	0.96	0.06
	截面模量	0.94	0.08

【例 8-2】已知：一种钢管的外径 D 的均值 $\mu_D=30.2\text{cm}$，变异系数 $\delta_D=0.03$，壁厚 t 的均值 $\mu_t=1.25\text{cm}$，变异系数 $\delta_t=0.05$。求该钢管面积的统计参数。

【解】钢管面积的表达式为

$$A = \frac{\pi}{4}\left[D^2-(D-2t)^2\right] = \pi t(D-t)$$

则由式（8-2），钢管面积的均值为

$$\mu_A = \pi\mu_t(\mu_D-\mu_t) = \pi\times1.25\times(30.2-1.25) = 113.7\text{cm}^2$$

再由式（8-3），钢管面积的方差为

$$\sigma_A^2 = \left(\left.\frac{\partial A}{\partial t}\right|_m\right)^2\sigma_t^2 + \left(\left.\frac{\partial A}{\partial D}\right|_m\right)^2\sigma_D^2$$

因

$$\frac{\partial A}{\partial t} = \pi(D-2t)$$

$$\frac{\partial A}{\partial D} = \pi t$$

则

$$\left.\frac{\partial A}{\partial t}\right|_m = \pi(\mu_D-2\mu_t) = \pi(30.2-2\times1.25) = 87.0\text{cm}$$

$$\left.\frac{\partial A}{\partial D}\right|_m = \pi\mu_t = \pi\times1.25 = 3.9\text{cm}$$

而

$$\sigma_t = \mu_t\delta_t = 1.25\times0.05 = 0.063\text{cm}$$

$$\sigma_D = \mu_D\delta_D = 30.2\times0.03 = 0.906\text{cm}$$

因此

$$\sigma_A^2 = 87.0^2\times0.063^2 + 3.9^2\times0.906^2 = 42.5\text{cm}^4$$

钢管面积的变异系数为

$$\delta_A = \frac{\sigma_A}{\mu_A} = \frac{\sqrt{42.5}}{113.7} = 0.057$$

8.4　结构构件计算模式的不定性

结构构件计算模式的不定性主要是指抗力计算中采用的基本假定不完全符合实际或计算公式的近似等引起的变异性。例如，在结构构件计算中常采用理想弹性、理想塑性、匀质性、各向同性、平截面变形等假定，采用铰支、固支等理想边界条件来代替实际边界条件，采用线性化方法来简化分析或计算等。这些假定或简化的不准确或不精确，必然造成结构构件的计算抗力与实际抗力的差异。反映这种差异的计算模式的不定性可采用随机变量 X_p 表达

$$X_p = \frac{R_0}{R_c} \tag{8-13}$$

式中　R_0——结构构件的实际抗力值，可取试验实测值或精确计算值；

　　　R_c——按规范公式计算的结构构件抗力值，计算时应采用材料性能和几何尺寸的实际值。

通过对各类构件的 X_p 进行统计分析，可求得其平均值 μ_{X_p} 和变异系数 δ_{X_p}。表 8-3 列出了我国规范各种结构构件承载力计算模式 X_p 的统计参数。

各种结构构件承载力计算模式 X_p 的统计参数　　　　表 8-3

结构构件种类	受力状态	μ_{X_p}	δ_{X_p}
钢结构构件	轴心受拉	1.05	0.07
	轴心受压（Q235F）	1.03	0.07
	偏心受压（Q235F）	1.12	0.10
薄壁型钢结构构件	轴心受压	1.08	0.10
	偏心受压	1.14	0.11
钢筋混凝土结构构件	轴心受拉	1.00	0.04
	轴心受压	1.00	0.05
	偏心受压	1.00	0.05
	受弯	1.00	0.04
	受剪	1.00	0.15
砖结构砌体	轴心受压	1.05	0.15
	小偏心受压	1.14	0.23
	齿缝受弯	1.06	0.10
	受剪	1.02	0.13
木结构构件	轴心受拉	1.00	0.05
	轴心受压	1.00	0.05
	受弯	1.00	0.05
	顺纹受剪	0.97	0.08

【例 8-3】求钢筋混凝土梁斜压抗剪强度计算公式不精确性的统计参数。

已知：10 根梁的混凝土轴心抗压强度 f_c、截面尺寸 $b \times h_0$ 及剪跨比 $\dfrac{a}{h_0}$ 的实测值，斜压抗剪强度的实测值 Q_p^0 和计算值 Q_p 均列于表 8-4 中。Q_p 是以 f_c、b、h_0、$\dfrac{a}{h_0}$ 的实测值代入下列计算公式求得的

$$Q_p = \frac{f_c b h_0}{2.75 + 0.5\dfrac{a}{h_0}}$$

例 8-3 表　　　　　　　　　　　　　　　　表 8-4

序号	f_c^0 (N/mm²)	$b^0 \times h_0^0$ (cm²)	$\dfrac{a^0}{h_0^0}$	Q_p^0 (kN)	Q_p (kN)	$\dfrac{Q_p^0}{Q_p}$
1	33.5	7.9×18.0	0.8	12.2	15.1	0.807
2	19.4	10.1×54.9	1.0	29.9	33.1	0.903
3	25.2	7.6×55.4	1.0	29.9	32.6	0.916
4	25.0	6.6×54.5	1.0	24.9	27.7	0.900
5	19.5	5.1×54.4	1.0	16.9	16.6	1.015
6	26.6	5.1×55.1	1.5	20.0	21.4	0.936
7	26.6	5.0×54.5	1.5	27.7	207.1	1.338
8	23.0	6.2×54.8	2.0	17.5	20.8	0.840
9	28.2	5.5×45.0	2.0	18.3	18.6	0.983
10	28.2	6.1×45.2	3.0	17.3	18.3	0.946

【解】根据所列的 Q_p^0 和 Q_p 值，按公式（8-13）可求得

$$X_p = \frac{Q_p^0}{Q_p}$$

经统计分析，可得的统计参数为

$$\mu_{X_p} = 0.958$$

$$\sigma_{X_p} = 0.147$$

$$\delta_{X_p} = \frac{\sigma_{X_p}}{\mu_{X_p}} = 0.153$$

8.5　结构构件抗力的统计特征

8.5.1　结构构件抗力的统计参数

一般情况，结构构件可能由几种材料组成，考虑上述影响结构构件抗力的主要因素，其抗力可采用随机变量 R 表达

$$R = X_p R_p = X_p R(f_{c1}a_1, f_{c2}a_2, \cdots, f_{cn}a_n) \tag{8-14}$$

式中　R_p——由计算公式确定的结构构件抗力；

　$R(\cdot)$——R_p 的函数；

　f_{ci}——结构构件中第 i 种材料的构件性能；

　a_i——与第 i 种材料相应的结构构件几何参数。

将式（8-5）、式（8-10）代入式（8-14）有

$$R = X_p R(X_{m1} k_{01} f_{k1} \cdot X_{A1} a_{k1}, \cdots, X_{mn} k_{0n} f_{kn} \cdot X_{An} a_{kn}) \tag{8-15}$$

上式中，随机变量为 X_p、X_{mi} 及 X_{Ai}。则由 X_p、X_{mi}、X_{Ai} 的均值 μ_{X_p}、$\mu_{X_{mi}}$、$\mu_{X_{Ai}}$ 及均方差 $\sigma_{X_p} = \mu_{X_p} \delta_{X_p}$、$\sigma_{X_{mi}} = \mu_{X_{mi}} \delta_{X_{mi}}$、$\sigma_{X_{Ai}} = \mu_{X_{Ai}} \delta_{X_{Ai}}$ 按式（8-2）～式（8-4），可求得抗力 R 的均值 μ_R、均方差 σ_R 及变异系数 δ_R。

如果结构构件仅由单一材料构成，则抗力计算可简化为

$$R = X_p (X_m k_0 f_k)(X_A a_k) \tag{8-16}$$

则

$$\mu_R = \mu_{X_p} \mu_{X_m} \mu_{X_A} (k_0 f_k a_k) \tag{8-17}$$

令

$$R_k = k_0 f_k a_k \tag{8-18}$$

$$\eta_R = \frac{\mu_R}{R_k} = \mu_{X_p} \mu_{X_m} \mu_{X_A} \tag{8-19}$$

式中　R_k——由规范规定的材料性能值及设计几何参数计算得到的抗力标准值；

η_R——结构构件抗力的平均值与其标准值的比值。

此时抗力 R 的变异系数为

$$\delta_R = \sqrt{\delta_{X_p}^2 + \delta_{X_m}^2 + \delta_{X_A}^2} \tag{8-20}$$

【例 8-4】求 Q235F 钢轴心受拉杆件的统计参数。

已知：由表 8-1、表 8-2、表 8-3 有

$$\mu_{X_m} = 1.08, \quad \mu_{X_A} = 1.00, \quad \mu_{X_p} = 1.05$$

$$\delta_{X_m} = 0.08, \quad \delta_{X_A} = 0.05, \quad \delta_{X_p} = 0.07$$

【解】此为单一材料的构件，按式（8-19）、式（8-20）可得

$$\eta_R = 1.05 \times 1.08 \times 1.00 = 1.134$$

$$\delta_R = \sqrt{0.07^2 + 0.08^2 + 0.05^2} = 0.117$$

【例 8-5】求钢筋混凝土轴心受压构件抗力的统计参数。

已知：由表 8-1、表 8-2、表 8-3 可知

C30 混凝土　　　　　　　　　$\mu_{X_{f_c}} = 1.41$，$\delta_{f_c} = 0.19$

HRB335（20MnSi）钢筋　　　 $\mu_{X_{f_y}} = 1.14$，$\delta_{f_y} = 0.07$

截面尺寸　　　　　　　　　　$\mu_{X_h} = \mu_{X_b} = 1.0$，$\delta_h = \delta_b = 0.02$

钢筋截面面积　　　　　　　　$\mu_{X_{A_s}} = 1.0$，$\delta_{A_s} = 0.03$

计算模式　　　　　　　　　　$\mu_{X_p} = 1.0$，$\delta_p = 0.05$

材料强度和截面尺寸的标准值为

$$f_{ck} = 17.5 N/mm^2, \ f_{yk} = 340 N/mm^2, \ b_k = 30cm, \ h_k = 50cm, \ \mu = 0.015(配筋率)$$

轴心受压构件抗力的表达式为

$$R_p = f_c bh + f_y A_s$$

【解】此时为两种材料的构件，R_p 为 f_c、b、h、f_s、A_s 的函数。按式（8-2）～式（8-4）可得

$$
\begin{aligned}
\mu_{R_p} &= \mu_{f_c}\mu_b\mu_h + \mu_{f_y}\mu_{A_s} \\
&= \mu_{X_{f_c}} f_{ck}\mu_{X_b} b_k\mu_{X_h} h_k + \mu_{X_{f_y}} f_{yk}\mu_{X_{A_s}} A_s \\
&= 1.41 \times 17.5 \times 300 \times 500 + 1.14 \times 340 \times 0.015 \times 300 \times 500 \\
&= 4573.35 kN
\end{aligned}
$$

$$\sigma_{R_p}^2 = \mu_b^2\mu_h^2\sigma_{f_c}^2 + \mu_{f_c}^2\mu_h^2\sigma_b^2 + \mu_{f_c}^2\mu_b^2\sigma_h^2 + \mu_{A_s}^2\sigma_{f_y}^2 + \mu_{f_y}^2\sigma_{A_s}^2$$

令

$$
\begin{aligned}
C &= \frac{\mu_{A_s}}{\mu_b\mu_h} \cdot \frac{\mu_{f_y}}{\mu_{f_c}} = \mu\frac{\mu_{X_{f_y}} f_{yk}}{\mu_{X_{f_c}} f_{ck}} \\
&= 0.015 \times \frac{1.14 \times 340}{1.41 \times 17.5} \\
&= 0.236
\end{aligned}
$$

可得

$$
\begin{aligned}
\delta_{R_p}^2 &= \frac{\delta_{f_c}^2 + \delta_b^2 + \delta_h^2 + C^2(\delta_{f_y}^2 + \delta_{A_s}^2)}{(1+C)^2} \\
&= \frac{0.19^2 + 0.02^2 + 0.02^2 + 0.236^2 \times (0.07^2 + 0.03^2)}{(1+0.236)^2} \\
&= 0.025
\end{aligned}
$$

则

$$
\begin{aligned}
\eta_R &= \frac{\mu_R}{R_k} = \frac{\mu_{X_p}\mu_{R_p}}{f_{ck}b_k h_k + f_{yk}\mu b_k h_k} \\
&= \frac{1.0 \times 4573350}{17.5 \times 300 \times 500 + 340 \times 0.015 \times 300 \times 500} \\
&= 1.349
\end{aligned}
$$

$$\delta_R = \sqrt{\delta_{X_R}^2 + \delta_{R_p}^2} = \sqrt{0.05^2 + 0.025} = 0.166$$

按［例 8-4］、［例 8-5］的计算方式，可以求得各种材料的结构构件在不同受力情况的抗力统计参数 μ_R 和 δ_R。经过适当选择后，列于表 8-5 中。

各种结构构件抗力 R 的统计参数   表 8-5

结构构件种类	受力状态	μ_R	δ_R
钢结构构件	轴心受拉（Q235F）	1.13	0.12
	轴心受压（Q235F）	1.11	0.12
	偏心受压（Q235F）	1.21	0.15
薄壁型钢 结构构件	轴心受压（Q235F）	1.21	0.15
	偏心受压（Q345）	1.20	0.15
钢筋混凝土 结构构件	轴心受拉	1.10	0.10
	轴心受压（短柱）	1.33	0.17
	小偏心受压（短柱）	1.30	0.15
	大偏心受压（短柱）	1.16	0.13
	受弯（$\mu=0.015$）	1.13	0.10
	受剪（$\alpha_{kh}=2$）	1.24	0.19
砖结构砌体	轴心受压	1.21	0.25
	小偏心受压	1.26	0.30
	齿缝受弯	1.06	0.24
	受剪	1.02	0.27
木结构构件	轴心受拉	1.42	0.33
	轴心受压	1.23	0.23
	受弯	1.38	0.27
	顺纹受剪	1.23	0.25

8.5.2 结构构件抗力的分布类型

由式（8-14）或式（8-15）知，结构构件抗力 R 是多个随机变量的函数。即使每个随机变量的概率分布函数已知，在理论上推求抗力 R 的概率分布函数也会遇到很大的数学困难。对于实际工程问题来说，由于抗力 R 常用多个影响大小相近的随机变量相乘而得，其概率分布一般是偏态的。由概率论中的中心极限定理可证明，如果一个随机变量 Y 是由很多独立随机变量 X_1、X_2、…、X_n 的乘积构成的，即 $Y=\prod_{i=1}^{n}X_i$，则 $\ln Y=\sum_{i=1}^{n}\ln X_i$ 趋近于正态分布，而 Y 的分布则为对数正态分布。由于抗力 R 的计算模式多为 $Y=X_1X_2X_3\cdots\cdots$ 或 $Y=X_1X_2X_3+X_4X_5X_6+\cdots\cdots$ 之类的形式，因此实用上可以认为，无论 X_1、X_2、…、X_n 为何种分布，结构构件抗力 R 均近似服从对数正态分布。

第8章 结构抗力
的统计分析课件

第8章 结构抗力的
统计分析思维导图

习题

8.1　什么是结构构件的抗力？

8.2　影响结构抗力的因素有哪些？

8.3　结构构件材料性能的不定性是什么原因引起的？试举例说明。

8.4　什么是结构计算模式的不定性？如何统计？

8.5　结构构件的抗力分布可近似为何种类型？其统计参数如何计算？

8.6　是非题：

(1) 目前结构设计所用材料强度值是具有一定保证率的材料强度值。

(2) 从使用上可以认为，无论随机变量为何种分布，结构构件抗力 R 均近似服从对数正态分布。

8.7　为什么材料性能是不确定的？反映材料性能不定性的变量 K_f 如何表示？表 8-6 的一组数据中，你能得出什么结论？

结构材料的统计参数
表 8-6

结构材料种类	材料品种	受力状况	μ_{K_f}	δ_{K_f}
钢筋	HRB400	轴心受拉	1.02	0.08
混凝土	C20	轴心受压	1.66	0.23
	C30		1.45	0.19
	C40		1.35	0.16

注：C20、C30、C40 表示混凝土强度等级，这三种混凝土中，C40 的混凝土强度最高，C20 的强度最低。

第9章
结构可靠度分析

9.1 结构可靠度基本概念

9.1.1 结构的功能要求

房屋、桥梁、隧道等结构，都必须满足下列五项基本功能要求：

（1）能承受在施工和使用期间可能出现的各种作用；

（2）保持良好的使用性能；

（3）具有足够的耐久性能；

（4）当发生火灾时，在规定的时间内可保持足够的承载力；

（5）当发生爆炸、撞击、人为错误等偶然事件时，结构能保持必要的整体稳固性，不出现与起因不相称的破坏后果，防止出现结构的连续倒塌。

上述第（1）、（4）和（5）项为结构的安全性要求，第（2）项为结构的适用性要求，第（3）项为结构的耐久性要求。结构若同时满足安全性、适用性和耐久性要求，则称该结构可靠，即结构的可靠性是结构安全性、适用性和耐久性的统称。

9.1.2 结构的功能函数

一般情况下，总可以将影响结构可靠性的因素归纳为两个综合量，即结构或结构构件的荷载效应 S 和抗力 R。

令
$$Z = g(R,S) = R - S \tag{9-1}$$

由第 7 章和第 8 章的讨论知，实际工程结构的荷载效应 S 和抗力 R 均为随机变量，因此 Z 也是一个随机变量，总可能出现下列三种情况

$$Z > 0 \quad 结构可靠$$

$$Z < 0 \quad 结构失效$$

$$Z = 0 \quad 结构处于极限状态$$

由于根据 Z 值的大小，可以判断结构是否满足某一确定功能要求，因此称式（9-1）表达的 Z 为结构功能函数。而把

$$Z = R - S = 0 \tag{9-2}$$

称为结构极限状态方程。

由于荷载效应 S 和结构抗力 R 都受很多更基本的随机变量的影响（如截面几何特性、结构尺寸、材料性能等），设这些随机变量为 X_1、X_2、$\cdots$、X_n，则结构功能函数的一般形式为：

$$Z = g(X_1, X_2, \cdots, X_n) \tag{9-3}$$

9.1.3 结构极限状态

结构的极限状态是结构由可靠转变为失效的临界状态。如果整个结构或结构的一部分超过某一特定状态就不能满足设计规定的某一功能要求，则此特定状态称为该功能的极限状态。

极限状态可分为以下三类：

1. 承载能力极限状态

这种极限状态对应于结构或结构构件达到最大承载能力或不适于继续承载的变形。

当结构或结构构件出现下列状态之一时，应认定为超过了承载能力极限状态：

9.1.3 结构极限状态

（1）结构构件或连接因超过材料强度而破坏，或因过度变形而不适于继续承载；

（2）整个结构或其一部分作为刚体失去平衡；

（3）结构转变为机动体系；

（4）结构或结构构件丧失稳定；

（5）结构因局部破坏而发生连续倒塌；

（6）地基丧失承载力而破坏；

（7）结构或结构构件的疲劳破坏。

2. 正常使用极限状态

这种极限状态对应于结构或结构构件达到正常使用的某项规定限值。

当结构或结构构件出现下列状态之一时，应认定为超过了正常使用极限状态：

（1）影响正常使用或外观的变形；

（2）影响正常使用的局部损坏；

（3）影响正常使用的振动；

（4）影响正常使用的其他特定状态。

3. 耐久性极限状态

这种极限状态对应于结构或结构构件达到耐久性能的某项规定限值。

当结构或结构构件出现下列状态之一时，应认定为超过了耐久性极限状态：

（1）影响承载能力和正常使用的材料性能劣化；

（2）影响耐久性能的裂缝、变形、缺口、外观、材料削弱等；

（3）影响耐久性能的其他特定状态。

9.1.4 结构可靠度

结构可靠度是结构可靠性的概率量度。其更明确、更科学的定义是：结构在规定的时间内，在规定的条件下，完成预定功能的概率。

上述"规定的时间"，一般指结构设计基准期，目前世界上大多数国家结构的设计基准期为 50 年。由于荷载效应一般随设计基准期增长而增大，而影响结构抗力的材料性能指标则随设计基准期的增大而减小，因此结构可靠度与"规定的时间"有关，"规定的时间"越长，结构的可靠度越低。

结构可靠度定义中"规定的条件"，指正常设计、正常施工、正常使用条件，不考虑人为错误或过失因素。人为错误或过失所造成的结构失效为结构事故，应通过质量监督和加强管理予以克服。

若已知结构功能函数 Z 的概率密度分布函数 $f_Z(Z)$，则结构的可靠度 p_s 可按下式计算

$$p_s = P\{Z \geqslant 0\} = \int_0^\infty f_Z(Z)\mathrm{d}Z \tag{9-4}$$

若将结构处于失效状态的概率称为失效概率，以 p_f 表示，则

$$p_f = P\{Z < 0\} = \int_{-\infty}^0 f_Z(Z)\mathrm{d}Z \tag{9-5}$$

由于事件 $\{Z<0\}$ 与事件 $\{Z\geqslant 0\}$ 是对立的，因此结构可靠度 p_s 与结构失效概率 p_f 有下列关系

$$p_s + p_f = 1 \tag{9-6}$$

或

$$p_s = 1 - p_f \tag{9-7}$$

即由结构失效概率 p_f 可确定结构可靠度 p_s。由于结构失效一般为小概率事件，失效概率对结构可靠度的把握更为直观，因此工程结构可靠度分析一般计算结构失效概率。

若已知结构荷载效应 S 和抗力 R 的概率分布密度函数分别为 $f_S(S)$ 及 $f_R(R)$，且 S 与 R 相互独立，则

$$f_Z(Z) = f_Z(R,S) = f_R(R) \cdot f_S(S) \tag{9-8}$$

此时结构失效概率

$$p_f = P\{Z<0\} = P\{R-S<0\} = \iint\limits_{R-S<0} f_R(R)f_S(S)\mathrm{d}R\mathrm{d}S \tag{9-9}$$

上式如先对 S 积分后再对 R 积分，成为

$$
\begin{aligned}
p_f &= \int_{-\infty}^{+\infty}\left[\int_R^{+\infty}f_S(S)\mathrm{d}S\right]f_R(R)\mathrm{d}R \\
&= \int_{-\infty}^{+\infty}\left[1-\int_{-\infty}^{R}f_S(S)\mathrm{d}S\right]f_R(R)\mathrm{d}R \\
&= \int_{-\infty}^{+\infty}\left[1-F_S(R)\right]f_R(R)\mathrm{d}R \tag{9-10}
\end{aligned}
$$

如式（9-9）先对 R 积分后再对 S 积分，成为

$$
\begin{aligned}
p_f &= \int_{-\infty}^{+\infty}\left[\int_{-\infty}^{S}f_R(R)\mathrm{d}R\right]f_S(S)\mathrm{d}S \\
&= \int_{-\infty}^{+\infty}F_R(S)f_S(S)\mathrm{d}S \tag{9-11}
\end{aligned}
$$

式中　$F_R(\cdot)$、$F_S(\cdot)$—— 分别为随机变量 R 和 S 的概率分布函数。

　　由于结构抗力 R 和荷载效应 S 均为随机变量，因此绝对可靠的结构（$p_s=1$ 或 $p_f=0$）是不存在的。从概率的观点，结构设计的目标就是保障结构可靠度 p_s 足够大或失效概率 p_f 足够小，达到人们可以接受的程度。

9.1.5　可靠指标

　　假设在结构功能函数 $Z=R-S$ 中，R 和 S 为两个相互独立的正态随机变量。它们的均值和均方差分别为 μ_R、μ_S 及 σ_R、σ_S。由概率论知识，此时 Z 也为正态随机变量，其均值 μ_Z 和均方差 σ_Z 可按下列公式计算

$$\mu_Z = \mu_R - \mu_S \tag{9-12}$$

$$\sigma_Z = \sqrt{\sigma_R^2 + \sigma_S^2} \tag{9-13}$$

则结构失效概率为

$$p_f = P\{Z<0\} = P\left\{\frac{Z}{\sigma_Z}<0\right\} = P\left\{\frac{Z-\mu_Z}{\sigma_Z}<-\frac{\mu_Z}{\sigma_Z}\right\} \tag{9-14}$$

令

$$\beta = \frac{\mu_Z}{\sigma_Z} \tag{9-15}$$

$$Y = \frac{Z-\mu_Z}{\sigma_Z} \tag{9-16}$$

则

$$p_{\mathrm{f}} = P\{Y < -\beta\} = \Phi(-\beta) \tag{9-17}$$

其中，Y 为标准正态随机变量；$\Phi(\cdot)$ 为标准正态分布函数。

将式（9-15）代入式（9-14）得

$$p_{\mathrm{f}} = P\{Z < \mu_Z - \beta\sigma_Z\} \tag{9-18}$$

将式（9-18）用图形表达，如图 9-1 所示。当 β 变小时，图 9-1 中阴影部分的面积增大，亦即失效概率 p_{f} 增大；而 β 变大时，阴影部分的面积减少，亦即失效概率 p_{f} 减小。这说明 β 可以作为衡量结构可靠度的一个数量指标，故称 β 为结构可靠指标。

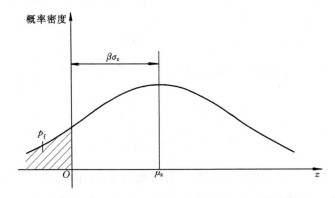

图 9-1　失效概率 p_{f} 与可靠指标 β 的关系

将式（9-12）、式（9-13）代入式（9-15）可得结构抗力 R 和荷载效应 S 均为正态随机变量时，可靠指标的表达式为

$$\beta = \frac{\mu_R - \mu_S}{\sqrt{\sigma_R^2 + \sigma_S^2}} \tag{9-19}$$

当 R、S 均为对数正态随机变量时，失效概率 p_{f} 的计算式为

$$p_{\mathrm{f}} = P\{Z < 0\} = P\{R - S < 0\} = P\{R < S\}$$

$$= P\left\{\frac{R}{S} < 1\right\} = P\left\{\ln\frac{R}{S} < \ln 1\right\}$$

$$= P\{\ln R - \ln S < 0\} \tag{9-20}$$

因 $\ln R$、$\ln S$ 均为正态随机变量，则可靠指标为

$$\beta = \frac{\mu_{\ln R} - \mu_{\ln S}}{\sqrt{\sigma_{\ln R}^2 + \sigma_{\ln S}^2}} \tag{9-21}$$

式中　$\mu_{\ln R}$、$\mu_{\ln S}$——分别为 $\ln R$ 和 $\ln S$ 的均值；

$\sigma_{\ln R}$、$\sigma_{\ln S}$——分别为 $\ln R$ 和 $\ln S$ 的均方差。

可以证明，对于对数正态随机变量 X，其对数 $\ln X$ 的统计参数与其本身的统计参数之间

的关系为

$$\mu_{\ln X} = \ln \mu_X - \frac{1}{2}\ln(1 + \delta_X^2) \tag{9-22}$$

$$\sigma_{\ln X} = \sqrt{\ln(1 + \delta_X^2)} \tag{9-23}$$

式中　δ_X——X 的变异系数。

应用式（9-22）、式（9-23）可得结构抗力 R 和荷载效应 S 均为对数正态随机变量时，可靠指标的计算式为

$$\beta = \frac{\ln \dfrac{\mu_R \sqrt{1 + \delta_S^2}}{\mu_S \sqrt{1 + \delta_R^2}}}{\sqrt{\ln[(1 + \delta_R^2)(1 + \delta_S^2)]}} \tag{9-24}$$

当结构功能函数的基本变量不为正态分布或对数正态分布时，或者结构功能函数为非线性函数时，结构可靠指标可能很难用基本变量的统计参数表达，这时要利用式（9-17），由失效概率 p_f 计算可靠指标。

$$\beta = -\Phi^{-1}(p_f) \tag{9-25}$$

式中　$\Phi^{-1}(\cdot)$——表示标准正态分布函数的反函数。

表 9-1 给出了可靠指标 β 与 p_f 的对应关系。

β 与 p_f 的数值关系

表 9-1

β	1.0	1.5	2.0	2.5
p_f	1.59×10^{-1}	6.68×10^{-2}	2.28×10^{-2}	6.21×10^{-3}
β	3.0	3.5	4.0	4.5
p_f	1.35×10^{-3}	2.33×10^{-4}	3.17×10^{-5}	3.40×10^{-6}

9.2　结构可靠度分析的实用方法

按式（9-4）、式（9-5）计算结构的可靠度或失效概率需已知结构功能函数的概率分布，当影响结构功能函数的基本随机变量较多时，实际上确定其概率分布非常困难。一般确定随机变量的统计参数（如均值、方差等）较为容易，如果仅依据基本随机量的统计参数以及它们各自的概率分布函数进行结构可靠度分析，则在工程上较为实用。以下将介绍两种结构可靠度分析的实用方法。

9.2.1 中心点法

1. 结构功能函数为线性函数情况

设结构功能函数具有如下形式

$$Z = a_0 + \sum_{i=1}^{n} a_i X_i \qquad (9\text{-}26)$$

式中　a_0、a_i（$i=1$，2，$\cdots$，n）——已知常数；

　　　　X_i——功能函数随机自变量。

由式（8-2）、式（8-3）可求得功能函数的均值和均方差分别为

$$\mu_Z = a_0 + \sum_{i=1}^{n} a_i \mu_{X_i} \qquad (9\text{-}27)$$

$$\sigma_Z = \sqrt{\sum_{i=1}^{n} (a_i \sigma_{X_i})^2} \qquad (9\text{-}28)$$

式中　μ_{X_i}、σ_{X_i}——X_i 的均值和均方差。

根据概率论中心极限定理，Z 的分布将随功能函数中自变量数 n 的增加而渐进于正态分布，因此当 n 较大时，可采用下式近似计算可靠指标：

$$\beta = \frac{\mu_Z}{\sigma_Z} = \frac{a_0 + \sum\limits_{i=1}^{n} a_i \mu_{X_i}}{\sqrt{\sum\limits_{i=1}^{n} (a_i \sigma_{X_i})^2}} \qquad (9\text{-}29)$$

而结构的失效概率按式（9-17）计算。

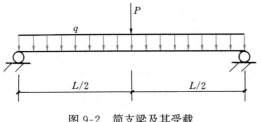

图 9-2　简支梁及其受载

【例 9-1】一简支梁，如图 9-2 所示。其中 P 为跨中集中荷载，q 为均布荷载，L 为梁跨度。则该梁的承载功能函数为

$$Z = M - \left(\frac{1}{4}PL + \frac{1}{8}qL^2 \right)$$

已知：$\mu_P = 10\text{kN}$，$\mu_q = 2\text{kN/m}$，$\mu_M = 18\text{kN} \cdot \text{m}$；$\delta_P = 0.10$，$\delta_q = 0.15$，$\delta_M = 0.05$。$L$ 为常数，$L = 4\text{m}$。采用中心点法计算可靠指标。

【解】$\mu_Z = \mu_M - \dfrac{L}{4}\mu_P - \dfrac{1}{8}L^2\mu_q = 18 - \dfrac{4}{4} \times 10 - \dfrac{1}{8} \times 4^2 \times 2 = 4\text{kN} \cdot \text{m}$

$$\sigma_P = \mu_P \delta_P = 10 \times 0.10 = 1.0\text{kN}$$

$$\sigma_q = \mu_q \delta_q = 2 \times 0.15 = 0.3\text{kN/m}$$

$$\sigma_M = \mu_M \delta_M = 18 \times 0.05 = 0.90\text{kN} \cdot \text{m}$$

$$\sigma_Z = \sqrt{\sigma_M^2 + \left(\frac{L}{4} \right)^2 \sigma_P^2 + \left(\frac{L^2}{8} \right)^2 \sigma_q^2}$$

$$= \sqrt{0.90^2 + \left(\frac{4}{4}\right)^2 \times 1.0^2 + \left(\frac{4^2}{8}\right)^2 \times 0.3^2}$$

$$= 1.473$$

由此计算可靠指标

$$\beta = \frac{\mu_Z}{\sigma_Z} = \frac{4}{1.473} = 2.715$$

2. 结构功能函数为非线性函数情况

一般情况下，结构功能函数为非线性函数，设

$$Z = g(X_1, X_2, \cdots, X_n) \tag{9-30}$$

Z 在某点上可按泰勒级数展开。中心点法就是在各个变量的均值点（即中心点）处将 Z 展开成泰勒级数，并仅取线性项，即

$$Z \approx g(\mu_{X_1}, \mu_{X_2}, \cdots, \mu_{X_n}) + \sum_{i=1}^{n} \frac{\partial g}{\partial X_i}\bigg|_{\mu_X} (X_i - \mu_{X_i}) \tag{9-31}$$

上式中，下标 μ_X 表示在各变量的均值点处赋值。

这样功能函数 Z 的均值和均方差近似为

$$\mu_Z \approx g(\mu_{X_1}, \mu_{X_2}, \cdots, \mu_{X_n}) \tag{9-32a}$$

$$\sigma_Z \approx \sqrt{\sum_{i=1}^{n} \left(\frac{\partial g}{\partial X_i}\bigg|_{\mu_X} \sigma_{X_i}\right)^2} \tag{9-32b}$$

由此可计算可靠指标

$$\beta = \frac{\mu_Z}{\sigma_Z} = \frac{g(\mu_{X_1}, \mu_{X_2}, \cdots, \mu_{X_n})}{\sqrt{\sum_{i=1}^{n} \left(\frac{\partial g}{\partial X_i}\bigg|_{\mu_X} \sigma_{X_i}\right)^2}} \tag{9-33}$$

【例 9-2】 一简支梁同 [例 9-1]。此时梁的承载功能函数为

$$Z = W_p f - \frac{1}{4} PL - \frac{1}{8} qL^2$$

已知：$\mu_{W_p} = 0.9 \times 10^{-4} \mathrm{m}^3$，$\mu_f = 20 \times 10^4 \mathrm{kN/m}$；$\delta_{W_p} = 0.04$，$\delta_f = 0.05$。$P$、$q$ 的统计参数同 [例 9-1]。此时 L 为随机量，$\mu_L = 4\mathrm{m}$，$\delta_L = 0.05$。

采用中心点法计算可靠指标 β。

【解】

$$\mu_z = \mu_{W_p} \mu_f - \frac{1}{4} \mu_P \mu_L - \frac{1}{8} \mu_q \mu_L^2$$

$$= 0.9 \times 20 - \frac{1}{4} \times 10 \times 4 - \frac{1}{8} \times 2 \times 4^2 = 4\mathrm{kN} \cdot \mathrm{m}$$

$$\sigma_{W_p} = \mu_{W_p} \delta_{W_p} = 0.036 \times 10^{-4} \mathrm{m}^3$$

$$\sigma_f = \mu_f \delta_f = 1 \times 10^4 \mathrm{kN/m}$$

$$\sigma_L = \mu_L \delta_L = 0.2\mathrm{m}$$

$$\sigma_P = 1.0\text{kN}$$

$$\sigma_q = 0.3\text{kN/m}$$

$$\frac{\partial g}{\partial W_p}\bigg|_{\mu_x} = \mu_f = 20 \times 10^4 \text{kN/m}^2$$

$$\frac{\partial g}{\partial f}\bigg|_{\mu_x} = \mu_{W_p} = 0.9 \times 10^{-4}\text{m}^3$$

$$\frac{\partial g}{\partial P}\bigg|_{\mu_x} = -\frac{1}{4}\mu_L = -1.0\text{m}$$

$$\frac{\partial g}{\partial q}\bigg|_{\mu_x} = -\frac{1}{8}\mu_L^2 = -2.0\text{m}^2$$

$$\frac{\partial g}{\partial L}\bigg|_{\mu_x} = -\frac{1}{4}\mu_P - \frac{1}{4}\mu_q\mu_L = -4.5\text{kN}$$

则

$$\sigma_Z = \sqrt{\left(\frac{\partial g}{\partial W_p}\bigg|_{\mu_x}\sigma_{W_p}\right)^2 + \left(\frac{\partial g}{\partial f}\bigg|_{\mu_x}\sigma_f\right)^2 + \left(\frac{\partial g}{\partial P}\bigg|_{\mu_x}\sigma_P\right)^2 + \left(\frac{\partial g}{\partial q}\bigg|_{\mu_x}\sigma_q\right)^2 + \left(\frac{\partial g}{\partial L}\bigg|_{\mu_x}\sigma_L\right)^2}$$

$$= \sqrt{(20\times10^4\times0.036\times10^{-4})^2 + (0.9\times10^{-4}\times1\times10^4)^2 + (-1.0\times1.0)^2 + (-2.0\times0.3)^2 + (4.5\times0.2)^2}$$

$$= 1.87$$

则可靠指标为

$$\beta = \frac{\mu_Z}{\sigma_Z} = \frac{4}{1.87} = 2.139$$

3. 可靠指标 β 的几何意义

当结构的功能函数为线性函数式（9-26）时，结构的极限状态方程为

$$\sum_{i=1}^{n} a_i X_i + a_0 = 0 \tag{9-34}$$

引入标准化变量

$$\hat{X}_i = \frac{X_i - \mu_{X_i}}{\sigma_{X_i}} \tag{9-35}$$

则

$$X_i = \sigma_{X_i}\hat{X}_i + \mu_{X_i} \tag{9-36}$$

将式（9-36）代入极限状态方程（9-34）得

$$\sum_{i=1}^{n} a_i\sigma_{X_i}\hat{X}_i + \left(\sum_{i=1}^{n} a_i\mu_{X_i} + a_0\right) = 0 \tag{9-37}$$

或

$$-\frac{\text{sign}\left(\sum_{i=1}^{n} a_i\mu_{X_i} + a_0\right)\sum_{i=1}^{n} a_i\sigma_{X_i}\hat{X}_i}{\left(\sum_{i=1}^{n} a_i^2\sigma_{X_i}^2\right)^{1/2}} - \frac{\left|\sum_{i=1}^{n} a_i\mu_{X_i} + a_0\right|}{\left(\sum_{i=1}^{n} a_i^2\sigma_{X_i}^2\right)^{1/2}} = 0 \tag{9-38}$$

式中，$\mathrm{sign}(\cdot)$ 为符号函数。若 $y>0$，则 $\mathrm{sign}(y)=1$；若 $y<0$，则 $\mathrm{sign}(y)=-1$；若 $y=0$，则 $\mathrm{sign}(y)=0$。

　　将式（9-38）与线性方程标准形式比较得

$$\sum_{i=1}^{n} \hat{X}_i \cos\theta_{X_i} - d = 0 \qquad (9\text{-}39)$$

则

$$\cos\theta_{X_i} = -\mathrm{sign}\left(\sum_{i=1}^{n} a_i \mu_{X_i} + a_0\right) \frac{a_i \sigma_{X_i}}{\left(\sum_{i=1}^{n} a_i^2 \sigma_{X_i}^2\right)^{1/2}} \qquad (9\text{-}40)$$

$$d = \frac{\left|\sum_{i=1}^{n} a_i \mu_{X_i} + a_0\right|}{\left(\sum_{i=1}^{n} a_i^2 \sigma_{X_i}^2\right)^{1/2}} \qquad (9\text{-}41)$$

由标准线性方程（9-39）的几何意义知

$$N_0 = \left[\cos\theta_{X_1}, \cos\theta_{X_2}, \cdots, \cos\theta_{X_n}\right]^{\mathrm{T}} \qquad (9\text{-}42)$$

为方程所代表线性曲面的单位法线向量，d 为坐标原点到该线性曲面的距离。显然，$d \geqslant 0$。

将式（9-29）与式（9-41）比较知

$$d = |\beta| \qquad (9\text{-}43)$$

　　由此得出结论 I：当 $X = [X_1，X_2，\cdots，X_n]^{\mathrm{T}}$ 为独立正态随机向量时，且极限状态曲面为线性曲面，则在其标准化空间中，原点到极限状态曲面的距离为可靠指标的绝对值。

　　图 9-3 表示了当随机向量 X 为二维向量时，线性极限状态曲面情况下 β 的几何意义。

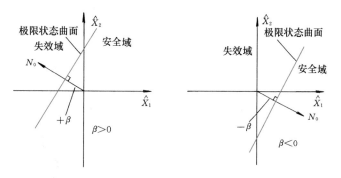

图 9-3　线性极限状态方程情况 β 的几何意义

　　当结构的功能函数为非线性函数时，则极限状态方程

$$g(X) = g(X_1, X_2, \cdots, X_n) = 0 \qquad (9\text{-}44)$$

为非线性曲面。此时在 $g(X) = 0$ 上取一点 X_0，作过 X_0 点 $g(X) = 0$ 的切面 $R(X) = 0$，即

$$R(X) = g(X_0) + \sum_{i=1}^{n} (X_i - X_{0i}) \left.\frac{\partial g}{\partial X_i}\right|_{X_0} = 0 \qquad (9\text{-}45)$$

同样将式（9-36）代入式（9-45）得

$$\sum_{i=1}^{n} \frac{\partial g}{\partial X_i}\Big|_{X_0} \sigma_{X_i} \hat{X}_i + \left[g(X_0) + \sum_{i=1}^{n} (\mu_{X_i} - \mu_{X_{0i}}) \frac{\partial g}{\partial X_i}\Big|_{X_0} \right] = 0 \qquad (9-46)$$

如将 X_0 点取为均值点 μ_X，即

$$X_0 = \mu_X = [\mu_{X_1}, \mu_{X_2}, \cdots, \mu_{X_n}]^T \qquad (9-47)$$

则式（9-46）成为

$$\sum_{i=1}^{n} \frac{\partial g}{\partial X_i}\Big|_{X_0} \sigma_{X_i} \hat{X}_i + [g(\mu_X)] = 0 \qquad (9-48)$$

将上式转化为标准线性方程式（9-39），此时

$$\cos\theta_{X_i} = \text{sign}[g(\mu_X)] \frac{\frac{\partial g}{\partial X_i}\Big|_{\mu_X} \sigma_{X_i}}{\left[\sum_{i=1}^{n} \left(\frac{\partial g}{\partial X_i}\Big|_{\mu_X} \sigma_{X_i} \right)^2 \right]^{1/2}} \qquad (9-49)$$

$$d = \frac{g(\mu_X)}{\left[\sum_{i=1}^{n} \left(\frac{\partial g}{\partial X_i}\Big|_{\mu_X} \sigma_{X_i} \right)^2 \right]^{1/2}} \qquad (9-50)$$

将式（9-50）与式（9-33）比较，同样得出

$$d = |\beta| \qquad (9-51)$$

由此得出结论Ⅱ：当 $X = [X_1, X_2, \cdots, X_n]^T$ 为独立正态随机向量时，可靠指标 β 的绝对值近似等于在标准化空间中原点到过极限状态非线性曲面上某点（常取为均值点）切面的距离。

图 9-4 表示了当随机向量 X 为二维向量时，非线性极限状态曲面情况下 β 的几何意义。

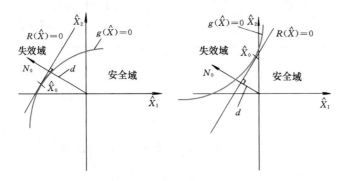

图 9-4　非线性极限状态方程情况 β 的几何意义

当在标准化空间 $\hat{X} = [\hat{X}_1, \hat{X}_2, \cdots, \hat{X}_n]^T$ 中极限状态方程 $g(\hat{X}) = 0$ 为单曲曲面时（曲面不改变弯曲方向，即 $\frac{\partial^2 g}{\partial X_i^2}$ 不改变符号），如果 $g(\hat{X}) = 0$ 为凹面（如图 9-5a 所示），则极限状态

方程线性化带来的结构失效概率计算的误差为

$$\Delta p_{\mathrm{f}} = \int_{g(\hat{X}')\leqslant 0} f(\hat{X}')\mathrm{d}\hat{X}' - \int_{R(\hat{X}')\leqslant 0} f(\hat{X}')\mathrm{d}\hat{X}' = p_{\mathrm{f}} - \Phi(-d) \tag{9-52}$$

为了减小 $|\Delta p_{\mathrm{f}}|$，需增大 $\Phi(-d)$，即减小 d，由此

$$\Delta p_{\mathrm{fmin}} = p_{\mathrm{f}} - \Phi(-d_{\mathrm{min}}) \tag{9-53}$$

如图 9-5（a）所示，可以证明

$$d_{\mathrm{min}} = D_{\mathrm{min}} \tag{9-54}$$

式中　　D_{min}——原点到 $g(\hat{X}) = 0$ 的最短距离。

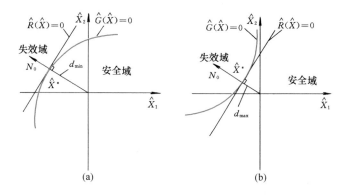

图 9-5　标准化空间中原点到极限状态曲面的最短距离

如果 $g(\hat{X}) = 0$ 为凸面，如图 9-5(b) 所示，则

$$\Delta p_{\mathrm{f}} = \int_{g(\hat{X}')\leqslant 0} f(\hat{X}')\mathrm{d}\hat{X}' - \int_{R(\hat{X}')\leqslant 0} f(\hat{X}')\mathrm{d}\hat{X}' = p_{\mathrm{f}} - \Phi(-d) < 0 \tag{9-55}$$

为了减小 $|\Delta p_{\mathrm{f}}|$，需减小 $\Phi(-d)$，即增大 d，由此

$$\Delta p_{\mathrm{fmin}} = p_{\mathrm{f}} - \Phi(-d_{\mathrm{max}}) \tag{9-56}$$

如图 9-5（b）所示，可以证明

$$d_{\mathrm{max}} = D_{\mathrm{min}} \tag{9-57}$$

从式（9-53）、式（9-54）、式（9-56）、式（9-57）得

$$p_{\mathrm{f}} = \Phi(-D_{\mathrm{min}}) + \Delta P_{\mathrm{fmin}} \tag{9-58}$$

或

$$p_{\mathrm{f}} \approx \Phi(-D_{\mathrm{min}}) \tag{9-59}$$

由此得出结论Ⅲ：当 $X = [X_1, X_2, \cdots, X_n]^{\mathrm{T}}$ 为独立正态随机向量时，且在 X 的标准化空间中极限状态曲面为单曲曲面，则用原点到极限状态曲面的最短距离代替可靠指标所产生的误差最小。

4. 中心点法的优缺点

中心点法最大的优点是计算简便，所得到的用以度量结构可靠程度的可靠指标 β 具有明确的物理概念与几何意义。

然而中心点法尚存在如下问题：

(1) 该方法没有考虑有关基本变量分布类型的信息，因中心点法建立在正态分布变量基础上，当实际的变量分布不同于正态分布时，其可靠度（或失效概率）的计算结果必将不同，因而可靠指标的计算结果会有误差。

(2) 当功能函数为非线性函数时，因该方法在中心点处取线性近似，由此得到的可靠指标 β 将是近似的，其近似程度取决于线性近似的极限状态曲面与真正的极限状态曲面之间的差异程度。一般来说，中心点离极限状态曲面的距离越近，则差别越小。然而出于结构可靠性的要求，中心点一般总离开极限状态曲面有相当的距离，因此对于非线性功能函数问题 β 的计算误差很难避免。

9.2.2 验算点法

作为对中心点法的改进，验算点法主要有两个特点：

(1) 当极限状态方程 $g(X) = 0$ 为非线性曲面时，不以通过中心点的切平面作为线性近似，而以通过 $g(X) = 0$ 上的某一点 $X^* = [X_1^*, X_2^*, \cdots, X_n^*]^T$ 的切平面作为线性近似，以减小中心点法的误差。

(2) 当基本变量 X_i 具有分布类型的信息时，将 X_i 的分布在 X_i^* 处变换为当量正态分布，以考虑变量分布对可靠度（可靠指标）计算结果的影响。

这个特定的 X^* 称为验算点或设计点。

设功能函数

$$Z = g(X) = g(X_1, X_2, \cdots, X_n)$$

按

$$\hat{X}_i = \frac{X_i - \mu_{X_i}}{\sigma_{X_i}}$$

将 X 空间变换到 $\hat{X}$ 空间，得

$$\hat{Z} = \hat{g}(\hat{g}) = \hat{g}(\hat{X}_1, \hat{X}_2, \cdots, \hat{X}_n)$$

在 $\hat{X}$ 空间中，容易写出通过验算点 $\hat{X}^* = [\hat{X}_1^*, \hat{X}_2^*, \cdots, \hat{X}_n^*]^T$ 在曲面 $\hat{Z} = 0$ 上的切平面方程为

$$\hat{g}(\hat{X}_1^*, \hat{X}_2^*, \cdots, \hat{X}_n^*) + \sum_{i=1}^{n} \frac{\partial \hat{g}}{\partial \hat{X}_i} \bigg|_{\hat{X}^*} (\hat{X}_i - \hat{X}_i^*) = 0 \qquad (9\text{-}60)$$

由于 $\hat{X}^*$ 是 $\hat{Z} = 0$ 上的一点，因此

$$\hat{g}(\hat{X}_1^*, \hat{X}_2^*, \cdots, \hat{X}_n^*) = 0 \tag{9-61}$$

则切平面方程简化为

$$\sum_{i=1}^{n} \frac{\partial \hat{g}}{\partial \hat{X}_i} \Big|_{\hat{X}^*} (\hat{X}_i - \hat{X}_i^*) = 0 \tag{9-62}$$

从原点到式（9-62）所代表切平面的距离为可靠指标 β。因此

$$\beta = \frac{-\sum_{i=1}^{n} \dfrac{\partial \hat{g}}{\partial \hat{X}_i} \Big|_{\hat{X}^*} \hat{X}_i^*}{\sqrt{\sum_{i=1}^{n} \left(\dfrac{\partial \hat{g}}{\partial \hat{X}_i} \Big|_{\hat{X}^*} \right)^2}} \tag{9-63}$$

令

$$\alpha_i = \frac{-\dfrac{\partial \hat{g}}{\partial \hat{X}_i} \Big|_{\hat{X}^*}}{\sqrt{\sum_{i=1}^{n} \left(\dfrac{\partial \hat{g}}{\partial \hat{X}_i} \Big|_{\hat{X}^*} \right)^2}} \tag{9-64}$$

可以证明，实际上 α_i 就是原点到验算点 $\hat{X}^*$ 的方向余弦。从而可得

$$\hat{X}_i^* = \alpha_i \beta \tag{9-65}$$

变回 X 空间可得

$$X_i^* = \mu_{X_i} + \alpha_i \beta \sigma_{X_i} \tag{9-66}$$

因

$$\frac{\partial \hat{g}}{\partial \hat{X}_i} \Big|_{\hat{X}^*} = \frac{\partial g}{\partial X_i} \Big|_{X^*} \sigma_{X_i} \tag{9-67}$$

将式（9-67）代入式（9-64），得

$$\alpha_i = \frac{-\dfrac{\partial g}{\partial X_i} \Big|_{X^*} \sigma_{X_i}}{\left[\sum_{i=1}^{n} \left(\dfrac{\partial g}{\partial X_i} \Big|_{X^*} \sigma_{X_i} \right)^2 \right]^{1/2}} \tag{9-68}$$

此外，

$$g(X_1^*, X_2^*, \cdots, X_n^*) = 0 \tag{9-69}$$

式（9-66）、式（9-68）、式（9-69）有 $2n+1$ 个方程，可解得 X_i^*, $\alpha_i (i = 1, 2, \cdots, n)$ 及 β 共

$2n+1$ 个未知数。但由于一般 $g(\cdot)$ 为非线性函数,则通常采用逐次迭代法解上述方程组。

上述可靠指标 β 的计算方法适合结构功能函数的基本变量均为正态分布情况。当其中任一变量 X_i 为非正态分布时,可在验算点 X_i^* 处,根据它的概率分布函数 $F_i(X)$ 和概率密度函数 $f_i(X)$ 与正态变量 X'_i 等价的条件(图9-6),变换为当量正态变量 X'_i,并确定其均值 $\mu_{X'_i}$ 和均方差 $\sigma_{X'_i}$。

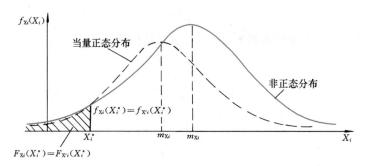

图 9-6 当量正态化条件

由在验算点上概率分布函数相等的条件

$$F_i(X_i^*) = \Phi\left(\frac{X_i^* - \mu_{X'_i}}{\sigma_{X'_i}}\right) \tag{9-70}$$

得出

$$\mu_{X'_i} = X_i^* - \Phi^{-1}[F_i(X_i^*)]\sigma_{X'_i} \tag{9-71}$$

由在验算点上概率密度函数相等的条件

$$f_i(X_i^*) = \frac{1}{\sigma_{X'_i}}\varphi\left(\frac{X_i^* - \mu_{X'_i}}{\sigma_{X'_i}}\right) \tag{9-72}$$

可得

$$\sigma_{X'_i} = \varphi\left(\frac{X_i^* - \mu_{X'_i}}{\sigma_{X'_i}}\right)\bigg/ f_i(X_i^*) = \varphi\left\{\Phi^{-1}[F_i(X_i^*)]\right\}/f_i(X_i^*) \tag{9-73}$$

式中 $\Phi(\cdot)$、$\Phi^{-1}(\cdot)$—— 分别为标准正态分布函数和它的反函数;

$\varphi(\cdot)$—— 标准正态分布密度函数。

综上所述,按验算点法,X_i^* 和 β 可逐次迭代,依照下列步骤进行计算:

(1)列出极限状态方程 $g(X_1, X_2, \cdots, X_n) = 0$,并确定所有基本变量 X_i 的分布类型和统计参数 μ_{X_i} 及 σ_{X_i};

(2)假定 X_i^* 和 β 的初值,一般取 X_i^* 的初值等于 X_i 的均值;

(3)对于非正态变量 X_i,在验算点处按式(9-73)和式(9-71)计算当量正态变量的均方差 $\sigma_{X'_i}$ 和均值 $\mu_{X'_i}$,并分别代替原来变量的均方差 σ_{X_i} 和均值 μ_{X_i};

（4）求方向余弦：

$$\alpha_i = -\frac{\left.\dfrac{\partial g}{\partial X_i}\right|_{X^*}\sigma_{X_i}}{\left[\sum_{i=1}^{n}\left(\left.\dfrac{\partial g}{\partial X_i}\right|_{X^*}\sigma_{X_i}\right)^2\right]^{1/2}}$$

（5）按公式 $g(\mu_{X_1}+\alpha_1\beta\sigma_{X_1},\mu_{X_2}+\alpha_2\beta\sigma_{X_2},\cdots,\mu_{X_n}+\alpha_n\beta\sigma_{X_n})=0$，求解 β；

（6）计算 X_i^* 的新值：

$$X_i^* = \mu_{X_i}+\alpha_i\beta\sigma_{X_i}$$

重复步骤（3）～（6），直到前后两次计算所得的值相对差值不超过容许限值。

【例 9-3】假定钢梁承受确定性的弯矩 $M=128.8\text{kN}\cdot\text{m}$，钢梁截面的塑性抵抗矩 W 和屈服强度 f 都是随机变量，已知分布类型和统计参数为

抵抗矩 W：正态分布，$\mu_W=884.9\times10^{-6}\text{m}^3$，$\delta_W=0.05$

屈服强度 f：对数正态分布，$\mu_f=262\text{N/mm}^2$，$\delta_f=0.10$

用验算点法求解该梁可靠指标。

【解】对于对数正态随机变量 f 有

$$F_f(f^*) = \Phi\left(\frac{\ln f^* - \mu_{\ln f}}{\sigma_{\ln f}}\right)$$

$$f_f(f^*) = \frac{1}{f^*\sigma_{\ln f}}\varphi\left(\frac{\ln f^* - \mu_{\ln f}}{\sigma_{\ln f}}\right)$$

由式（9-73）得

$$\sigma_{f'} = f^*\sigma_{\ln f} = f^*\sqrt{\ln(1+\delta_f^2)}$$

由式（9-71）得

$$\begin{aligned}
\mu_{f'} &= f^* - \frac{\ln f^* - \mu_{\ln f}}{\sigma_{\ln f}}\sigma_{f'}\\
&= f^*(1-\ln f^* + \mu_{\ln f})\\
&= f^*\left(1-\ln f^* + \ln\frac{\mu_f}{\sqrt{1+\delta_f^2}}\right)
\end{aligned}$$

该梁的极限状态方程为

$$Z = M - Wf = 0$$

采用逐次迭代求解，取 β 的初值为 0，相应的验算点初始位置为 (μ_f,μ_W)，迭代求解过程见

表 9-2。

β 的迭代求解过程

表 9-2

No.	X_i	β	X_i^*	σ_{X_i}	μ_{X_i}	α_i	β	$\Delta\beta$
1	f	0	262.00×10^6	26.13×10^6	260.70×10^6	-0.895	4.269	4.269
	w		884.90×10^{-6}	44.25×10^{-6}	884.90×10^{-6}	-0.446		
2	f	4.269	160.86×10^6	16.05×10^6	238.53×10^6	-0.803	5.161	0.892
	w		800.66×10^{-6}	44.25×10^{-6}	884.90×10^{-6}	-0.596		
3	f	5.161	172.01×10^6	17.16×10^6	243.54×10^6	-0.816	5.169	0.008
	w		748.80×10^{-6}	44.25×10^{-6}	884.90×10^{-6}	-0.579		

9.3 随机变量间的相关性对结构可靠度的影响

9.2 节中所讨论的结构可靠度计算方法,是以结构功能函数中各基本变量间相互独立为条件的。但实际上,影响工程结构可靠性的各随机变量间有可能相关,如地震作用效应与重力荷载效应之间、结构构件截面尺寸与构件材料强度之间等,就有一定的相关性。因此有必要考虑随机变量相关性对结构可靠度的影响。

设结构功能函数为

$$Z = g(X_1, X_2, \cdots, X_n)$$

采用式(9-31)对 Z 进行线性近似,并设随机变量 X_i 和 X_j 间的相关系数为 ρ_{ij}(当 $i \neq j$ 时,$|\rho_{ij}| \leqslant 1$;当 $i = j$ 时,$\rho_{ij} = 1$),则可按下式近似计算结构可靠指标

$$\beta \approx \frac{\mu_z}{\sigma_z} = \frac{g(\mu_{X_1}, \mu_{X_2}, \cdots, \mu_{X_n})}{\sqrt{\sum_{i=1}^{n}\sum_{j=1}^{n}\left(\frac{\partial g}{\partial x_i}\bigg|_{x=\mu} \frac{\partial g}{\partial x_j}\bigg|_{x=\mu} \rho_{ij}\sigma_{x_i}\sigma_{x_j}\right)}} \tag{9-74}$$

可以证明,当 $g(\cdot)$ 为线性式,且各随机变量 X_i 均为正态变量时,式(9-74)表达式的可靠指标为精确式,否则只为近似计算公式。

【例 9-4】 已知结构功能函数为

$$g(x) = X_1 - X_2$$

X_1、X_2 均为正态随机变量,X_1 与 X_2 相关,设相关函数为 ρ,则由式(9-74)

$$\beta = \frac{\mu_1 - \mu_2}{\sqrt{\sigma_1^2 + \sigma_2^2 - 2\rho\sigma_1\sigma_2}}$$

给定参数

$$\mu_1 = 2, \ \mu_2 = 1, \ \sigma_1 = 0.24, \ \sigma_2 = 0.15$$

则由不同的 ρ 值得到的结构可靠指标（精确值）如表 9-3 所示。

两个相关变量线性极限状态方程可靠指标计算结果　　　　　　　　表 9-3

ρ	0.9	0.45	0.1	0	-0.1	-0.45	-0.9
β	8.085	4.579	3.704	3.533	3.384	2.981	2.627

若其他条件不变，仅将极限状态方程改为

$$g(x) = 4 + x_1^2 - x_2^3 = 0$$

则结构可靠指标的近似计算式为

$$\beta = \frac{4 + \mu_1^2 - \mu_2^3}{\sqrt{4\mu_1^2\sigma_1^2 + 9\mu_2^4\sigma_2^2 - 12\rho\mu_1\mu_2^2\sigma_1\sigma_2}}$$

此时，结构可靠指标（近似值）与 ρ 值的关系如表 9-4 所示。

两个相关变量非线性极限状态方程可靠指标计算结果　　　　　　表 9-4

ρ	0.9	0.45	0.1	0	-0.1	-0.45	-0.9
β	11.891	8.163	6.872	6.602	6.362	5.691	5.076

从上述算例可知，结构功能函数中随机变量间的相关性对结构可靠度有较大影响。

9.4　结构体系的可靠度

9.2、9.3 节介绍的是结构构件（包括连接）的可靠度计算问题。但对于结构功能来说，整体结构的失效分析对结构的可靠性设计可能更具有意义。由于整体结构的失效总是由结构构件的失效引起的，因此由结构各构件的失效概率估算整体结构的失效概率成为结构体系可靠度分析的主要研究内容。然而，由于结构的复杂性，至今尚未得到令人满意的结构体系可靠度分析的一般方法。以下仅介绍结构体系可靠度问题的基本概念与基本分析方法。

9.4.1　基本概念

1. 结构构件的失效性质

构成整个结构的诸构件（连接也看成特殊构件），由于其材料和受力性质的不同，可以分成脆性和延性两类构件。

脆性构件是指一旦失效立即完全丧失功能的构件。例如，钢筋混凝土受压柱一旦破坏，即丧失承载力。

延性构件是指失效后仍能维持原有功能的构件。例如,采用具有明显屈服平台的钢材制成的受拉构件或受弯构件受力达到屈服承载力,仍能保持该承载力而继续变形。

构件失效的性质不同,其对结构体系可靠度的影响也将不同。

2. 结构体系的失效模型

结构由各个构件组成,由于组成结构的方式不同以及构件的失效性质不同,构件失效引起结构失效的方式将具有各自的特殊性。但如果将结构体系失效的各种方式模型化后,总可以归并为三种基本形式,即:串联模型、并联模型和串-并联模型。

(1) 串联模型

若结构中任一构件失效,则整个结构也失效,具有这种逻辑关系的结构系统可用串联模型表示。

所有的静定结构的失效分析均可采用串联模型。图 9-7 是一静定桁架,其中每个杆件均可看成串联系统的一个元件,只要其中一个元件失效,整个系统就失效。对于静定结构,其构件是脆性的还是延性的,对结构体系的可靠度没有影响。

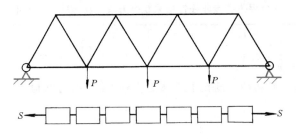

图 9-7　静定桁架与串联模型

(2) 并联模型

若结构中有一个或一个以上的构件失效,剩余的构件或与失效的延性构件,仍能维持整体结构的功能,则这类结构系统为并联系统。

超静定结构的失效可用并联模型表示。图 9-8 是一个多跨的排架结构,每个柱子都可以看成是并联系统的一个元件,只有当所有柱子均失效后,该结构体系失效。图 9-9 是一个两端固定的刚梁,只有当梁两端和跨中形成了塑性铰(塑性铰截面当作一个元件),整个梁方失效。

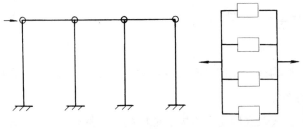

图 9-8　排架结构与并联模型

对于并联系统，元件的脆性或延性性
质将影响系统的可靠度及其计算模型。脆
性元件在失效后将逐个从系统中退出工
作，因此在计算系统的可靠度时，要考虑
元件的失效顺序。而延性元件在其失效后
仍将在系统中维持原有的功能，因此只要
考虑系统最终的失效形态。

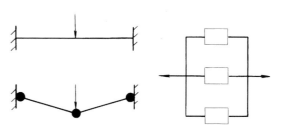

图 9-9　超静定梁与并联模型

（3）串-并联模型

在延性构件组成的超静定结构中，若结构的最终失效形态不限于一种，则这类结构系统
可用串-并联模型表示。

图 9-10 是一单层单跨钢刚架，在荷载作用下，最终形成塑性铰机构而失效。失效的形
态可能有三种，只要其中一种出现，就是结构体系失效。因此这一结构是一串并联子系统组
成的串联系统，即串-并联系统。

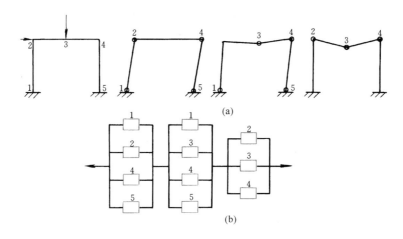

图 9-10　超静定刚架与串-并联模型

对于由脆性构件组成的超静定结构，若超静定程度不高，当其中一个构件失效而退出工
作后，其他构件失效概率大大提高，几乎不影响结构体系的可靠度，这类结构的并联子系统
可简化为一个元件，因而可按串联模型处理（参见［例 9-5］）

3. 构件间和失效形态间的相关性

构件的可靠度取决于构件的荷载效应和抗力。在同一个结构中，各构件的荷载效应来源
于同一荷载，因此，不同构件的荷载效应之间应有高度的相关性。另外，结构内的部分或全
部构件可能由同一批材料制成，因而构件的抗力之间也应有一定的相关性。可见，同一结构
中不同构件的失效有一定的相关性。

由图 9-10 可知，超静定结构不同失效形态常包含相同构件的失效，因此评价结构体系

的可靠性，还要考虑各失效形态间的相关性。

由于相关性的存在，使结构体系可靠度的分析问题变得非常复杂，这也是结构体系可靠度计算理论的难点所在。

9.4.2 结构体系可靠度的上下界

在特殊情况下，结构体系可靠度可仅利用各构件可靠度按概率论方法计算。以下记各构件的工作状态为 X_i，失效状态为 $\overline{X}_i$，各构件的失效概率为 $P_{\mathrm{f}i}$，结构系统的失效概率为 P_{f}。

1. 串联系统

对于串联系统，设系统有 n 个元件，当元件的工作状态完全独立时，则

$$P_{\mathrm{f}} = 1 - P\Big(\prod_{i=1}^{n} X_i\Big) = 1 - \prod_{i=1}^{n}(1 - P_{\mathrm{f}i}) \tag{9-75}$$

当元件的工作状态完全（正）相关时

$$P_{\mathrm{f}} = 1 - P\Big(\min_{i\in 1,n} X_i\Big) = 1 - \min_{i\in 1,n}(1 - P_{\mathrm{f}i}) = \max_{i\in 1,n} P_{\mathrm{f}i} \tag{9-76}$$

一般情况下，实际结构系统处于上述两种极端情况之间，因此，一般串联系统的失效概率也将介于上述两种极端情况的计算结果之间，即

$$\max_{i\in 1,n} P_{\mathrm{f}i} \leqslant P_{\mathrm{f}} \leqslant 1 - \prod_{i=1}^{n}(1 - P_{\mathrm{f}i}) \tag{9-77}$$

可见，对于静定结构，结构体系的可靠度总小于或等于构件的可靠度。

2. 并联系统

对于并联系统，当元件的工作状态完全独立时

$$P_{\mathrm{f}} = P\Big(\prod_{i=1}^{n} \overline{X}_i\Big) = \prod_{i=1}^{n} P_{\mathrm{f}i} \tag{9-78}$$

当元件的工作状态完全相关时

$$P_{\mathrm{f}} = P\Big(\min_{i\in 1,n} \overline{X}_i\Big) = \min_{i\in 1,n} P_{\mathrm{f}i} \tag{9-79}$$

因此，一般情况下

$$\prod_{i=1}^{n} P_{\mathrm{f}i} \leqslant P_{\mathrm{f}} \leqslant \min_{i\in 1,n} P_{\mathrm{f}i} \tag{9-80}$$

显然，对于超静定结构，当结构的失效形态唯一时，结构体系的可靠度总大于或等于构件的可靠度，而当结构的失效形态不唯一时，结构每一失效形态对应的可靠度总大于或等于构件的可靠度，而结构体系的可靠度又总小于或等于结构每一失效形态所对应的可靠度。

9.4.3 例题

【例 9-5】设由三根钢丝索构成的受力体系（图 9-11）承受荷载 S，已知每根钢丝索的拉断力 R 和荷载 S 都服从对数正态分布，其分布的统计参数各为：

拉断力 R：$\mu_R = 340\text{kN}$，$\delta_R = 0.15$

荷载 S：$\mu_S = 540\text{kN}$，　　$\delta_S = 0.25$

求体系的失效概率。

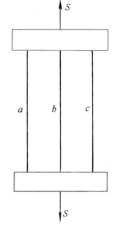

【解】由于钢丝索是脆性元件，当三根钢丝索全部拉断后，体系才算失效。

（1）三种构件级别的失效随机事件

随机事件 f1：一根钢丝索承受 $S/3$ 效应时，发生拉断的事件，其概率为 P_{f1}；

随机事件 f2：一根钢丝索承受 $S/2$ 效应时，发生拉断的事件，其概率为 P_{f2}；

随机事件 f3：一根钢丝索承受 S 效应时，发生拉断的事件，其概率为 P_{f3}。

图 9-11　受力体系图

（2）三种构件级别随机事件下的功能方程及其失效规律

随机事件 f1：$Z_{f1} = R - S/3 < 0$

随机事件 f2：$Z_{f2} = R - S/2 < 0$

随机事件 f3：$Z_{f3} = R - S < 0$

由 $\mu_{\ln X} = \ln \mu_X - 0.5\ln(1 + \delta_X^2)$ 和 $\sigma_{\ln X} = \sqrt{\ln(1 + \delta_X^2)}$

得 $P_{f1} = P(R - S/3 < 0) = \Phi(-\beta_{f1})$，其中 $\beta_{f1} = \dfrac{\mu_{\ln R} - \mu_{\ln(S/3)}}{\sqrt{\sigma_{\ln R}^2 + \sigma_{\ln(S/3)}^2}}$

故 $P_{f1} = P(R - S/3 < 0) = \Phi\left(-\dfrac{\mu_{\ln R} - \mu_{\ln(S/3)}}{\sqrt{\sigma_{\ln R}^2 + \sigma_{\ln(S/3)}^2}}\right) = \Phi(-2.276) = 0.0114$

同理 $P_{f2} = P(R - S/2 < 0) = \Phi\left(-\dfrac{\mu_{\ln R} - \mu_{\ln(S/2)}}{\sqrt{\sigma_{\ln R}^2 + \sigma_{\ln(S/2)}^2}}\right) = \Phi(-0.8674) = 0.1929$

$P_{f3} = P(R - S < 0) = \Phi\left(-\dfrac{\mu_{\ln R} - \mu_{\ln S}}{\sqrt{\sigma_{\ln R}^2 + \sigma_{\ln S}^2}}\right) = \Phi(1.5403) = 0.9383$

（3）三索并联系统

由三根抗力（R）独立同分布的拉索 a、b 和 c 构成如图 9-11 所示的受力系统。尽管各索抗力是统计独立的，但由于共同受到 S 的作用，但各索工作状态之间存在相关性，因此各索异常断索事件也就有了相关性。

（4）正常工作事件和系统失效事件

正常工作事件：

Q_1：三根钢丝索同时保持工作；

Q_2：两根钢丝索同时保持工作，只有一根断；

Q_3：只有一根钢丝索保持工作（两根断，且这两根同时断，此后第三根保持不断）；

Q_4：只有一根钢丝索保持工作（两根断，且这两根先后断，此后第三根保持不断）。

系统失效事件：

Q_5：三根钢丝索同时断；

Q_6：两根钢丝索同时断，然后一根断；

Q_7：一根钢丝索先断，然后两根同时断；

Q_8：一根钢丝索先断，然后再断一根，最后再断一根。

（5）各事件概率数值计算

$$P_1 = C_3^3 (1 - p_{f1})(1 - p_{f1})(1 - p_{f1}) = 0.966109$$

$$P_2 = C_3^1 p_{f1} (1 - p_{f1})^2 \cdot C_2^2 (1 - p_{f2})^2 = 0.021826$$

$$P_3 = C_3^2 (p_{f1})^2 (1 - p_{f1}) \cdot C_1^1 (1 - p_{f3}) = 0.000024$$

$$P_4 = C_3^1 p_{f1} (1 - p_{f1})^2 \cdot C_2^1 p_{f2} (1 - p_{f2}) \cdot C_1^1 (1 - p_{f3}) = 0.010430$$

$$P_5 = C_3^3 (p_{f1})^3 = 0.0000015$$

$$P_6 = C_3^2 (p_{f1})^2 (1 - p_{f1}) \cdot C_1^1 p_{f3} = 0.000363$$

$$P_7 = C_3^1 p_{f1} (1 - p_{f1})^2 \cdot C_2^2 (p_{f2})^2 = 0.001246$$

$$P_8 = C_3^1 p_{f1} (1 - p_{f1})^2 \cdot C_2^1 p_{f2} (1 - p_{f2}) \cdot C_1^1 p_{f3} = 0.009786$$

（6）体系失效概率

体系失效事件为三根钢丝索都被拉断，脆性破坏。需要考虑顺序，此时共有 4 大类 13 种不同的破坏模式，即：

Q_5：三根钢丝索同时断（$C_3^3 = 1$ 种）；

Q_6：两根钢丝索同时断，然后一根断（$C_3^2 \cdot C_1^1 = 3$ 种）；

Q_7：一根钢丝索先断，然后两根同时断（$C_3^1 \cdot C_2^2 = 3$ 种）；

Q_8：一根钢丝索先断，然后再断一根，最后再断一根（$C_3^1 \cdot C_2^1 \cdot C_1^1 = 6$ 种）。

第9章 结构可靠度分析课件

所有系统失效事件：$\mathbf{Q}_{system} = \mathbf{Q}_5 \bigcup \mathbf{Q}_6 \bigcup \mathbf{Q}_7 \bigcup \mathbf{Q}_8$

体系失效概率：$P_f = P\{\mathbf{Q}_5 \bigcup \mathbf{Q}_6 \bigcup \mathbf{Q}_7 \bigcup \mathbf{Q}_8\} = P_5 + P_6 + P_7 + P_8 \doteq 0.011397$

体系可靠度：

$$P_s = P\{\mathbf{Q}_1 \bigcup \mathbf{Q}_2 \bigcup \mathbf{Q}_3 \bigcup \mathbf{Q}_4\} = P_1 + P_2 + P_3 + P_4 = 1 - P\{\mathbf{Q}_5 \bigcup \mathbf{Q}_6 \bigcup \mathbf{Q}_7 \bigcup \mathbf{Q}_8\} \doteq 0.988580 \doteq 1 - 0.011397$$

第9章 结构可靠度分析思维导图

由此可知，系统的失效概率与第一根钢丝索发生拉断的概率接近。因而，对于脆性元件构成的结构体系，一般当第一个元件发生破坏，就可以近似认为整个结构破坏。

习题

9.1　结构有哪些功能要求？

9.2　结构有哪些极限状态？试举例说明。

9.3　结构可靠性与安全性有何区别？

9.4　定义结构可靠度时，为什么要明确规定的时间和规定的条件？

9.5　说明可靠度指标的几何意义。

9.6　采用中心点法计算可靠指标的前提条件是什么？

9.7　计算可靠指标的验算点法克服了中心点法的哪些不足？

9.8　影响结构功能的随机变量是否存在相关性？对结构可靠度是否有影响？

9.9　结构构件的失效性质对结构体系可靠度有何影响？

9.10　在体系可靠度分析中，实际工程结构应如何简化？

9.11　是非题：

（1）构件出现裂缝属于承载能力极限状态。

（2）结构可靠指标 β 越大，结构的可靠度越大，失效概率越小，结构越可靠。

（3）对于超静定结构，当结构的失效形态唯一时，结构体系的可靠度总小于或等于构件的可靠度。

（4）当结构为串并联模型时，结构中任一构件失效，则整个结构体系失效。

9.12　某钢拉杆正截面强度计算的极限状态方程为 $Z = g (R, S) = R - S = 0$。

已知：$\mu_R = 135\text{kN}$，$\mu_S = 60\text{kN}$，$\delta_R = 0.15$，$\delta_S = 0.17$

求 R、S 均服从对数正态分布时按中心点法的计算公式和简化公式计算的可靠指标 β。

9.13　已知一伸臂梁如图 9-12 所示。梁所能承担的极限弯矩为 M_u，若梁内弯矩 $M > M_u$ 时，梁便失效。现已知各变量均服从正态分布，其各自的平均值及均方差为：荷载统计参数：$\mu_p = 4\text{kN}$，$\sigma_p = 0.8\text{kN}$；跨度统计参数：

$\mu_l = 6\text{m}$，$\sigma_l = 0.1\text{m}$；极限弯矩统计参数：$\mu_{M_u} = 20\text{kN·m}$，$\sigma_{M_u} = 2\text{kN·m}$。

试用中心点法计算该构件的可靠指标 β。

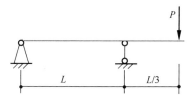

图 9-12　题 9.13 伸臂梁计算简图

9.14　假定钢梁承受确定性的弯矩 $M = 128.8\text{kN·m}$，钢梁截面的塑性抵抗矩 W 和屈服强度 f 都是随机变量，已知分布类型和统计参数为

抵抗矩 W：正态分布，$\mu_W = 884.9 \times 10^{-6}\text{m}^3$，$\delta_W = 0.05$；

屈服强度 f：对数正态分布，$\mu_f = 262\text{MPa}$，$\delta_f = 0.10$；

该梁的极限状态方程：$Z = Wf - M = 0$。

试用验算点法求解该梁可靠指标。

9.15　已知简支梁受均布荷载 q 作用（如图 9-13 所示），其均值和均方差分别为 $\mu_q = 10\text{kN/m}$，$\sigma_q = $

0.1kN/m；杆件截面抗弯模量 W 为确定性量，$W = 800 \text{cm}^2$；材料屈服强度 f_y 的均值 $\mu_{f_y} = 230\text{MPa}$，均方差为 $\sigma_{f_y} = 20\text{MPa}$。

① 列出梁跨中 B 处弯曲破坏的功能函数；

② 根据该功能函数求 B 处截面的可靠指标。

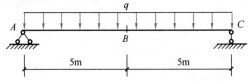

图 9-13　习题 9.15 简支梁计算简图

第 10 章

结构概率可靠性设计法

10.1　结构设计的目标

10.1.1　设计要求

结构设计的总要求是：结构的抗力 R 应大于或等于结构的综合荷载效应 S，即

$$R \geqslant S \tag{10-1}$$

由于实际中抗力和荷载效应均为随机量，因此式（10-1）并不能绝对满足，而只能在一定概率意义下满足，即

$$P\{R \geqslant S\} = p_s \tag{10-2}$$

其中，p_s 即为结构的概率可靠度。因此，结构设计更明确的要求是：在一定的可靠度 p_s 或失效概率 p_f 条件下，进行结构设计，使得结构的抗力大于或等于结构的综合荷载效应。

10.1.2　目标可靠性

结构设计的目标可靠性的大小对结构的设计结果影响较大。如果目标可靠性定得高，则结构会设计得很强，使结构造价加大；而如果目标可靠性定得低，则结构会设计得很弱，使人产生不安全感。因此，结构设计目标可靠度的确定应以达到结构可靠与经济上的最佳平衡为原则，一般需考虑以下四个因素：①公众心理；②结构重要性；③结构破坏性质；④社会经济承受力。

国外统计的一些事故所造成的年死亡率如表 10-1 所示。一般公众认为，赛车是较危险的，乘飞机是较安全的，汽车旅行是安全的，而遭电击或雷击则几乎不可能。有人曾做过公众心理分析，认为胆大的人可承受的危险率为每年 10^{-3}，而谨慎的人允许的危险率为每年

10^{-4}，而当危险率为每年 10^{-5} 或更小时，一般人都不再考虑其危险性。因此，对于工程结构来说，可以认为年失效概率小于 1×10^{-4} 是较安全的，年失效概率小于 1×10^{-5} 是安全的，而年失效概率小于 1×10^{-6} 则是很安全的。一般结构的设计基准期为 50 年，因此当在结构的设计基准期内失效概率分别小于 5×10^{-3}、5×10^{-4}、5×10^{-5} 时，可以认为结构较安全、安全和很安全，相应的可靠指标约在 2.5～4.0 之间。

表 10-1

一些事故的年死亡率

事　　故	年 死 亡 率	事　　故	年 死 亡 率
爬山、赛车	5×10^{-3}	汽车旅行	2.5×10^{-5}
飞机旅行	1×10^{-4}	游　泳	3×10^{-5}
采　矿	7×10^{-4}	结构施工	3×10^{-5}
房屋失火	2×10^{-5}	电　击	6×10^{-6}
雷　击	5×10^{-7}	暴　风	4×10^{-6}

一般来说，对于重要的结构（如核电站、国家级广播电视发射塔），设计目标可靠性应定得高些。而对于次要的结构（如临时仓库、车棚等），设计目标可靠度可定得低些。很多国家将工程结构按重要性分成三等，即重要结构、一般结构和次要结构。常以一般结构的设计目标可靠度为基准，对于重要结构使其失效概率减小一个数量级，而对于次要结构使其失效概率增加一个数量级。

由于脆性结构（如砌体结构）破坏前几乎无预兆，其破坏造成的后果比延性结构（如钢结构）要严重。因此工程上一般要求脆性结构的设计目标可靠性应高于延性结构的设计目标可靠性。

此外，社会的经济承受力对工程结构的设计目标可靠性也有影响，一般来说，社会经济越发达，公众对工程结构可靠性的要求将越高，因而设计目标可靠性也会定得越高。

确定结构设计的目标可靠性，也可采用校准法。所谓校准法是承认传统设计对结构安全性要求的合理性，通过采用结构可靠性分析理论对传统设计方法所具有的可靠性进行分析，以结构传统设计方法的可靠性水平作为结构概率可靠性设计方法的目标可靠性。例如，我国现行的建筑结构概率定值设计法所采用的目标可靠性，就是根据原来半经验半概率定值设计法所具有的可靠性水平确定的，目标可靠指标值如表 10-2 所示。

表 10-2

我国现行建筑结构目标可靠指标

结构破坏性质 ＼ 结构重要性	重　要	一　般	次　要
延性结构	3.7	3.2	2.7
脆性结构	4.2	3.7	3.2

10.2 结构概率可靠性的直接设计法

结构概率可靠性的直接设计法是直接基于结构可靠性分析理论的设计方法，下面先以一个简单数例对其进行说明。

【例 10-1】 确定钢拉杆截面面积，使其可靠指标达到 3.2。已知拉力 N、拉杆截面面积 A 和屈服强度 f 均为对数正态分布，统计参数分别为

$$\mu_N = 120\text{kN} \qquad \delta_N = 0.11$$
$$\mu_f = 21.5\text{kN/cm}^2 \quad \delta_f = 0.08$$
$$\mu_A = 待求 \qquad \delta_A = 0.05$$

【解】 因拉杆抗力 $R = Af$，当 A、f 均为对数正态变量时，R 也为对数正态变量，其统计参数为

$$\mu_R = \mu_f \mu_A = 21.5\mu_A$$

变异系数为

$$\delta_R = \sqrt{\delta_f^2 + \delta_A^2} = \sqrt{0.08^2 + 0.05^2} = 0.094$$

由于抗力 R 和荷载效应（此时为拉杆拉力）N 均为对数正态随机变量，则可靠指标可按式（9-24）计算，即

$$\beta = \frac{\ln \dfrac{\mu_R}{\mu_N}\sqrt{\dfrac{1+\delta_N^2}{1+\delta_R^2}}}{\sqrt{\ln\left[(1+\delta_R^2)(1+\delta_N^2)\right]}} = \frac{\ln \dfrac{21.5\mu_A}{120}\sqrt{\dfrac{1+0.11^2}{1+0.094^2}}}{\sqrt{\ln\left[(1+0.11^2)(1+0.094^2)\right]}}$$

$$= \frac{\ln 0.179\mu_A}{0.144}$$

将 $\beta = 3.2$ 代入上式可解得

$$\mu_A = e^{2.182} = 8.86\text{cm}^2$$

实际中，结构的荷载效应常为两个或两个以上荷载效应的组合，且荷载效应不一定为正态或对数正态分布，另结构的极限状态方程也很可能为非线性形式。此时，结构的可靠度分析不能简单地采用式（9-19）或式（9-24）计算结构可靠指标，而需采用验算点方法按迭代的方式进行计算。当进行结构设计时，问题转化为当结构可靠指标一定时，如何求取结构抗力的参数。

一般可认为结构的抗力服从对数正态分布，其变异系数（二阶统计参数）是一定的，可预先确定，结构设计主要求取结构抗力平均值参数。图 10-1 给出了基于结构可靠度分析的

验算点方法进行结构设计的框图。

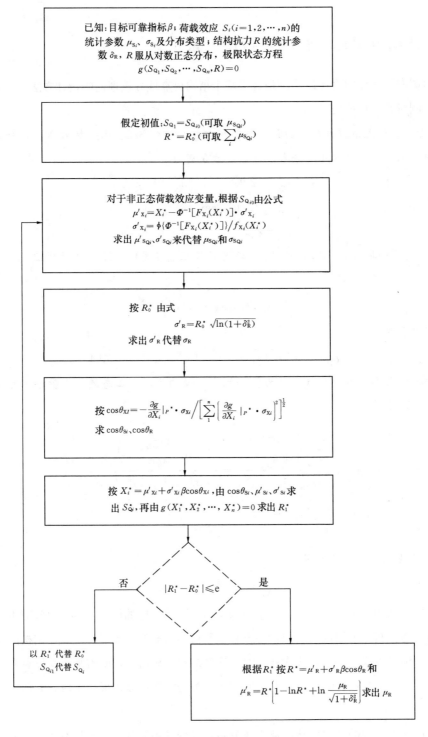

图 10-1　结构可靠度设计的直接方法

【例 10-2】　确定受恒载和办公楼楼面活荷载作用的钢筋混凝土轴心受压柱的配筋，要求该柱的可靠指标达到 $\beta = 3.7$。

已知：恒载产生的纵向力 N_G 服从正态分布

$$\mu_{N_G} = 53\text{kN}, \ \sigma_{N_G} = \mu_{N_G}\delta_G = 53 \times 0.07 = 3.7\text{kN}$$

活荷载产生的纵向力 N_L 服从极值 I 型分布

$$\mu_{N_L} = 70\text{kN}, \ \sigma_{N_L} = \mu_{N_L}\delta_L = 70 \times 0.29 = 20.3\text{kN}$$

截面承载力服从对数正态分布

$$\mu_R = \eta_R R_k = 1.33R_k, \ \sigma_R = \mu_R\delta_R = 0.17\mu_R$$

其中，R_k 为截面承载力标准值（设计值）。

钢筋配筋率 $\mu = 0.02$，钢筋设计强度 $R_{gk} = 21.0\text{kN/cm}^2$，混凝土抗压设计强度 R_{ak} 与 R_{gk} 的比值 $R_{ak}/R_{gk} = 0.1$。

极限状态方程

$$Z = g(N_G, N_L, R) = R - N_G - N_L = 0$$

【解】　先假定初值

$$R_0^* = \mu_{N_G} + \mu_{N_L} = 123\text{kN}$$
$$N_{L_0}^* = \mu_{N_L} = 70\text{kN}$$

引用公式

$$X_i^* = \mu_{X_i} + \sigma_{X_i}\beta\cos\theta_{X_i}$$
$$\cos\theta_{X_i} = -\frac{\partial g}{\partial X_i}\bigg|_{X^*} \sigma_{X_i} \bigg/ \left[\sum\left(\frac{\partial g}{\partial X_i}\bigg|_{X^*}\sigma_{X_i}\right)^2\right]^{1/2}$$
$$g = (X_1^*, X_2^*, \cdots, X_n^*) = 0$$

对于本例即为：

$$R^* = \mu_R' + \sigma_R'\beta\cos\theta_R$$
$$N_G^* = \mu_{N_G} + \sigma_{N_G}\beta\cos\theta_{N_G}$$
$$N_L' = \mu_N' + \sigma_{N_L}'\beta\cos\theta_{N_L}$$

$$\cos\theta_R = -\frac{\sigma_R'}{\sqrt{\sigma_R'^2 + \sigma_{N_G}'^2 + \sigma_{N_L}'^2}}$$

$$\cos\theta_{N_G} = -\frac{\sigma_{N_G}}{\sqrt{\sigma_R'^2 + \sigma_{N_G}'^2 + \sigma_{N_L}'^2}}$$

$$\cos\theta_{N_L} = -\frac{\sigma_{N_L}'}{\sqrt{\sigma_R'^2 + \sigma_{N_G}'^2 + \sigma_{N_L}'^2}}$$

$$R^* - N_G^* - N_L^* = 0$$

$$\mu'_{\mathrm{R}} = R^* \left[1 - \ln R^* + \ln \frac{\mu_{\mathrm{R}}}{\sqrt{1 + \delta_{\mathrm{R}}^2}} \right]$$

$$\sigma'_{\mathrm{R}} = R^* \sqrt{\ln(1 + \delta_{\mathrm{R}}^2)}$$

$$\mu'_{\mathrm{N_L}} = N_{\mathrm{L}}^* - \Phi^{-1}[F_{\mathrm{N_L}}(N_{\mathrm{L}}^*)]\sigma'_{\mathrm{N_L}}$$

$$\sigma'_{\mathrm{N_L}} = \phi\{\Phi^{-1}[F_{\mathrm{N_L}}(N_{\mathrm{L}}^*)]\}/f_{\mathrm{N_L}}(N_{\mathrm{L}}^*)$$

按计算框图的过程，经过四次迭代得到

$$R^* = 215.7\mathrm{kN}$$

代入

$$\mu'_{\mathrm{R}} = \sigma'_{\mathrm{R}} \beta \cos\theta_{\mathrm{R}} - R^*$$

$$\mu'_{\mathrm{R}} = R^* \left[1 - \ln R^* + \ln \frac{\mu_{\mathrm{R}}}{\sqrt{1 + \delta_{\mathrm{R}}^2}} \right]$$

解得

$$\mu_{\mathrm{R}} = 309.2\mathrm{kN}$$

由

$$R_{\mathrm{k}} = \frac{\mu_{\mathrm{R}}}{\eta_{\mathrm{R}}} = \frac{309.2}{1.33} = 232.5\mathrm{kN}$$

代入

$$R_{\mathrm{k}} = R_{\mathrm{ak}} b_{\mathrm{k}} h_{\mathrm{k}} + R_{\mathrm{gk}} A_{\mathrm{gk}} = \left(\frac{R_{\mathrm{ak}}}{R_{\mathrm{gk}}} \frac{b_{\mathrm{k}} h_{\mathrm{k}}}{A_{\mathrm{gk}}} + 1 \right) R_{\mathrm{gk}} A_{\mathrm{gk}}$$

$$= \left(\frac{1}{10} \cdot \frac{1}{0.02} + 1 \right) \times 21.0 \times A_{\mathrm{gk}}$$

可解得

$$A_{\mathrm{gk}} = 1.85\mathrm{cm}^2$$

10.3 结构概率可靠性设计的实用表达式

按 10.2 节的方法进行结构设计可使设计的结构严格具有预先设定的目标可靠度。但也注意到，采用结构概率可靠度的直接设计法，计算过程繁琐，计算工作量大，不太适宜工程师在实际工程结构设计采用。因此，目前除重要工程结构，例如核反应堆容器、海上采油平台、大坝等，宜采用可靠度直接设计法外，对于大量一般性工程结构，均采用可靠度间接设计法。

可靠度间接设计法的思想是：采用工程师易理解、接受和应用的设计表达式，使其具有的可靠度水平与设计目标可靠度尽量一致（接近）。

10.3.1　单一系数设计表达式

如果将影响结构功能的因素归并为结构抗力 R 和荷载效应 S 两个量，则可采用如下结构设计式

$$k_0 \mu_S \leqslant \mu_R \tag{10-3}$$

式中　μ_S、μ_R——设计中取用的荷载效应和结构抗力的均值；

　　　　k_0——常数，习惯上称为安全系数。

如采用式（10-3）作为设计式，需确定 k_0，使该设计式具有的可靠性水平为规定的目标可靠指标 β。

若已知 R 和 S 的均值 μ_R、μ_S 及均方差 σ_R、σ_S，且 R 和 S 均为正态分布时，则可靠指标的计算公式为

$$\beta = \frac{\mu_R - \mu_S}{\sqrt{\sigma_R^2 + \sigma_S^2}}$$

由此得

$$\frac{\mu_R}{\mu_S} = 1 + \frac{\beta \sqrt{\sigma_R^2 + \sigma_S^2}}{\mu_S} \tag{10-4}$$

或

$$\frac{\mu_R}{\mu_S} = 1 + \beta \sqrt{\left(\frac{\mu_R}{\mu_S}\delta_R\right)^2 + \delta_S^2} \tag{10-5}$$

即

$$k_0 = 1 + \beta \sqrt{k_0^2 \delta_R^2 + \delta_S^2} \tag{10-6}$$

由上式可解得

$$k_0 = \frac{1 + \beta \sqrt{\delta_R^2 + \delta_S^2 (1 - \beta^2 \delta_R^2)}}{1 - \beta^2 \delta_R^2} \tag{10-7}$$

若 R 和 S 均为对数正态分布，则可靠指标的计算公式为

$$\beta = \frac{\ln \frac{\mu_R}{\mu_S} \sqrt{\frac{1 + \delta_S^2}{1 + \delta_R^2}}}{\sqrt{\ln(1 + \delta_R^2)(1 + \delta_S^2)}}$$

一般结构抗力 R 和荷载效应 S 的变异系数小于 0.3，则上式可近似简化为

$$\beta = \frac{\ln \frac{\mu_R}{\mu_S}}{\sqrt{\delta_R^2 + \delta_S^2}} = \frac{\ln k_0}{\sqrt{\delta_R^2 + \delta_S^2}} \tag{10-8}$$

由此得

$$k_0 = \exp(\beta\sqrt{\delta_R^2 + \delta_S^2}) \tag{10-9}$$

显然，按式（10-7）或式（10-9）确定安全系数，可使计算表达式（10-3）具有规定的可靠指标 β。

当结构抗力 R 和荷载效应 S 不同时为正态分布或对数正态分布时，要使设计表达式（10-3）严格具有规定可靠指标，需采用结构可靠度分析的验算点法确定 k_0。具体过程将在后面例题中加以说明。

工程设计中，习惯上采用结构功能函数中各变量的设计值或公称值，则设计表达式为

$$kS_k \leqslant R_k \tag{10-10}$$

式中　S_k、R_k——分别为荷载效应和抗力的标准值；

　　　　k——相应的设计安全系数。

设均值与标准值之间有下列比例关系

$$\mu_S = \eta_S S_k \tag{10-11}$$

$$\mu_R = \eta_R R_k \tag{10-12}$$

将式（10-11）、式（10-12）代入式（10-3）可得

$$k_0\,\eta_S S_k \leqslant \eta_R R_k \tag{10-13}$$

与式（10-10）对比，得出

$$k = k_0\frac{\eta_S}{\eta_R} \tag{10-14}$$

从公众心理上考虑，荷载效应标准值一般取大于均值的数，结构抗力的标准值一般小于均值的数，即

$$S_k = \mu_S(1 + k_S\delta_S) \tag{10-15}$$

$$R_k = \mu_R(1 - k_R\delta_R) \tag{10-16}$$

式中　k_S、k_R——大于零的常数。

对比式（10-11）与式（10-15）及式（10-12）与式（10-16）知

$$\eta_S = \frac{1}{1 + k_S\delta_S} \tag{10-17}$$

$$\eta_R = \frac{1}{1 - k_R\delta_R} \tag{10-18}$$

将式（10-17）、式（10-18）代入式（10-14）得

$$k = k_0\frac{1 - k_R\delta_R}{1 + k_S\delta_S} \tag{10-19}$$

由式（10-7）、式（10-9）及式（10-19）知，若采用单一系数表达式，其安全系数与抗力 R 和荷载效应 S 的变异系数以及设计要求的可靠指标 β 有关。由于设计条件的千变万化，

R 和 S 的变异系数也将在一个较大的范围内发生变化，因而为使设计与规定的目标可靠指标一致，安全系数将随设计条件的改变而变动，这给实际工程设计应用带来不便。

10.3.2 分项系数设计表达式

为克服单一系数设计表达式的缺点，提出了分项系数设计表达式。分项系数设计表达式将单一系数设计表达式中的安全系数分解成荷载分项系数和抗力分项系数，当荷载效应由多个荷载引起时，各个荷载都采用各自的分项系数。

分项系数设计表达式的一般形式为

$$\gamma_{0S_1}\mu_{S_1} + \gamma_{0S_2}\mu_{S_2} + \cdots + \gamma_{0S_n}\mu_{S_n} \leqslant \frac{1}{\gamma_{0R}}\mu_R \tag{10-20}$$

或

$$\gamma_{S_1}S_{k_1} + \gamma_{S_2}S_{k_2} + \cdots + \gamma_{S_n}S_{k_n} \leqslant \frac{1}{\gamma_R}R_k \tag{10-21}$$

采用分项系数设计表达式的优点是：能对影响结构可靠度的各种因素分别进行研究，不同的荷载效应，可根据荷载的变异性质，采用不同的荷载分项系数。而结构抗力分项系数则可根据结构材料的工作性能不同，采用不同的数值。

为了说明如何按规定的可靠指标的要求确定各个分项系数，下面以一般的基本变量情况进行讨论。

假定设计中要考虑的功能函数为

$$Z = g(X_1, X_2, \cdots, X_m, X_{m+1}, \cdots, X_n) \tag{10-22}$$

则分项系数的设计准则为

$$Z = g\left(\gamma_{01}\mu_{X_1}, \gamma_{02}\mu_{X_2}, \cdots, \gamma_{0m}\mu_{X_m}, \frac{1}{\gamma_{0m+1}}\mu_{X_{m+1}}, \cdots, \frac{1}{\gamma_{0n}}\mu_{X_n}\right) \geqslant 0 \tag{10-23}$$

或

$$Z = g\left(\gamma_1 X_{1k}, \gamma_2 X_{2k}, \cdots, \gamma_m X_{mk}, \frac{1}{\gamma_{m+1}}X_{m+1k}, \cdots, \frac{1}{\gamma_n}X_{nk}\right) \geqslant 0 \tag{10-24}$$

分项系数一般都采用大于或等于 1 的数值，因此对结构可靠性不利的基本变量都以乘数出现，这些量一般与荷载效应有关；而对结构可靠性有利的基本变量都以除数出现，这些量一般与结构抗力有关。

由结构可靠度分析的验算点法，可导得验算点坐标满足下列公式

$$g(X_1^*, X_2^*, \cdots, X_m^*, X_{m+1}^*, \cdots, X_n^*) = 0$$

式中

$$X_i^* = \mu_{X_i} + \alpha_i\beta\sigma_{X_i} = \mu_{X_i}(1 + \alpha_i\beta\delta_{X_i})$$

$$\alpha_i = -\frac{\frac{\partial g}{\partial X_i}\Big|_{X^*}\sigma_{X_i}}{\left[\sum_{i=1}^{n}\left(\frac{\partial g}{\partial X_i}\Big|_{X^*}\sigma_{X_i}\right)^2\right]^{1/2}}$$

与设计表达式（10-23）、式（10-24）比较，可得出各分项系数如下

$$\gamma_{0s} = 1 + \alpha_s\beta\delta_{X_s} \quad (s = 1,2,\cdots,m) \tag{10-25a}$$

$$\gamma_{0r} = \frac{1}{1 + \alpha_r\beta\delta_{X_r}} \quad (r = m+1,\cdots,n) \tag{10-25b}$$

或

$$\gamma_s = \frac{1 + \alpha_s\beta\delta_{X_s}}{1 + k_s\delta_{X_s}} \quad (s = 1,2,\cdots,m) \tag{10-26a}$$

$$\gamma_r = \frac{1 - k_r\delta_{X_r}}{1 + \alpha_r\beta\delta_{X_r}} \quad (r = m+1,\cdots,n) \tag{10-26b}$$

可见，各设计变量的分项系数主要与该变量的变异性大小有关，与单一系数设计表达式相比，分项系数设计表达式较易适应设计条件的变化，在确定的分项系数条件下，可取得较好的结构可靠度一致性结果。

为说明分项系数设计表达式是否唯一的问题，将 X 空间经标准化变换到 $\hat{X}$ 空间，则结构极限状态方程成为

$$\hat{Z} = \hat{g}(\hat{X}_1,\hat{X}_2,\cdots,\hat{X}_n) = 0 \tag{10-27}$$

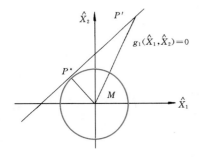

图 10-2　二维 $\hat{X}$ 空间

假定 $\hat{Z}$ 是线性函数，则 $\hat{Z}=0$ 为 $\hat{X}$ 空间中的一个线性曲面。当 X_1，X_2，$\cdots$，X_n 均为正态随机变量时，根据可靠指标 β 的几何意义，$\hat{X}$ 空间的坐标原点 M 到的 $\hat{Z}=0$ 距离 $\overline{MP^*}$ 就是可靠指标 β。α_i 是 $\overline{MP^*}$ 指向失效区的方向余弦，因此 $\alpha_i\beta$ 是 $\overline{MP^*}$ 在 $\hat{X}_i$ 轴上的投影，图 10-2 说明维数为 2 的情况。

现令 P' 为 $\hat{Z}=0$ 上的任意点，并选取 α_i'，使 $\overline{MP'}$ 在 $\hat{X}_i$ 轴上的投影为 $\alpha_i'\beta$，注意 α_i' 并非 $\overline{MP'}$ 的方向余弦，也即 $\Sigma\alpha_i'\neq 0$。

由此，$\overline{MP'}$ 在 $\overline{MP^*}$ 上的投影应为

$$\sum_{i=1}^{n}(\alpha_i'\beta)\alpha_i$$

它也就是 β 本身，因此只要满足下述条件

$$\sum_{i=1}^{n}\alpha_i'\alpha_i = 1 \tag{10-28}$$

经逆变换到 X 空间，点 P' 的坐标为

$$X'_i = \mu_{X_i} + \alpha_i \beta \sigma_{X_i} \quad (i = 1, 2, \cdots, n) \tag{10-29}$$

该点也在极限状态界面上，即

$$g(X'_1, X'_2, \cdots, X'_n) = 0 \tag{10-30}$$

与设计表达式（10-23）或式（10-24）比较，可得出下述分项系数

$$\gamma_{0s} = 1 + \alpha'_s \beta \delta_{X_s} \quad (s = 1, 2, \cdots, m) \tag{10-31a}$$

$$\gamma_{0r} = \frac{1}{1 + \alpha'_r \beta \delta_{X_r}} \quad (r = m+1, \cdots, n) \tag{10-31b}$$

或

$$\gamma_s = (1 + \alpha'_s \beta \delta_{X_s}) \eta_s = \frac{1 + \alpha'_s \beta \delta_{X_s}}{1 + k_s \delta_{X_s}} \quad (s = 1, 2, \cdots, m) \tag{10-32a}$$

$$\gamma_r = \frac{\eta_r}{1 + \alpha'_r \beta \delta_{X_r}} = \frac{1 - k_r \delta_{X_r}}{1 + \alpha'_r \beta \delta_{X_r}} \quad (r = m+1, \cdots, n) \tag{10-32b}$$

因为 P' 可在极限状态界面上任意选取，因此就存在着无限组的分项系数，只要能符合条件式（10-28），都能满足可靠指标的要求。

当不是线性函数时，则可用通过验算点的切平面来代替非线性的极限状态曲面，仍以相同的方法得出近似的结果，只要非线性不甚严重，得到的结果仍能满足设计上的要求。

当 X_i 为非正态随机变量时，式（10-29）中的统计参数需用当量正态变量的统计参数替代，即

$$X'_i = \mu'_{X_i} + \alpha'_i \beta \sigma'_{X_i} = \mu'_{X_i}(1 + \alpha'_i \beta \delta'_{X_i}) \tag{10-33}$$

此时

$$\gamma_{0s} = \frac{\mu'_{Xs}}{\mu_{Xs}}(1 + \alpha'_s \beta \delta'_{Xs}) \quad (s = 1, 2, \cdots, m) \tag{10-34a}$$

$$\gamma_{0r} = \frac{\mu'_{Xr}}{\mu_{Xr}}(1 + \alpha'_r \beta \delta'_{Xr})^{-1} \quad (r = m+1, \cdots, n) \tag{10-34b}$$

或

$$\gamma_s = \frac{\mu'_{Xs}}{\mu_{Xs}}(1 + \alpha'_s \beta \delta'_{Xs}) \eta_s \quad (s = 1, 2, \cdots, m) \tag{10-35a}$$

$$\gamma_{0r} = \frac{\mu'_{Xr}}{\mu'_{Xr}}(1 + \alpha'_r \beta \delta'_{Xr})^{-1} \eta_r \quad (r = m+1, \cdots, n) \tag{10-35b}$$

这样，我们就有可能按照一定的要求，先对不超过 $(n-1)$ 个的基本变量选定合适的分项系数，再按条件式（10-28）确定其他分项系数。

事先确定的分项系数，一般可按其变异性的大小来选定。变异性大的变量，其分项系数

可相对于变异性小的取得大些。出于心理上的考虑，分项系数一般都选取大于 1 的数值。

10.3.3 例题

【例 10-3】设结构的功能函数为线性函数

$$Z = R - G - L$$

式中　　R——抗力，为对数正态变量，其平均值 $\mu_R = 1.13R_k$，变异系数 $\delta_R = 0.1$；

　　　　G——恒荷载，为正态变量，其平均值 $\mu_G = 1.06G_k$，变异系数 $\delta_G = 0.07$；

　　　　L——活荷载，为极值 I 型变量，其平均值 $\mu_L = 0.7L_k$，变异系数 $\delta_L = 0.288$；

R_k、G_k、L_k——分别为抗力、恒荷载和活荷载的标准值。

在活荷载和恒荷载的标准值比值 $\rho = \dfrac{L_k}{G_k}$ 为 0.1 和 2 的设计条件下，为使可靠指标 $\beta = 3.5$，对各种设计准则选取相应的分项系数。

【解】（1）以平均值为指标的分项系数准则

$$\gamma_{0G}\mu_G + \gamma_{0L}\mu_L = \gamma_{0R}^{-1}\mu_R$$

计算公式

$$\mu_G = \frac{1}{\lambda}\mu_R$$

$$\mu_L = \frac{\rho k_L}{\lambda k_G}\mu_R$$

$$\lambda = \frac{\gamma_{0R}(\gamma_{0G}k_G + \gamma_{0L}k_L\rho)}{k_G}$$

$$\alpha_G = \frac{\dfrac{\partial Z}{\partial G}\sigma_G}{\sigma} = -\frac{\sigma_G}{\sigma}$$

$$\alpha_L = \frac{\dfrac{\partial Z}{\partial L}\sigma_L}{\sigma} = -\frac{\sigma_L}{\sigma}$$

$$\alpha_R = \frac{\dfrac{\partial Z}{\partial R}\sigma_R}{\sigma} = \frac{\sigma_R}{\sigma}$$

$$\sigma = \sqrt{\sigma_G^2 + \sigma_L^2 + \sigma_R^2}$$

$$G^* = \mu_G + \alpha_G\beta\sigma_G$$

$$L^* = \mu_L + \alpha_L\beta\sigma_L$$

$$R^* = \mu_R + \alpha_R\beta\sigma_R$$

$$\gamma_{0G} = G^*/\mu_G$$

$$\gamma_{0L} = L^* / \mu_L$$

$$\gamma_{0R} = R^* / \mu_R$$

当量正态变量的平均值和均方差公式

对抗力 R

$$\mu_R' = R^* \left[1 - \ln R^* + \ln \frac{\mu_R}{\sqrt{1 + \delta_R^2}} \right]$$

$$\sigma_R' = R^* \sqrt{\ln(1 + \delta_R^2)}$$

对活荷载 L

$$\alpha = \frac{1.2825}{\delta_L \mu_L}, \beta = \mu_L(1 - 0.45\delta_L)$$

$$F(L^*) = \exp\{-\exp[-\alpha(L^* - \beta)]\}$$

$$f(L^*) = \alpha \exp[-\alpha(L^* - \beta)] \cdot F(L^*)$$

$$\sigma_L' = \varphi\{\Phi^{-1}[F(L^*)]\} / f(L^*)$$

$$\mu_L' = L^* - \Phi^{-1}[F(L^*)] \cdot \sigma_L'$$

先假定 $\gamma_{0G} = \gamma_{0L} = \gamma_{0R} = 1$，按上述公式用逐次迭代法求出最后系数，计算过程分别见表 10-3 和表 10-4，表 10-5 列出求活荷载 L 当量正态统计参数的计算过程。

$\rho = 0.1$

$$\gamma_{0G} = 1.123, \gamma_{0L} = 1.097, \gamma_{0R} = 1.354$$

$\rho = 2$

$$\gamma_{0G} = 1.015, \gamma_{0L} = 2.517, \gamma_{0R} = 1.149$$

迭代法求设计系数过程 $\rho = 0.1$ 　　　　　　　　　　　　　　表 10-3

X_i	λ	μ_{X_i}	σ_{X_i}	α_i	X_i^*	γ_{0i}
G		μ_G	$0.07\mu_G = 0.066\mu_R$	0.5430	$1.1330\mu_G$	1.1330
L	1.066	μ_L	$0.286\mu_L = 0.018\mu_R$	0.1465	$1.1466\mu_L$	1.1466
R		μ_R	$0.100\mu_R$	-0.8269	$0.7106\mu_R$	1.4073
G		μ_G	$0.07\mu_G = 0.041\mu_R$	0.4981	$1.1220\mu_G$	1.1220
L	1.692	$0.9282\mu_L$	$0.327\mu_L = 0.013\mu_R$	0.1539	$1.1046\mu_L$	1.1046
R		$0.9498\mu_R$	$0.071\mu_R$	-0.8533	$0.7381\mu_R$	1.3548
G		μ_G	$0.07\mu_G = 0.043\mu_R$	0.5009	$1.1227\mu_G$	1.1227
L	1.619	$0.9378\mu_L$	$0.312\mu_L = 0.013\mu_R$	0.1473	$1.0986\mu_L$	1.0986
R		$0.9586\mu_R$	$0.074\mu_R$	-0.8529	$0.7388\mu_R$	1.3535
G		μ_G	$0.07\mu_G = 0.043\mu_R$	0.5009	$1.1227\mu_G$	1.1227
L	1.618	$0.9388\mu_L$	$0.310\mu_L = 0.013\mu_R$	0.1463	$1.0973\mu_L$	1.0973
R		$0.9588\mu_R$	$0.074\mu_R$	-0.8531	$0.7388\mu_R$	1.3536

迭代法求设计系数过程 ρ＝2　　　　　　　　　　表 10-4

X_i	λ	μ_{X_i}	σ_{X_i}	α_i	X_i^*	γ_{0i}
G		μ_G	$0.07\mu_G=0.030\mu_R$	0.1560	$1.0382\mu_G$	1.0382
L	2.321	μ_L	$0.286\mu_L=0.163\mu_R$	0.8416	$1.8425\mu_L$	1.8425
R		μ_R	$0.100\mu_R$	-0.5171	$0.8190\mu_R$	1.2210
G		μ_G	$0.07\mu_G=0.017\mu_R$	0.0831	$1.0204\mu_G$	1.0204
L	4.239	$0.5496\mu_L$	$0.579\mu_L=0.180\mu_R$	0.9078	$2.3892\mu_L$	2.3892
R		$0.9785\mu_R$	$0.082\mu_R$	-0.4111	$0.8610\mu_R$	1.1615
G		μ_G	$0.07\mu_G=0.014\mu_R$	0.0653	$1.0160\mu_G$	1.0160
L	4.850	$0.1054\mu_L$	$0.747\mu_L=0.203\mu_R$	0.9192	$2.5074\mu_L$	2.5074
R		$0.9856\mu_R$	$0.086\mu_R$	-0.3883	$0.8689\mu_R$	1.1509
G		μ_G	$0.07\mu_G=0.014\mu_R$	0.0620	$1.0152\mu_G$	1.0152
L	4.981	$-0.0259\mu_L$	$0.788\mu_L=0.209\mu_R$	0.9220	$2.5175\mu_L$	2.5175
R		$0.9867\mu_R$	$0.087\mu_R$	-0.3823	$0.8708\mu_R$	1.1485
G		μ_G	$0.07\mu_G=0.014\mu_R$	0.0619	$1.0152\mu_G$	1.0152
L	4.985	$-0.0279\mu_L$	$0.789\mu_L=0.209\mu_R$	0.9217	$2.5166\mu_L$	2.5166
R		$0.9867\mu_R$	$0.087\mu_R$	-0.3830	$0.8705\mu_R$	1.1488

活荷载 L 当量正态统计参数计算过程　　　　　　　　表 10-5

ρ	0.1	2.0	ρ	0.1	2.0
L^*	$1.1466\mu_L$	$1.8425\mu_L$	$\varphi(\Phi^{-1}[F(L^*)])$	0.3194	0.0329
	$1.1046\mu_L$	$2.3892\mu_L$		0.3457	0.0037
	$1.0986\mu_L$	$2.5074\mu_L$		0.3492	0.0023
		$2.5175\mu_L$			0.0022
$F(L^*)$	0.7475	0.9872	$f(L^*)$	$0.9754/\mu_L$	$0.0568/\mu_L$
	0.7038	0.9989		$1.1086/\mu_L$	$0.0050/\mu_L$
	0.6971	0.9993		$1.1280/\mu_L$	$0.0029/\mu_L$
		0.9994			$0.0028/\mu_L$
$\Phi^{-1}[F(L^*)]$	0.667	2.234	σ_L'	$0.3275\mu_L$	$0.5787\mu_L$
	0.535	3.059		$0.3118\mu_L$	$0.7466\mu_L$
	0.516	3.214		$0.3096\mu_L$	$0.7882\mu_L$
		3.227			$0.7888\mu_L$
			μ_L'	$0.9282\mu_L$	$0.5496\mu_L$
				$0.9378\mu_L$	$0.1054\mu_L$
				$0.9388\mu_L$	$-0.0259\mu_L$
					$-0.0279\mu_L$

（2）以标准值为指标的分项系数准则

$$\gamma_G G_k + \gamma_L L_k = \gamma_R^{-1} R_k$$

$$\gamma_G = \gamma_{0G} k_G$$

$$\gamma_{\mathrm{L}} = \gamma_{0\mathrm{L}} k_{\mathrm{L}}$$

$$\gamma_{\mathrm{R}} = (\gamma_{0\mathrm{R}}^{-1} k_{\mathrm{R}})^{-1}$$

$\rho = 0.1$

$$\gamma_{\mathrm{G}} = 1.190, \quad \gamma_{\mathrm{L}} = 0.768, \quad \gamma_{\mathrm{R}} = 1.198$$

$\rho = 2$

$$\gamma_{\mathrm{G}} = 1.076, \quad \gamma_{\mathrm{L}} = 1.762, \quad \gamma_{\mathrm{R}} = 1.017$$

（3）部分系数为定值的分项系数准则

$$1.2 G_{\mathrm{k}} + 1.4 L_{\mathrm{k}} = \gamma_{\mathrm{R}}^{-1} R_{\mathrm{k}}$$

$$\alpha'_{\mathrm{G}} = \frac{\gamma_{\mathrm{G}}/k_{\mathrm{G}} - \mu'_{\mathrm{G}}/\mu_{\mathrm{G}}}{\beta \sigma'_{\mathrm{G}}/\mu_{\mathrm{G}}} = \frac{\gamma_{\mathrm{G}}/k_{\mathrm{G}} - 1}{\beta \delta_{\mathrm{G}}}$$

$$\alpha'_{\mathrm{L}} = \frac{\gamma_{\mathrm{L}}/k_{\mathrm{L}} - \mu'_{\mathrm{L}}/\mu_{\mathrm{L}}}{\beta \sigma'_{\mathrm{L}}/\mu_{\mathrm{L}}}$$

$$\alpha'_{\mathrm{R}} = (1 - \alpha'_{\mathrm{G}} \alpha_{\mathrm{G}} - \alpha'_{\mathrm{L}} \alpha_{\mathrm{L}})/\alpha_{\mathrm{R}}$$

$$\gamma_{\mathrm{R}}^{-1} = \gamma_{0\mathrm{R}}^{-1} k_{\mathrm{R}} = k_{\mathrm{R}} \left(\frac{\mu'_{\mathrm{R}}}{\mu_{\mathrm{R}}} + \alpha'_{\mathrm{R}} \beta \frac{\sigma'_{\mathrm{R}}}{\mu_{\mathrm{R}}} \right)$$

$\rho = 0.1$

$$\alpha_{\mathrm{G}} = 0.5009, \quad \alpha'_{\mathrm{G}} = 0.5391$$

$$\alpha_{\mathrm{L}} = 0.1463, \quad \alpha'_{\mathrm{L}} = 0.9990$$

$$\alpha_{\mathrm{R}} = -0.8531, \quad \alpha'_{\mathrm{R}} = -0.6879$$

$$\gamma_{\mathrm{R}}^{-1} = 0.8821, \quad \gamma_{\mathrm{R}} = 1.134$$

$\rho = 2$

$$\alpha_{\mathrm{G}} = 0.0619, \quad \alpha'_{\mathrm{G}} = 0.5391$$

$$\alpha_{\mathrm{L}} = 0.9217, \quad \alpha'_{\mathrm{L}} = 0.7343$$

$$\alpha_{\mathrm{R}} = -0.3830, \quad \alpha'_{\mathrm{R}} = -0.7566$$

$$\gamma_{\mathrm{R}}^{-1} = 0.8546, \quad \gamma_{\mathrm{R}} = 1.170$$

（4）单一系数准则

$$K(G_{\mathrm{k}} + L_{\mathrm{k}}) = R_{\mathrm{k}}$$

这相当于 $\gamma_{\mathrm{G}} = \gamma_{\mathrm{L}} = 1$，$\gamma_{\mathrm{R}} = K$ 的分项系数准则，因此仍按公式

$$1.0 G_{\mathrm{k}} + 1.0 L_{\mathrm{k}} = \gamma_{\mathrm{R}}^{-1} R_{\mathrm{k}}$$

$$\alpha'_{\mathrm{G}} = \frac{\gamma_{\mathrm{G}}/k_{\mathrm{G}} - \mu'_{\mathrm{G}}/\mu_{\mathrm{G}}}{\beta \sigma'_{\mathrm{G}}/\mu_{\mathrm{G}}} = \frac{\gamma_{\mathrm{G}}/k_{\mathrm{G}}^{-1}}{\beta \delta_{\mathrm{G}}}$$

$$\alpha'_{\mathrm{G}} = \frac{\gamma_{\mathrm{L}}/k_{\mathrm{L}} - \mu'_{\mathrm{L}}/\mu_{\mathrm{L}}}{\beta \sigma'_{\mathrm{L}}/\mu_{\mathrm{L}}}$$

$$\alpha'_{\mathrm{R}} = (1 - \alpha'_{\mathrm{G}} \alpha_{\mathrm{G}} - \alpha'_{\mathrm{L}} \alpha_{\mathrm{L}})/\alpha_{\mathrm{R}}$$

$$\gamma_{\mathrm{R}}^{-1} = \gamma_{0\mathrm{R}}^{-1} k_{\mathrm{R}} = k_{\mathrm{R}} \left(\frac{\mu'_{\mathrm{R}}}{\mu_{\mathrm{R}}} + \alpha'_{\mathrm{R}} \beta \frac{\sigma'_{\mathrm{R}}}{\mu_{\mathrm{R}}} \right)$$

可求出系数 K。

$\rho = 0.1$

$$\alpha_{\mathrm{G}} = 0.5009, \ \alpha'_{\mathrm{G}} = -0.2310$$
$$\alpha_{\mathrm{L}} = 0.1463, \ \alpha'_{\mathrm{L}} = 0.4514$$
$$\alpha_{\mathrm{R}} = -0.8531, \ \alpha'_{\mathrm{R}} = -1.2304$$
$$K^{-1} = 0.7233, \ K = 1.382$$

$\rho = 2$

$$\alpha_{\mathrm{G}} = 0.0619, \ \alpha'_{\mathrm{G}} = -0.2310$$
$$\alpha_{\mathrm{L}} = 0.9217, \ \alpha'_{\mathrm{L}} = 0.5274$$
$$\alpha_{\mathrm{R}} = -0.3830, \ \alpha'_{\mathrm{R}} = -1.3791$$
$$K^{-1} = 0.6405, \ K = 1.561$$

若不考虑分布类型的信息，可直接由公式

$$K_0 = \frac{1 + \beta\sqrt{\delta_{\mathrm{R}}^2 + \delta_{\mathrm{S}}^2(1 - \beta^2 \delta_{\mathrm{R}}^2)}}{1 - \beta^2 \delta_{\mathrm{R}}^2}$$

或

$$K_0 = \exp(\beta\sqrt{\delta_{\mathrm{R}}^2 + \delta_{\mathrm{S}}^2})$$

确定系数 K_0，再换算成 K。

已知 $\delta_{\mathrm{R}} = 0.1$

$$\mu_{\mathrm{S}} = \mu_{\mathrm{G}} + \mu_{\mathrm{L}} = \mu_{\mathrm{G}}\left(1 + \frac{\mu_{\mathrm{L}}}{\mu_{\mathrm{G}}}\right) = \mu_{\mathrm{G}}\left(1 + \frac{k_{\mathrm{L}}}{k_{\mathrm{G}}}\rho\right)$$

$$\sigma_{\mathrm{S}} = \sqrt{\sigma_{\mathrm{G}}^2 + \sigma_{\mathrm{L}}^2} = \mu_{\mathrm{G}}\sqrt{\delta_{\mathrm{G}}^2 + \left(\frac{\mu_{\mathrm{L}}}{\mu_{\mathrm{G}}}\delta_{\mathrm{L}}\right)^2} = \mu_{\mathrm{G}}\sqrt{\delta_{\mathrm{G}}^2 + \left(\frac{k_{\mathrm{L}}}{k_{\mathrm{G}}}\rho\delta_{\mathrm{L}}\right)^2}$$

$$\delta_{\mathrm{S}} = \frac{\sigma_{\mathrm{S}}}{\mu_{\mathrm{S}}} = \frac{\sqrt{\delta_{\mathrm{G}}^2 + \left(\frac{k_{\mathrm{L}}}{k_{\mathrm{G}}}\rho\delta_{\mathrm{L}}\right)^2}}{1 + \frac{k_{\mathrm{L}}}{k_{\mathrm{G}}}\rho}$$

$\rho = 0.1 \quad \delta_{\mathrm{S}} = 0.068$

按公式

$$K_0 = \frac{1 + \beta\sqrt{\delta_{\mathrm{R}}^2 + \delta_{\mathrm{S}}^2(1 - \beta^2 \delta_{\mathrm{R}}^2)}}{1 - \beta^2 \delta_{\mathrm{R}}^2}$$

得

$$K_0 = 1.613$$

或按公式

$$K_0 = \exp(\beta\sqrt{\delta_R^2 + \delta_S^2})$$

得

$$K_0 = 1.527$$

$\rho = 2$　$\delta_S = 0.166$

按公式

$$K_0 = \frac{1 + \beta\sqrt{\delta_R^2 + \delta_S^2(1 - \beta^2\delta_R^2)}}{1 - \beta^2\delta_R^2}$$

得

$$K_0 = 1.877$$

或按公式

$$K_0 = \exp(\beta\sqrt{\delta_R^2 + \delta_S^2})$$

得

$$K_0 = 1.970$$

$$K_0(\mu_G + \mu_L) = \mu_R$$

即

$$K_0(k_G G_k + k_L L_k) = k_R R_k$$

$$K_0(k_G + k_L\rho)G_k = k_R R_k$$

$$K_0\frac{k_G + k_L\rho}{1 + \rho}(G + L_k) = k_R R_k$$

得换算关系式

$$K = K_0\frac{k_G + k_L\rho}{k_R(1 - \rho)}$$

当 $\rho = 0.1$　$K = 1.466$ 或 $K = 1.388$

当 $\rho = 2$　$K = 1.362$ 或 $K = 1.430$

这里虽然没有考虑分布类型的信息，实际上当按公式

$$K_0 = \frac{1 + \beta\sqrt{\delta_R^2 + \delta_S^2(1 - \beta^2\delta_R^2)}}{1 - \beta^2\delta_R^2}$$

计算时，是假定 R 和 S 变量都是按正态分布的，而当按公式

$$K_0 = \exp(\beta\sqrt{\delta_R^2 + \delta_S^2})$$

计算时，是假定都按对数正态分布的。

从本例题的数值结果可知：

（1）若不同设计荷载变量所占的比重不同（ρ 值不同），则严格按验算点确定的分项系数将不同。

（2）预先设定各荷载分项系数，然后按可靠度要求计算确定结构抗力分项系数，受不同荷载变量间比值的大小影响较小。

（3）单一系数设计表达式的安全系数值受不同荷载变量间比值的大小影响较大。

（4）设计变量的分布类型，对分项系数值的大小有一定的影响。

10.3.4 规范设计表达式

长期以来，工程结构设计人员已习惯于采用基本变量的标准值进行结构设计。各国结构设计规范在确定设计表达式时，几乎都经历了从单一系数表达式向分项系数表达式的演变。[例 10-3] 表明，如果采用单一系数表达式，对于同一种结构构件，当荷载效应比值即可变荷载效应与恒载效应的比值变化时，可靠指标变化较大，亦即可靠度一致性较差。这是因为可变荷载的差异性比恒载大，因此当可变荷载占主要地位时，由同一设计表达式设计的结构，其可靠度将降低。如果采用多系数表达式，结构可获得较好的可靠度一致性。因此国际上通常采用下列设计表达式

$$\gamma_0 \left(\gamma_G S_{G_k} + \gamma_{Q_1} S_{Q_{1k}} + \sum_{i=2}^{n} \gamma_{Q_i} \psi_{ci} S_{Q_{ik}} \right) \leqslant \frac{1}{\gamma_R} R(f_k, a_k \cdots) \tag{10-36}$$

式中　γ_0——结构重要性系数；

　　　γ_G——恒载分项系数；

γ_{Q_1}、γ_{Q_i}——第一个和第 i 个可变荷载分项系数；

　　　S_{G_k}——恒载标准值效应；

　　　$S_{Q_{1k}}$——第一个可变荷载标准值效应，该效应大于其他任何第 i 个可变荷载标准值效应；

　　　$S_{Q_{ik}}$——第 i 个可变荷载标准值效应；

　　　ψ_{ci}——第 i 个可变荷载的组合值系数；

R（·）——结构构件的抗力函数；

　　　γ_R——结构构件抗力分项系数；

　　　f_k——材料性能的标准值；

　　　a_k——几何尺寸的标准值。

采用式（10-36）形式的设计表达式具有很大的适用性，例如，当恒载与可变荷载效应符号相反时，可通过调整分项系数而达到较好的可靠度一致性；又如，当有多个可变荷载时，通过采用可变荷载的组合值系数，使结构设计的可靠度保持一致；再如，对于重要性不同的结构，通过采用结构重要性系数，使非同等重要的结构可靠度水准不同；还有，对于不同材料工作性质的结构，通过调整抗力分项系数，以适应不同材料结构可靠度水平要求不同的需要。

应该指出，由于各国荷载和抗力标准值确定的方式不同，设计目标可靠度的水准也有差异，因此不同国家结构设计表达式的分项系数取值均不一致。各个国家的荷载分项系数、抗力分项系数与荷载标准值和抗力标准值是配套使用的，它们作为设计表达式中的一个整体有确定的概率可靠度意义。千万不能采用某一个国家的荷载标准值或抗力标准值，而套用另一个国家的设计表达式进行结构设计。

10.3.5　我国建筑结构设计表达式

本节内容主要针对建筑结构设计表达式，其他结构设计表达式详见本教材有关章节或相关设计规范，本节不作叙述。

1. 应考虑的最不利组合

我国《建筑结构可靠性设计统一标准》GB 50068—2018 规定，建筑结构设计时，对所考虑的极限状态，应采用相应的结构作用效应的最不利组合。

（1）进行承载能力极限状态设计时，应考虑作用效应的基本组合，必要时应考虑作用效应的偶然组合，对于钢结构，还应进行防火承载力验算。

（2）进行正常使用极限状态设计时，应根据不同设计目的，分别选用下列作用效应的组合：

1）标准组合，主要用于当一个极限状态被超越时将产生严重的永久性损害的情况（如钢筋混凝土结构的开裂）；

2）频遇组合，主要用于当一个极限状态被超越时将产生局部损害、较大变形或短暂振动等情况；

3）准永久组合，主要用于当长期效应是决定性因素时的一些情况。

2. 承载能力极限状态设计式

对于承载能力极限状态，按下列设计表达式进行结构设计

$$\gamma_0 S_d \leqslant R_d \qquad\qquad (10\text{-}37)$$

式中　γ_0——结构重要性系数，按表 10-6 确定；

　　　S_d——作用组合的效应设计值；

　　　R_d——结构或结构构件的抗力设计值。

结构重要性系数 γ_0　　　　　　　　　　　　　　表 10-6

结构重要性系数	对持久设计状况和短暂设计状况			对偶然设计状况和地震设计状况
	安全等级			
	一级	二级	三级	
γ_0	1.1	1.0	0.9	1.0

当作用与作用效应按线性关系考虑时，基本组合荷载效应设计值 S_d 应按下式中最不利

值确定：

$$S_d = \sum_{i \geqslant 1} \gamma_{G_i} S_{G_{ik}} + \gamma_P S_P + \gamma_{Q_1} \gamma_{L1} S_{Q_{1k}} + \sum_{j>1} \gamma_{Q_j} \psi_{cj} \gamma_{Lj} S_{Q_{jk}} \tag{10-38}$$

式中 $S_{G_{ik}}$——第 i 个永久作用标准值的效应；

$\quad\quad S_P$——预应力作用有关代表值的效应；

$\quad\quad S_{Q_{1k}}$——第 1 个可变作用标准值的效应；

$\quad\quad S_{Q_{jk}}$——第 j 个可变作用标准值的效应；

$\quad\quad \gamma_{G_i}$——第 i 个永久作用的分项系数，应按表 10-7 采用；

$\quad\quad \gamma_P$——预应力作用的分项系数，应按表 10-7 采用；

$\quad\quad \gamma_{Q_1}$——第 1 个可变作用的分项系数，应按表 10-7 采用；

$\quad\quad \gamma_{Q_j}$——第 j 个可变作用的分项系数，应按表 10-7 采用；

γ_{L1}、γ_{Lj}——第 1 个和第 j 个考虑结构设计使用年限的荷载调整系数，应按表 10-8 采用；

$\quad\quad \psi_{cj}$——第 j 个可变作用的组合值系数，应按表 11-2 采用。

建筑结构的作用分项系数   表 10-7

适用情况 / 作用分项系数	当作用效应对承载力不利时	当作用效应对承载力有利时
γ_G	1.3	$\leqslant 1.0$
γ_P	1.3	$\leqslant 1.0$
γ_Q	1.5	0

建筑结构考虑结构设计使用年限的荷载调整系数 γ_L 表 10-8

结构的设计使用年限（年）	γ_L
5	0.9
50	1.0
100	1.1

注：对设计使用年限为 25 年的结构构件，γ_L 应按各种材料结构设计标准的规定采用。

对于偶然组合效应设计值，详见《建筑结构可靠性设计统一标准》GB 50068—2018 式 (8.2.5-1)。

当作用与作用效应为非线性关系考虑时，按《建筑结构可靠性设计统一标准》GB 50068—2018 式 (8.2.4-1) 计算。

3. 正常使用极限状态设计表达式

对于正常使用极限状态，应根据不同的设计要求，采用荷载的标准组合、频遇组合或准永久组合，并应按下列设计表达式进行设计

$$S \leqslant C \tag{10-39}$$

式中　C——结构或结构构件体达到正常使用要求的规定限值，例如变形、裂缝、振幅、加速度、应力等的限值。

当作用与作用效应按线性关系考虑时，荷载效应组合值 S_d 按下列情况分别确定：

（1）对于标准组合

$$S_d = \sum_{i \geqslant 1} S_{G_{ik}} + S_P + S_{Q_{1k}} + \sum_{j>1} \psi_{cj} S_{Q_{jk}} \tag{10-40}$$

（2）对于频遇组合

$$S_d = \sum_{i \geqslant 1} S_{G_{ik}} + S_P + \psi_{f1} S_{Q_{1k}} + \sum_{j>1} \psi_{qj} S_{Q_{jk}} \tag{10-41}$$

（3）对于准永久组合

$$S_d = \sum_{i \geqslant 1} S_{G_{ik}} + S_P + \sum_{j \geqslant 1} \psi_{qj} S_{Q_{jk}} \tag{10-42}$$

式中　ψ_{cj}——可变荷载 Q_j 的组合值系数；

　　　ψ_{f1}——可变荷载 Q_1 的频遇值系数；

　　　ψ_{qj}——可变荷载 Q_j 的准永久值系数。

对于一般住宅和办公楼的楼面活荷载，其组合值、频遇值和准永久值系数分别为 0.7、0.5、0.4；对于风荷载，其组合值、频遇值和准永久值系数分别为 0.6、0.4 和 0。

【例 10-4】一钢筋混凝土屋面简支梁（图 10-3、图 10-4），跨度为 6m，截面尺寸为：250mm×500mm，梁的负荷宽度为 3.6m，已知屋面板自重标准值为 3kN/m²，上人屋面活荷载标准值为 2kN/m²，积灰荷载标准值为 0.5kN/m²，屋面活荷载和积灰荷载组合系数分别为 0.7 和 0.9，试求梁跨中弯矩设计值。

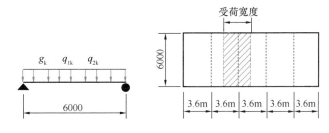

图 10-3　梁计算简图　　　　图 10-4　屋面结构布置图

【解】（1）计算永久荷载标准值 g_k 及可变荷载标准值 q_{1k}、q_{2k}。

梁自重　$0.25 \times 0.5 \times 25 = 3.125$ kN/m

板自重　　　　$3 \times 3.6 = 10.8$ kN/m

$g_k = 13.93$　kN/m

$q_{1k} = 2 \times 3.6 = 7.2$ kN/m

$q_{2k} = 0.5 \times 3.6 = 1.8$ kN/m

（2）求各荷载下跨中弯矩标准值

由公式
$$M = \frac{ql^2}{8}$$

可得

$$M_{gk} = \frac{g_k L^2}{8} = \frac{13.93 \times 6^2}{8} \approx 62.7 \text{kN} \cdot \text{m}$$

$$M_{q1k} = \frac{q_{1k} L^2}{8} = \frac{7.2 \times 6^2}{8} = 32.4 \text{kN} \cdot \text{m}$$

$$M_{q2k} = \frac{q_{2k} L^2}{8} = \frac{1.8 \times 6^2}{8} = 8.1 \text{kN} \cdot \text{m}$$

（3）跨中弯矩设计值

$$M_1 = \gamma_G M_{gk} + \gamma_{Q1} M_{q1k} + \gamma_{Q2} \psi_{c2} M_{q2k}$$

$$= 1.3 \times 62.7 + 1.5 \times 32.4 + 1.5 \times 0.9 \times 8.1$$

$$\approx 141.04 \text{kN} \cdot \text{m}$$

梁跨中弯矩设计值为 141.04kN·m。

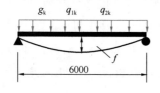

图 10-5　梁计算简图

【例 10-5】题目条件同［例 10-4］，求该梁跨中挠度（图 10-5）。

【解】永久荷载标准值 g_k 及可变荷载标准值 q_{1k}、q_{2k}。同［例 10-4］。

由挠度计算公式

$$f = \frac{5q_k L^4}{384EI}$$

根据荷载的标准组合，求正常使用极限状态下的梁挠度。

则
$$f = f_{g_k} + f_{q_{1k}} + 0.9 f_{q_{2k}}$$

可得
$$q_k = g_k + q_{1k} + 0.9 f_{q_{2k}}$$

$$= 13.93 + 7.2 + 0.9 \times 1.8 = 22.75 \text{kN/m}$$

梁跨中挠度为

$$f = \frac{5q_k L^2}{384EI} = \frac{5 \times 22.75 \times 6000^4}{384 \times 2.0 \times 10^4 \times \frac{1}{12} \times 250 \times 500^3} = 7.37 \text{mm}$$

第10章　结构概率
可靠度设计法课件

第10章　结构概率
可靠度设计法
思维导图

习题

10.1　有人说："安全的结构一定可靠，可靠的结构一定安全"。你觉得这种观点对吗？说出原因。

10.2　怎样确定结构设计的目标可靠度？

10.3　何谓校准法？

10.4　结构概率可靠度直接设计法的基本思路是什么？

10.5　结构设计的规范表达式是怎样体现可靠度设计要求的？

10.6　为什么不能采用中国的荷载标准值按照美国的规范设计表达式进行结构设计？

10.7　是非题：

　　（1）标准组合与承载能力极限状态有关。

　　（2）计算荷载效应时，永久荷载分项系数的取值应是其效应对结构不利且由可变荷载效应控制时取 1.2。

　　（3）核反应堆、大坝、海上采油平台宜采用概率可靠度的直接设计法。

10.8　已知某钢拉杆，其抗力和荷载的统计参数为 $\mu_N = 237kN$，$\sigma_N = 19.8kN$，$\delta_R = 0.07$，$K_R = 1.12$，且轴向拉力 N 和截面承载力 R 都服从正态分布。当目标可靠指标 $\beta = 3.7$ 时，不考虑截面尺寸变异的影响，求结构抗力的标准值。

10.9　一简支板，板跨 $L_0 = 4m$，荷载的标准值：永久荷载（包括板自重）$g_k = 10kN/m^2$，楼板活荷载 $q_k = 2.5kN/m^2$，结构安全等级为二级，试求简支板跨中截面荷载效应设计值 M。

10.10　上题中荷载的准永久值系数为 0.5 时，求按正常使用计算时板跨中截面荷载效应的标准组合和准永久组合弯矩值。

10.11　某悬臂梁，计算简图如图 10-6 所示。经计算，作用于梁上的恒载 $g_k = 8kN/m$，第一种活荷载 $q_k = 6kN/m$，第二种活荷载 $P_k = 8kN$，$\psi_c = 0.7$，试求该梁的最大弯矩和最大剪力设计值。

10.12　某钢筋混凝土屋面梁为简支梁，两端支承在砖墙上，其计算简图如图 10-7 所示。经计算，作用于梁上的恒载 $g_{k1} = 8kN/m$，第一种活荷载 $P_{k1} = 12kN$，第二种活荷载 $P_{k2} = 10kN$，$\psi_c = 0.7$，试求该梁的最大弯矩和最大剪力设计值。

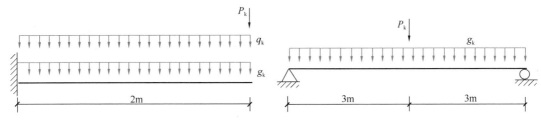

图 10-6　题 10.11 悬臂梁计算简图　　　　　　　图 10-7　题 10.12 简支梁计算简图

第 3 篇

典型工程结构的荷载计算

第 11 章
工业与民用建筑结构

11.1　设计要求

工业与民用建筑即我们平时所说的房屋建筑，在工程中较为常见，其中包括上部结构和下部结构两部分。上部结构指的是地面以上部分，下部结构指的是地面以下部分，即基础和地基。

进行建筑结构设计，要做到技术先进、经济合理、安全适用、确保质量，必须遵循《建筑结构可靠性设计统一标准》GB 50068—2018 的规定，使结构在规定的设计使用年限内应具有足够的可靠度。结构规定的设计使用年限见表11-1，超过了结构的设计使用年限，结构还可以继续使用，但其可靠指标可能会降低。结构的可靠指标与其极限状态有关，不应小于第 10 章表 10-2 的规定。

结构使用年限分类　　　　　　　　　　　表 11-1

类　　别	设计使用年限（年）	示　　例
1	5	临时性结构
2	25	易于替换的结构构件
3	50	普通房屋和构筑物
4	100	纪念性建筑物和特别重要的建筑结构

11.2　各种荷载的取值

11.2.1　永久荷载

永久荷载应根据其建筑构造确定。例如，钢筋混凝土现浇楼面，通常由现浇楼面板自重、板上找平层自重和板底抹灰层自重三个部分组成，若该建筑物需要吊顶，则应包括吊顶自重。我国《建筑结构荷载规范》GB 50009—2012 给出常用材料和构件自重表以供查用，钢筋混凝土重力密度为 $25kN/m^3$，水泥砂浆重力密度为 $20kN/m^3$，混合砂浆重力密度为 $17kN/m^3$，其他材料可查本书附录。

11.2.2 可变荷载

1. 楼面和屋面活荷载

对于不同使用功能的建筑，其可变荷载取值是不同的，我国《建筑结构荷载规范》GB 50009—2012 给出了楼面和屋面活荷载的取值。民用建筑楼面均布活荷载取值见表 11-2。

民用建筑楼面均布活荷载　　　　　　　　　　　表 11-2

项次	类　别			标准值 (kN/m^2)	组合值系数 ψ_c	频遇值系数 ψ_f	准永久值系数 ψ_q
1	（1）住宅、宿舍、旅馆、办公楼、医院病房、托儿所、幼儿园			2.0	0.7	0.3	0.4
	（2）试验室、阅览室、会议室、医院门诊室			2.0	0.7	0.6	0.5
2	教室、食堂、餐厅、一般资料档案室			2.5	0.7	0.6	0.5
3	（1）礼堂、剧场、影院、有固定座位的看台			3.0	0.7	0.5	0.3
	（2）公共洗衣房			3.0	0.7	0.5	0.3
4	（1）商店、展览厅、车站、港口、机场大厅及其旅客等候室			3.5	0.7	0.6	0.5
	（2）无固定座位的看台			3.5	0.7	0.5	0.3
5	（1）健身房、演出舞台			4.0	0.7	0.6	0.5
	（2）运动场、舞厅			4.0	0.7	0.6	0.3
6	（1）书库、档案库、贮藏室			5.0	0.9	0.9	0.8
	（2）密集柜书库			12.0	0.9	0.9	0.8
7	通风机房、电梯机房			7.0	0.9	0.9	0.8
8	汽车通道及客车停车库	（1）单向板楼盖（板跨不小于 2m）和双向板楼盖（板跨不小于 3m×3m）	客车	4.0	0.7	0.7	0.6
			消防车	35.0	0.7	0.5	0.0
		（2）双向板楼盖（板跨不小于 6m×6m）和无梁楼盖（柱网不小于 6m×6m）	客车	2.5	0.7	0.7	0.6
			消防车	20.0	0.7	0.5	0.0
9	厨房	（1）餐厅		4.0	0.7	0.7	0.7
		（2）其他		2.0	0.7	0.6	0.5
10	浴室、卫生间、盥洗室			2.5	0.7	0.6	0.5

续表

项次	类　别		标准值 （kN/m²）	组合值 系数 ψ_c	频遇值 系数 ψ_f	准永久 值系数 ψ_q
11	走廊、 门厅	（1）宿舍、旅馆、医院病房、托儿所、幼儿园、住宅	2.0	0.7	0.5	0.4
		（2）办公楼、餐厅、医院门诊部	2.5	0.7	0.6	0.5
		（3）教学楼及其他可能出现人员密集的情况	3.5	0.7	0.5	0.3
12	楼梯	（1）多层住宅	2.0	0.7	0.5	0.4
		（2）其他	3.5	0.7	0.5	0.3
13	阳台	（1）可能出现人员密集的情况	3.5	0.7	0.6	0.5
		（2）其他	2.5	0.7	0.6	0.5

注：1. 本表所给各项荷载适用于一般使用条件，当使用荷载较大、情况特殊或有专门要求时，应按实际情况采用；

　　2. 第 6 项书库活荷载当书架高度大于 2m 时，书库活荷载尚应按每米书架高度不小于 2.5kN/m² 确定；

　　3. 本表各项荷载不包括隔墙自重和二次装修荷载，对固定隔墙的自重应按永久荷载考虑，当隔墙位置可灵活自由布置时，非固定隔墙的自重应取不小于 1/3 的每延米墙重（kN/m）作为楼面活荷载的附加值（kN/m²）计入，且附加值不应小于 1.0kN/m²。

房屋建筑屋面水平投影面上的活荷载，可按表 11-3 取值。

屋面均布活荷载 表 11-3

项次	类　别	标准值 （kN/m²）	组合值系数 ψ_c	频遇值系数 ψ_f	准永久值系数 ψ_q
1	不上人的屋面	0.5	0.7	0.5	0.0
2	上人的屋面	2.0	0.7	0.5	0.4
3	屋顶花园	3.0	0.7	0.6	0.5
4	屋顶运动场地	3.0	0.7	0.6	0.4

注：1. 不上人的屋面，当施工或维修荷载较大时，应按实际情况采用；对不同类型的结构应按有关设计规范的规定采用，但不得低于 0.3kN/m²；

　　2. 当上人屋面兼作其他用途时，应按相应楼面活荷载采用；

　　3. 对于因屋面排水不畅、堵塞等引起的积水荷载，应采取构造措施加以防止；必要时，应按积水的可能深度确定屋面活荷载；

　　4. 屋顶花园活荷载不应包括花圃土石等材料自重。

2. 雪荷载

国家标准《建筑结构荷载规范》GB 50009—2012 给出了全国各城市重现期 n 为 10 年、50 年和 100 年雪压值，表 11-4 给出其中一些大城市的雪压值。建筑结构设计时，基本雪压

s_0 应按 50 年一遇的雪压值采用，对雪荷载敏感的结构，应按 100 年一遇的雪压值采用。

全国一些大城市的雪压值　　　　　　　　　　　表 11-4

省市名	城市名	海拔高度（m）	雪压（kN/m²）			雪荷载准永久值系数分区
			$n=10$	$n=50$	$n=100$	
北京	北京市	54.0	0.25	0.40	0.45	Ⅱ
天津	天津市	3.3	0.25	0.40	0.45	Ⅱ
	塘沽区	3.2	0.20	0.35	0.40	Ⅱ
上海	上海市	2.8	0.10	0.20	0.25	Ⅲ
重庆	重庆市	259.1	—	—	—	—
山东	济南市	51.6	0.20	0.30	0.35	Ⅱ
	青岛市	76.0	0.15	0.20	0.25	Ⅱ
江苏	南京市	8.9	0.40	0.65	0.75	Ⅱ
	无锡市	6.7	0.30	0.40	0.45	Ⅲ
浙江	杭州市	41.7	0.30	0.45	0.50	Ⅲ
	宁波市	4.2	0.20	0.30	0.35	Ⅲ
安徽	合肥市	27.9	0.40	0.60	0.70	Ⅱ
	蚌埠市	18.7	0.30	0.45	0.55	Ⅱ
江西	南昌市	46.7	0.30	0.45	0.50	Ⅲ
	九江市	36.1	0.30	0.40	0.45	Ⅲ
福建	福州市	83.8	—	—	—	—
	厦门市	139.4	—	—	—	—
陕西	西安市	397.5	0.20	0.25	0.30	Ⅱ
	延安市	957.8	0.15	0.25	0.30	Ⅱ
广东	广州市	6.6	—	—	—	—
	深圳市	18.2	—	—	—	—

雪荷载标准值可按下列公式计算

$$s_k = \mu_r s_0 \tag{11-1}$$

式中　μ_r——积雪分布系数，双坡屋面的积雪分布系数可按图 2-9 和表 2-1 确定；其他屋面形式的积雪分布系数详见《建筑结构荷载规范》GB 50009—2012。

　　雪荷载的组合值系数可取 0.7；频遇值系数可取 0.6；准永久值系数可按雪荷载分区Ⅰ、Ⅱ 和Ⅲ 的不同，分别取 0.5、0.2 和 0.0；雪荷载分区详见规范，全国一些大城市的雪荷载分区见表 11-4。

　　3. 风荷载

　　有关风荷载计算问题，已在第 4 章作了比较详细的介绍，现把《建筑结构荷载规范》

GB 50009—2012 中的有关规定叙述如下。

计算主要受力结构时，风荷载标准值的计算公式为

$$w_{\mathrm{k}} = \beta_{\mathrm{z}} \mu_{\mathrm{s}} \mu_{\mathrm{z}} w_0 \tag{11-2}$$

式中　　w_0——基本风压值；

　　　　μ_{s}——风荷载体型系数；

　　　　μ_{z}——风压高度变化系数；

　　　　β_{z}——风振系数。

《建筑结构荷载规范》GB 50009—2012 给出全国各城市重现期 n 为 10 年、50 年和 100 年的风压值，建筑结构设计时基本风压应按 50 年一遇的风压值采用，但不得小于 0.3kN/ m^2；对于高层建筑、高耸结构以及对风荷载比较敏感的其他结构，基本风压的取值应适当提高。表 11-5 给出全国一些大城市的风压值。

全国几个大城市的风压值　　　　　　　　　　　　　　表 11-5

省市名	城市名	海拔高度 (m)	风压（kN/m²）		
			$n=10$	$n=50$	$n=100$
北京	北京市	54.0	0.30	0.45	0.50
天津	天津市	3.3	0.30	0.50	0.60
	塘沽区	3.2	0.40	0.55	0.65
上海	上海市	2.8	0.40	0.55	0.60
重庆	重庆市	259.1	0.25	0.40	0.45
山东	济南市	51.6	0.30	0.45	0.50
	青岛市	76.0	0.45	0.60	0.70
江苏	南京市	8.9	0.25	0.40	0.45
	无锡市	6.7	0.30	0.45	0.50
浙江	杭州市	41.7	0.30	0.45	0.50
	宁波市	4.2	0.30	0.50	0.60
安徽	合肥市	27.9	0.25	0.35	0.40
	蚌埠市	18.7	0.25	0.35	0.40
江西	南昌市	46.7	0.30	0.45	0.55
	九江市	36.1	0.25	0.35	0.40
福建	福州市	83.8	0.40	0.70	0.85
	厦门市	139.4	0.50	0.80	0.95
陕西	西安市	397.5	0.25	0.35	0.40
	延安市	957.8	0.25	0.35	0.40
广东	广州市	6.6	0.30	0.50	0.60
	深圳市	18.2	0.45	0.75	0.90

续表

省市名	城市名	海拔高度 (m)	风压 (kN/m²)		
			$n=10$	$n=50$	$n=100$
海南	海口市	14.1	0.45	0.75	0.90
	三亚市	5.5	0.50	0.85	1.05
四川	成都市	506.1	0.20	0.30	0.35
	峨眉山市	3047.4	—	—	—
云南	昆明市	1891.4	0.20	0.30	0.35
西藏	拉萨市	3685.0	0.20	0.30	0.35

风压高度变化系数，应根据地面粗糙度类别和离地面或海平面高度确定，计算式见第 4 章式（4-32），数值详见表 11-6。其中地面粗糙度的类别分别为：

A 类：指近海海面及海岛、海岸、湖岸及沙漠地区；

B 类：指田野、乡村、丛林、丘陵以及房屋比较稀疏的乡镇；

C 类：指有密集建筑群的城市市区；

D 类：指有密集建筑群且房屋较高的城市市区。

风压高度变化系数 μ_z 表 11-6

离地面或海平面高度 (m)	地面粗糙度类别			
	A	B	C	D
5	1.09	1.00	0.65	0.51
10	1.28	1.00	0.65	0.51
15	1.42	1.13	0.65	0.51
20	1.52	1.23	0.74	0.51
30	1.67	1.39	0.88	0.51
40	1.79	1.52	1.00	0.60
50	1.89	1.62	1.10	0.69
60	1.97	1.71	1.20	0.77
70	2.05	1.79	1.28	0.84
80	2.12	1.87	1.36	0.91
90	2.18	1.93	1.43	0.98
100	2.23	2.00	1.50	1.04
150	2.46	2.25	1.79	1.33
200	2.64	2.46	2.03	1.58
250	2.78	2.63	2.24	1.81
300	2.91	2.77	2.43	2.02
350	2.91	2.91	2.60	2.22
400	2.91	2.91	2.76	2.40
450	2.91	2.91	2.91	2.58
500	2.91	2.91	2.91	2.74
≥550	2.91	2.91	2.91	2.91

　　风荷载体型系数，由建筑物外形决定，高层建筑迎风面与背风面风荷载体型系数见4.4.4节。对于封闭式双坡屋面，风荷载体型系数的取值见图4-14；其他建筑外形的体型系数取值详见《建筑结构荷载规范》GB 50009—2012 规定；而《门式刚架轻型房屋钢结构技术规范》GB 51022—2015 对封闭式双坡屋面（α 一般小于15°）的中间区，风荷载体型系数的取值见图11-1，对封闭式双坡屋面的端区，其风荷载体型系数的取值见图11-2。重要且体型复杂的房屋和构筑物，体型系数应由风洞试验确定。

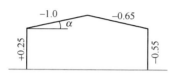

图 11-1　封闭式屋面中间区　　　　　图 11-2　封闭式屋面端区

风载体型系数　　　　　　　　　　风载体型系数

　　至于风振系数 β_z 取值，已在第4章有详细介绍，这里不再重复。《建筑结构荷载规范》GB 50009—2012 规定：对于高度大于30m且高宽比大于1.5的房屋，以及基本自振周期 T_1 大于0.25s的各种高耸结构，应考虑风压脉动对结构产生顺风向风振的影响，一般竖向悬臂型结构，如高层建筑和构架、塔架、烟囱等高耸结构，均可仅考虑结构第一振型的影响，按第4章公式进行计算；对于风敏感的或跨度大于36m的柔性屋盖结构，应考虑风压脉动对结构产生风振的影响，宜依据风洞试验结果按随机振动理论计算确定；若不考虑风压脉动对结构顺风向风振的影响，则取 $\beta_z = 1$。

　　计算风振系数时，结构的基本自振周期 T_1 可采用如下近似公式计算：

　　（1）高耸结构

　　一般情况：　　　　　　　　　　　$T_1 = (0.007 \sim 0.013) H$

　　钢结构可取高值，钢筋混凝土结构可取低值。

　　烟囱：

　　高度不超过60m的砖烟囱　　　$T_1 = 0.23 + 0.22 \times 10^{-2} \dfrac{H^2}{d}$

　　高度不超过150m的钢筋混凝土烟囱　　$T_1 = 0.41 + 0.1 \times 10^{-2} \dfrac{H^2}{d}$

　　高度超过150m但低于210m的钢筋混凝土烟囱　　$T_1 = 0.53 + 0.08 \times 10^{-2} \dfrac{H^2}{d}$

　　（2）高层建筑

　　一般情况：钢结构　　　　　　　　$T_1 = (0.10 \sim 0.15) n$

　　钢筋混凝土结构　　　　　　　　　$T_1 = (0.05 \sim 0.10) n$

式中　　n——建筑层数。

钢筋混凝土框架和框剪结构：$T_1 = 0.25 + 0.53 \times 10^{-3} \dfrac{H^2}{\sqrt[3]{B}}$

钢筋混凝土剪力墙结构：$T_1 = 0.03 + 0.03 \dfrac{H}{\sqrt[3]{B}}$

式中　H——房屋总高度（m）；

　　　B——房屋宽度（m）。

11.2.3 偶然荷载

在结构设计时考虑的偶然荷载主要为地震作用。

地震作用的计算已在第 5 章较为详细地介绍，下面仅介绍进行建筑结构抗震设计时《建筑抗震设计规范》GB 50011—2010（2016 年版）的有关规定。

各类建筑结构的抗震计算，应分别采用下列方法：

（1）高度不超过 40m，以剪切变形为主且质量和刚度沿高度分布比较均匀的结构，以及近似于单质点体系的结构，可采用底部剪力法等简化方法。

（2）除 1 款外的建筑结构，宜采用振型分解反应谱法。

（3）特别不规则的建筑、甲类建筑和表 11-7 所列高度范围的高层建筑，应采用时程分析法进行多遇地震下的补充计算；可取三组时程曲线计算结果的包络值或七组及七组以上时程曲线计算结果的平均值与振型分解反应谱法计算结果进行比较，取其较大值。

注：时程分析法是指直接根据动力方程求解结构在特定地震波作用下的时程反应的方法。

采用时程分析的房屋高度范围　　　　　　　　　　　　　　　　　　　表 11-7

烈度、场地类别	房屋高度范围（m）	烈度、场地类别	房屋高度范围（m）
8 度 I、II 类场地和 7 度	＞100	9 度	＞60
8 度 III、IV 类场地	＞80		

计算地震作用时，建筑的重力荷载代表值应取结构和构配件自重标准值和各可变荷载组合值之和，各可变荷载的组合值系数见表 11-8。

可变荷载组合值系数　　　　　　　　　　　　　　　　　　　　　　　表 11-8

可变荷载种类	组合值系数
雪荷载	0.5
屋面积灰荷载	0.5
屋面活荷载	不计入
按实际情况计算的楼面活荷载	1.0

可变荷载种类		组合值系数
按等效均布荷载 计算的楼面活荷载	藏书库、档案库	0.8
	其他民用建筑	0.5
吊车悬吊物重力	硬钩吊车	0.3
	软钩吊车	不计入

注：硬钩吊车的吊重较大时，组合值系数应按实际情况采用。

建筑结构的地震影响系数应根据烈度、场地类别、设计地震分组，以及结构的自振周期和阻尼比来确定，其地震影响系数曲线如图11-3所示。

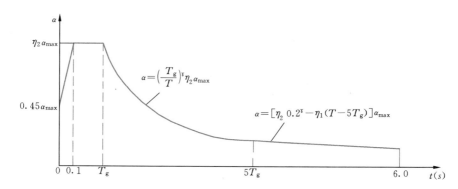

图 11-3　地震影响系数曲线

该曲线共分为四个阶段：

（1）直线上升段，周期小于0.1s的区段。

（2）水平段，自0.1s至特征周期区段，应取 $\alpha = \eta_2 \alpha_{max}$。

（3）曲线下降段，自特征周期至5倍特征周期区段，$\alpha = \left(\dfrac{T_g}{T}\right)^\gamma \eta_2 \alpha_{max}$。

（4）直线下降段，自5倍特征周期至6s区段，$\alpha = \left[\eta_2 0.2^\gamma - \eta_1 (T - 5T_g)\right] \alpha_{max}$。

水平地震影响系数最大值 α_{max} 应按表11-9采用，特征周期 T_g 应根据场地类别和设计地震分组按表11-10采用，计算8、9度罕遇地震作用时，特征周期应增加0.05s。

水平地震影响系数最大值 表 11-9

地震影响	6 度	7 度	8 度	9 度
多遇地震	0.04	0.08（0.12）	0.16（0.24）	0.32
罕遇地震	—	0.50（0.72）	0.90（1.20）	1.40

注：括号中数据分别用于设计基本地震加速度为 0.15g 和 0.30g 的地区。

特 征 周 期 值　　　　　　　　　　　　　　　表 11-10

设计地震分组	场地类别				
	I_0	I_1	II	III	IV
第一组	0.20	0.25	0.35	0.45	0.65
第二组	0.25	0.30	0.40	0.55	0.75
第三组	0.30	0.35	0.45	0.65	0.90

阻尼调整系数 η_2、衰减指数 γ 和直线下降段斜率调整系数 η_1 分别取值如下：

（1）除有专门规定外，建筑结构的阻尼比应取 0.05，则

$$\eta_2=1.0，\ \gamma=0.9，\ \eta_1=0.02$$

（2）当建筑结构的阻尼比按有关规定不等于 0.05 时，则

阻尼调整系数　　$\eta_2=1+\dfrac{0.05-\xi}{0.08+1.6\xi}$（若小于 0.55 时，取 0.55）

衰减指数　　　　　　　　$\gamma=0.9+\dfrac{0.05-\xi}{0.3+6\xi}$

直线下降段斜率调整系数　$\eta_1=0.02+\dfrac{0.05-\xi}{4+32\xi}$（若小于 0 时，取 0）

11.3 示例

工程资料：

上海某厂办公楼，二跨三层，跨度为 6.3m 和 5.1m，长度为 42.9m，柱距为 3.9m，房屋总高度 10.85m，从下至上每层层高分别为 3.4m、3.4m、3.45m，各层平面布置详如图 11-4～图 11-6 所示，立面图和剖面图分别如图 11-7 和图 11-8 所示。

工程做法：

1. 地面做法

素土夯实，碎石夯入土中 150 厚（单位：mm，以下同），60 厚 C15 混凝土垫层，水泥浆一道（内掺建筑胶）；20 厚 1：3 干硬性水泥砂浆结合层，表面撒水泥粉；20 厚大理石面层（厕所、盥洗室、开水房等贴 10 厚防滑地砖），干水泥擦缝。

2. 楼面做法

现浇板结构层，水泥浆一道（内掺建筑胶）；30 厚 1：3 干硬性水泥砂浆结合层，表面撒水泥粉；20 厚大理石面层（厕所、盥洗室等贴 10 厚防滑地砖），干水泥擦缝。

3. 屋面做法

现浇板结构层，1：6 水泥焦渣找坡层（最薄处 30 厚），100 厚膨胀蛭石保温层（型材），20 厚 1：3 水泥砂浆找平层，SBS 改性沥青防水卷材二层（铺贴，面层带铝箔）。

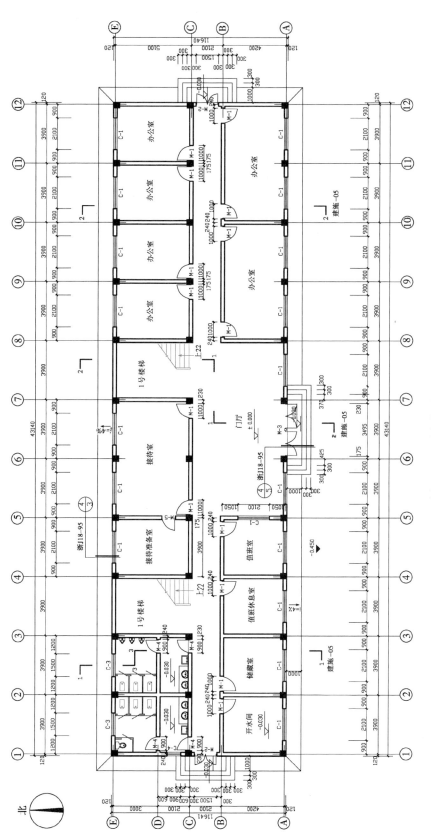

图 11-4　一层平面图 1 : 100

206

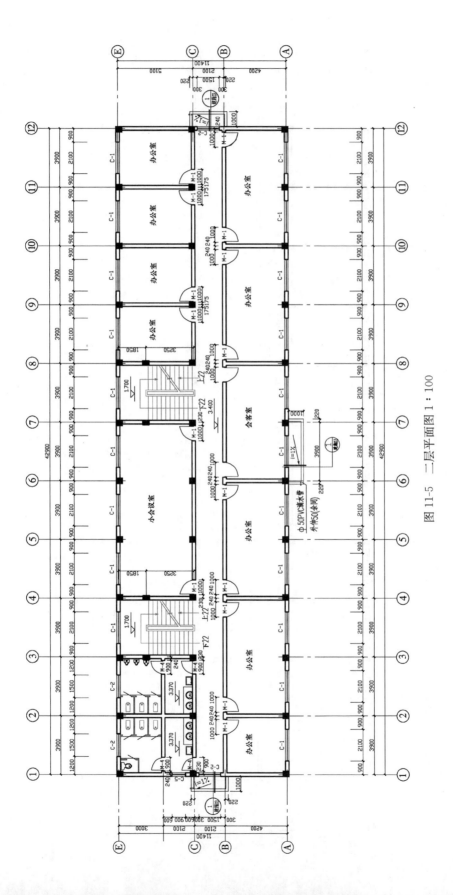

图 11-5　二层平面图 1：100

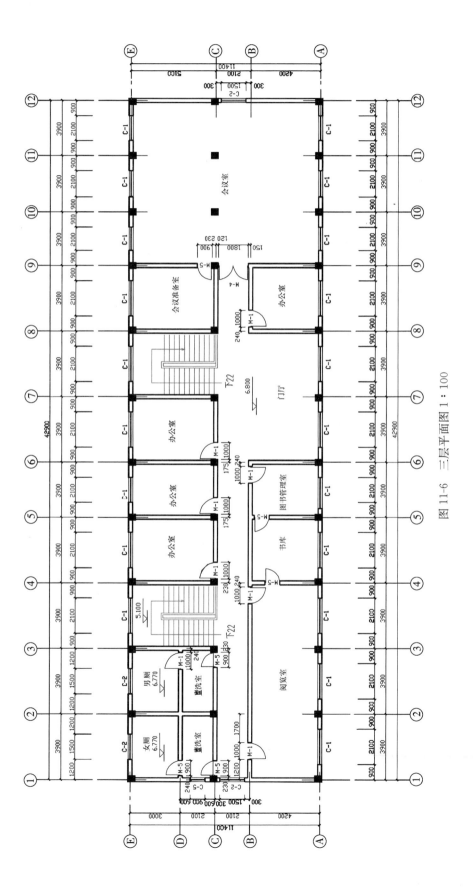

图 11-6　三层平面图 1∶100

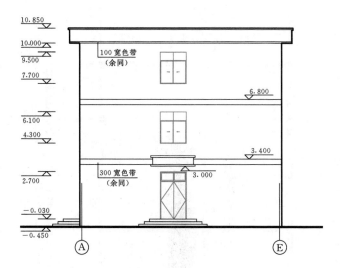

图 11-7　立面图 1∶100

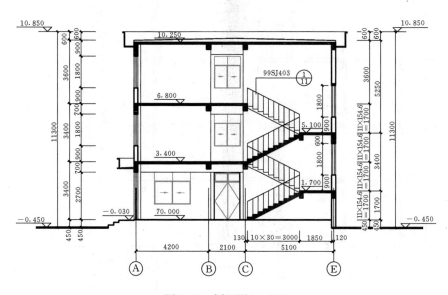

图 11-8　剖面图 1∶100

4. 内墙饰面

（1）厕所及盥洗室 2.4m 以下内墙面做法

1∶3 水泥砂浆打底，1∶2 水泥砂浆结合层，瓷砖贴面。

（2）其他内墙面做法

1∶1∶6 混合砂浆打底，纸筋灰面，刷白涂料二度。

（3）踢脚线做法

刷 10 厚 1∶2 水泥砂浆，粘贴大理石板，稀水泥擦缝，150 高踢脚线。

5. 外墙饰面

12 厚 1：3 水泥砂浆打底，6 厚 1：2 水泥砂浆光面拉毛，外涂聚乙烯胶涂料，具体颜色另定。

6. 顶棚做法

（1）厕所、盥洗室顶棚均为 1：3 水泥砂浆打底，1：2.5 水泥砂浆抹面，刷白涂料二度。

（2）其余房间顶棚及楼梯底为 1：1：6 混合砂浆打底，纸筋灰抹面，刷白涂料二度。

7. 楼梯间平台楼面及踏面做法

同普通楼面，踏步上做铜质防滑条二根，踏步做出挡水线。

8. 门窗及五金

门采用木门，窗采用铝合金窗；门窗的气密性为三级。

9. 楼梯栏杆和扶手

见标准图集。

10. 其他

其他未说明之处均按现行有关规范、规程的规定施工。

本工程上部结构采用框架结构，下部采用柱下条形基础，现浇双向板楼盖体系；抗震等级为三级，设防烈度为 7 度，场地土类别为 Ⅳ 类，设计地震分组为第一组，建筑抗震设防类别为丙类，建筑物设计合理使用年限为 50 年。地面粗糙度类别为 B 类。框架填充墙：烧结普通砖为 MU10，混合砂浆强度等级为 M7.5。

本工程选用的结构体系为框架结构，且仅计算横向框架，初步估算板厚为 120mm，框架主梁截面尺寸为 250mm×650mm，次梁截面尺寸为 250mm×400mm，柱截面尺寸为 350mm×450mm。

一、楼板设计的荷载

采用双向板肋梁楼盖，按弹性计算。

由《建筑结构荷载规范》GB 50009—2012 可查得各类可变荷载标准值分别如下：

楼面活载：2.0kN/m²，盥洗室活载：2.5kN/m²，不上人屋面活载：0.5kN/m²，屋面雪载：0.2kN/m²，楼梯间活载：3.5kN/m²，基本风压值：0.55kN/m²

（1）普通楼面

恒载标准值：20 厚大理石面层	$0.02×28=0.56kN/m^2$
30 厚水泥砂浆找平层	$0.03×20=0.6kN/m^2$
120 厚现浇板自重	$0.12×25=3.0kN/m^2$
纸筋灰板底抹灰	$0.02×17=0.34kN/m^2$

$$g_k=4.5kN/m^2$$

活载标准值： $\qquad q_k = 2.0\text{kN/m}^2$

恒载设计值： $g = 1.2 \times 4.5 = 6.1\text{kN/m}^2$

活载设计值： $q = 1.4 \times 2.0 = 2.8\text{kN/m}^2$

（2）厕所、盥洗室楼面：

恒载标准值：10厚防滑地砖 $\qquad 0.01 \times 28 = 0.28\text{kN/m}^2$

　　　　　　30厚水泥砂浆找平层 $\qquad 0.03 \times 20 = 0.6\text{kN/m}^2$

　　　　　　100厚现浇板自重 $\qquad 0.10 \times 25 = 2.5\text{kN/m}^2$

　　　　　　水泥砂浆板底抹灰 $\qquad 0.02 \times 20 = 0.40\text{kN/m}^2$

$$g_k = 3.8\text{kN/m}^2$$

活载标准值： $\qquad q_k = 2.5\text{kN/m}^2$

恒载设计值： $\qquad g = 1.2 \times 3.8 = 5.1\text{kN/m}^2$

活载设计值： $\qquad q = 1.4 \times 2.5 = 3.5\text{kN/m}^2$

对双向板采用连续板法进行内力计算，然后根据荷载效应小于或等于抗力效应要求进行钢筋混凝土板配筋设计。

二、次梁设计的荷载

二层 B 轴次梁计算，按弹性理论设计，次梁的活荷载不考虑梁从属面积的荷载折减，在内力计算中，不考虑主梁对次梁转动约束的影响，仅将梁最后跨中配筋面积放大一点，以考虑其影响。为计算方便，将现浇板传来的梯形荷载直接简化为均布荷载。次梁截面尺寸为 250mm×400mm，内墙自重按 5.24kN/m² 计。

恒载标准值：梁自重 $\qquad\qquad 0.25 \times 0.4 \times 25 = 2.5\text{kN/m}$

　　　　　　梁侧粉刷 $\qquad 0.02 \times (0.4 - 0.12) \times 2 \times 17 = 0.2\text{kN/m}$

　　　　　　墙重 $\qquad\qquad [5.24 \times 3.9 \times (3.4 - 0.4)$

$\qquad\qquad\qquad\qquad - (5.24 - 0.2) \times 1.0 \times 2.1]/3.9 = 13.0\text{kN/m}$

　　　　　　现浇板传来梯形荷载 $\qquad 4.5 \times 2.1 \times 1/2 = 4.7\text{kN/m}$

$$g_k = 20.4\text{kN/m}$$

　　　　　　现浇板传来三角形荷载　$4.5 \times 3.9 \times 1/2 = 8.8\text{kN/m}$

活载标准值：现浇板传来梯形荷载　$2.0 \times 2.1 \times 1/2 = 2.1\text{kN/m}$

　　　　　　现浇板传来三角形荷载　$2.0 \times 3.9 \times 1/2 = 3.9\text{kN/m}$

恒载设计值： $g_1 = 1.2 \times 20.4 = 24.48\text{kN/m}$

　　　　　　 $g_2 = 1.2 \times 8.8 = 10.56\text{kN/m}$

活载设计值： $q_1 = 1.4 \times 2.1 = 2.94\text{kN/m}$

　　　　　　 $q_2 = 1.4 \times 3.9 = 5.46\text{kN/m}$

该次梁各跨跨度相同，荷载也相同，故可仅取五等跨连续梁来进行内力计算，根据计算结果进行次梁正截面抗弯承载力和斜截面抗剪承载力的计算，要求荷载效应小于或等于抗力效应，否则结构会失效。

三、边框架设计的荷载

框架计算跨度取柱中心到中心之间的距离，即：$l_1 = 6.3$m，$l_2 = 4.9$m。

底层取基础顶到二层结构面的距离，二层结构面为建筑面扣除面层，本工程面层共计50mm，即

$$H_1 = 0.5 + 0.45 + (3.4 - 0.05) = 4.3\text{m}$$

其余层取两结构面之间的距离，即

$$H_2 = 3.4\text{m}, \quad H_3 = (3.6 - 0.15) + 0.05 = 3.5\text{m}$$

框架计算简图如图 11-9 所示。

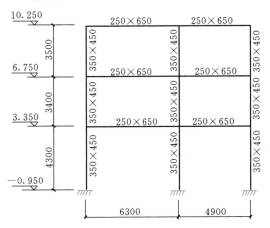

图 11-9　框架计算简图

1. 屋面荷载计算

恒载标准值：防水卷材二层　　　　　　　　　　　　　$0.05 \times 2 = 0.1\text{kN/m}^2$

　　　　　　100mm 厚膨胀蛭石保温层　　　　　　　　$0.1 \times 1.5 = 0.15\text{kN/m}^2$

　　　　　　20mm 厚水泥砂浆找平层　　　　　　　　　　　　　0.4kN/m^2

　　　　　　找坡层，平均厚90mm（水泥焦渣）

　　　　　　　　　　　　　　　　　　　　　　　　　$0.09 \times 14 = 1.26\text{kN/m}^2$

　　　　　　120mm 厚现浇板　　　　　　　　　　　　$0.12 \times 25 = 3.0\text{kN/m}^2$

　　　　　　板底抹灰　　　　　　　　　　　　　　　$0.02 \times 17 = 0.34\text{kN/m}^2$

　　　　　　　　　　　　　　　　　　　　　　　　　　　　　　$g_k = 5.3\text{kN/m}^2$

屋面框架梁所受的恒载标准值：

　　　框架梁自重　　$0.25 \times 0.65 \times 25 = 4.1\text{kN/m}$

梁侧粉刷　$0.34 \times (0.65-0.12) + 0.5 \times 0.65 = 0.5 \text{kN/m}$

女儿墙重　$(0.06 \times 0.6 + 0.08 \times 0.06) \times 25 = 1.0 \text{kN/m}$

女儿墙粉刷　$0.5 \times (0.6+0.06) + 0.36 \times (0.6+0.12) = 0.6 \text{kN/m}$

均布荷载：$g_{1k} = 4.1 + 0.5 + 1.0 + 0.6 = 6.2 \text{kN/m}$

板传来梯形荷载：$g_{2k} = 5.3 \times 3.9 \times 1/2 = 10.3 \text{kN/m}$

活载标准值：$q_k = 0.5 \times \dfrac{3.9}{2} = 0.975 \text{kN/m}$

2. 二、三层楼面荷载计算

二、三层楼面框架梁所受的恒载标准值：

框架梁自重　$0.25 \times 0.65 \times 25 = 4.1 \text{kN/m}$

梁侧粉刷　$0.34 \times (0.65-0.12) + 0.5 \times 0.65 = 0.5 \text{kN/m}$

墙重　$5.4 \times (3.5-0.65) = 15.4 \text{kN/m}$

均布荷载　$g_{1k} = 4.1 + 0.5 + 15.4 = 20.0 \text{kN/m}$

板传来梯形荷载：$g_{2k} = 4.5 \times 1/2 \times 3.9 = 8.8 \text{kN/m}$

活载标准值：$q_k = 2 \times \dfrac{3.9}{2} = 3.9 \text{kN/m}$

3. 风荷载计算

风荷载标准值计算公式为：$w_k = \beta_z \mu_s \mu_z w_0$。

因结构总高度 $H = 10.85 \text{m} < 30 \text{m}$，故取风振系数 $\beta_z = 1.0$。

对于矩形平面，体形系数 $\mu_s = 1.3$。

风压高度变化系数 μ_z 可查表 11-6，地面粗糙度类别为 B 类，将风荷载分成三段，每个楼层为一段，最上面一段包括女儿墙的高度，计算见表 11-11。表中 z 为每段荷载中点至室外地面高度，室内外高差为 -0.450m，基础顶面标高为 -0.950m，w_0 为基本风压，上海地区基本风压值为 $w_0 = 0.55 \text{kN/m}^2$，H_i 为每段荷载的高度，P_{Wi} 为作用于框架节点的集中风荷载标准值（由于计算框架为边框，故受荷宽度取柱距的一半），框架在风载作用下计算简图如图 11-10 所示。

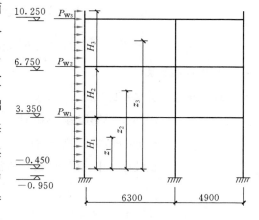

图 11-10　框架风载作用示意图

4. 水平横向地震作用计算

三层框架结构，设防烈度为 7 度，抗震等级为三级，建筑场地类别为Ⅳ类，设计地震分组为第一组。

作用于边框架的风载计算表　　　　　　　　　　表 11-11

层次	β_z	μ_s	$z(\mathrm{m})$	μ_z	$w_0(\mathrm{kN/m^2})$	$w_{ki}(\mathrm{kN/m^2})$	$H_i(\mathrm{m})$	$P_{Wi}(\mathrm{kN})$
3	1.0	1.3	9.25	1.0	0.55	0.715	4.1	3.28
2	1.0	1.3	5.5	1.0	0.55	0.715	3.4	4.81
1	1.0	1.3	1.9	1.0	0.55	0.715	3.8	5.02

本框架只考虑水平横向地震作用，由于本工程满足下列条件：

（1）结构的质量和刚度沿高度分布比较均匀；

（2）房屋的总高度不超过 40m；

（3）建筑结构在地震作用下的变形以剪切变形为主；

（4）建筑结构在地震作用下的扭转效应可忽略不计。

故本框架可采用底部剪力法计算水平横向地震作用力。

（1）建筑总重力荷载代表值 G_E 计算

集中在各楼层标高处的重力荷载代表值包括：楼面或屋面自重的标准值，50％楼面活载或 50％屋面雪载，屋面活载不计，墙重取上下各半层墙重的标准值之和。

1）底层重力荷载代表值 G_1

恒载：二层现浇板重　$4.5 \times \dfrac{3.9}{2} \times (6.3+4.9) = 98.28\mathrm{kN}$

二层框架梁自重　$0.25 \times 0.65 \times 25 \times (6.3+4.9) = 45.5\mathrm{kN}$

二层纵向次梁重　$0.25 \times 0.4 \times 25 \times \dfrac{3.9}{2} \times 4 = 19.5\mathrm{kN}$

一层框架柱重　$0.35 \times 0.45 \times 25 \times \dfrac{4.3}{2} \times 3 = 25.4\mathrm{kN}$

二层框架柱重　$0.35 \times 0.45 \times 25 \times \dfrac{3.4}{2} \times 3 = 20.1\mathrm{kN}$

二层墙重的一半　$5.4 \times (6.3+4.9) \times \dfrac{1}{2} \times (3.4-0.65)$

$\qquad\qquad + 5.4 \times (3.4-0.4) \times \dfrac{1}{2} \times 3.9 \times 4 \times \dfrac{1}{2}$

$\qquad\qquad = 146.3\mathrm{kN}$

一层墙重的一半　$5.4 \times (6.3+4.9) \times \dfrac{1}{2} \times (4.3-0.65)$

$\qquad\qquad + 5.4 \times (4.3-0.4) \times \dfrac{1}{2} \times 3.9 \times 4 \times \dfrac{1}{2}$

$\qquad\qquad = 192.5\mathrm{kN}$

雨篷重　　　　　$1.6 \times 6.3 = 10.1 \text{kN}$

活载：楼面活载　$\left[2.0 \times 3.9 \times \frac{1}{2} \times (6.3 + 4.9) \right] \times 0.5 = 21.84 \text{kN}$

雨篷活荷载　$0.5 \times (0.6 \times 6.3) = 1.9 \text{kN}$

$G_1 = 98.28 + 45.5 + 19.5 + 25.4 + 20.1 + 146.3 + 192.5 + 10.1 + 21.84 + 1.9$
$= 581 \text{kN}$

2）二层重力荷载代表值 G_2

恒载：三层现浇板重　98.28kN

三层框架梁自重　45.5kN

三层纵向次梁重　19.5kN

三层框架柱重　$0.35 \times 0.45 \times 25 \times \frac{3.5}{2} \times 3 = 20.7 \text{kN}$

二层框架柱重　20.1kN

二层墙重的一半　146.3kN

三层墙重的一半　$5.4 \times (6.3 + 4.9) \times \frac{1}{2} \times (3.5 - 0.65)$

$+ 5.4 \times (3.5 - 0.4) \times \frac{1}{2} \times 3.9 \times 2 \times \frac{1}{2}$

$= 118.8 \text{kN}$

活载：楼面活载　　21.84kN

$G_2 = 98.28 + 45.5 + 19.5 + 20.7 + 20.1 + 146.3 + 118.8 + 21.84 = 491 \text{kN}$

3）顶层重力荷载代表值 G_3

恒载：顶层现浇板重：　$5.3 \times \frac{1}{2} \times 3.9 \times (6.3 + 4.9) = 115.8 \text{kN}$

顶层框架梁自重：　45.5kN

顶层纵向次梁重：　19.5kN

三层框架柱重：　20.7kN

三层墙重的一半：　118.8kN

女儿墙重　　$1.6 \times (6.3 + 4.9) = 17.9 \text{kN}$

檐沟重　　$(5.7 + 0.8 + 0.4 + 0.5 + 1.5) \times \frac{1}{2} \times 3.9 \times 2$

$= 34.7 \text{kN}$

活载：屋面雪载　$0.5 \times \left[0.2 \times \frac{3.9}{2} \times (6.3 + 4.9) \right] = 2.2 \text{kN}$

$G_3 = 115.8 + 45.5 + 19.5 + 20.7 + 118.8 + 17.9 + 34.7 + 2.2 = 375 \text{kN}$

所以　　$G_E = G_1 + G_2 + G_3 = 581 + 491 + 375 = 1447\text{kN}$

（2）结构自振周期 T_1 计算

根据计算，可知该框架结构的顶点位移 $u_T = 0.0931\text{m}$。

若采用 C25 混凝土，弹性模量 $E_C = 2.8 \times 10^7 \text{kN/m}^2$。

结构基本周期计算时考虑非结构墙影响的折减系数 $a_0 = 0.6$，则

$$T_1 = 1.7 a_0 \sqrt{u_T} = 1.7 \times 0.6 \times \sqrt{0.0931} = 0.31\text{s}$$

（3）多遇水平地震作用计算

设防烈度 7 度，Ⅳ类场地土，设计地震分组为第一组，阻尼比为 0.05，$\alpha_{max} = 0.08$，$T_g = 0.65\text{s}$。

由于 $T_1 = 0.31\text{s} < 1.4 T_g = 1.4 \times 0.65 = 0.91\text{s}$，故不须附加顶部集中力。

地震影响系数 $\alpha_1 = \eta_2 \alpha_{max} = 1.0 \times 0.08 = 0.08$。

结构总水平地震作用效应标准值为

$$F_{Ek} = \alpha_1 G_{Eq} = 0.08 \times 0.85 G_E = 0.08 \times 0.85 \times 1447 = 98\text{kN}$$

各层水平地震作用 F_i 计算

$$F_1 = \frac{G_1 H_1}{\sum G_i H_i} F_{Ek} = \frac{581 \times 4.3}{581 \times 4.3 + 491 \times 7.7 + 375 \times 11.2} \times 98 = 23.4\text{kN}$$

$$F_2 = \frac{G_2 H_2}{\sum G_i H_i} F_{Ek} = \frac{491 \times 7.7}{581 \times 4.3 + 491 \times 7.7 + 375 \times 11.2} \times 98 = 35.4\text{kN}$$

$$F_3 = \frac{G_3 H_3}{\sum G_i H_i} F_{Ek} = \frac{375 \times 11.2}{581 \times 4.3 + 491 \times 7.7 + 375 \times 11.2} \times 98 = 39.3\text{kN}$$

楼层地震剪力计算

$$V_3 = F_3 = 39.3\text{kN} > \lambda \sum_{j=i}^3 G_i = 0.016 \times 375 = 6\text{kN}，取 V_3 = 39.3\text{kN}$$

$$V_2 = F_3 + F_2 = 39.3 + 35.4 = 74.7\text{kN} > \lambda \sum_{j=i}^3 G_i$$

$$= 0.016 \times (375 + 491) = 13.86\text{kN}，取 V_2 = 74.7\text{kN}$$

$$V_1 = F_3 + F_2 + F_1 = 74.7 + 23.4 = 98.1\text{kN} > \lambda \sum_{j=i}^3 G_i$$

$$= 0.016 \times (375 + 491 + 581) = 23.51\text{kN}，取 V_1 = 98.1\text{kN}$$

上面已分别求得框架结构所受的恒载、活载、风载和地震作用，再根据结构力学的方法分别计算各荷载工况下的内力。计算活载内力时应考虑活载的不利分布，风载分左风和右风两种工况，地震作用分左地震和右地震两种工况。在内力计算时，考虑的不利荷载组合有：恒载与活载的组合；恒载与风载的组合；恒载与活载和风载的组合，对于第三种组合，由于两个活载参与组合，故应考虑组合值系数。

考虑以上三种荷载组合工况，可求出各构件控制截面的不利内力，框架梁的控制截面为跨中和两支座，框架柱的控制截面为柱的上下端，然后考虑构件在不利内力情况下的截面设计问题。截面设计的总原则是要求荷载效应小于或等于抗力效应，即 $\gamma_0 S \leqslant R$，只有这样结构才是安全可靠的。

第11章 工业与民
用建筑结构
案例分析

第 12 章

桥 梁 结 构

本章主要介绍桥梁结构上的作用及其计算。桥梁结构的设计基准期一般为 100 年，因此其设计是很重要的。由第 1 章对作用的分类，作用于桥梁结构上的荷载按其随时间的变异，可分为：永久荷载、可变荷载和偶然荷载。鉴于新颁布的我国《公路桥涵设计通用规范》JTG D60—2015 是基于概率论、数理统计与可靠度理论等制定的，因此本章对桥梁结构上的作用（或荷载），重点根据该规范的规定进行介绍。

12.1 作用的分类

《公路桥涵设计通用规范》JTG D60—2015 给出的公路桥涵设计的作用分类如表 12-1 所示。

作 用 分 类　　　　　　　　　　　　　　　　　表 12-1

编　　号	作 用 分 类	作 用 名 称
1		结构重力（包括结构附加重力）
2		预加力
3		土的重力
4	永久作用	土侧压力
5		混凝土收缩、徐变作用
6		水的浮力
7		基础变位作用
8		汽车荷载
9		汽车冲击力
10		汽车离心力
11	可变作用	汽车引起的土侧压力
12		汽车制动力
13		人群荷载
14		疲劳荷载
15		风荷载

编　号	作　用　分　类	作　用　名　称
16		流水压力
17		冰压力
18	可变作用	波浪力
19		温度（均匀温度和梯度温度）作用
20		支座摩阻力
21		船舶的撞击作用
22	偶然作用	漂流物的撞击作用
23		汽车撞击作用
24	地震作用	地震作用

12.2　作用的代表值

公路桥涵设计时，对不同的作用采用不同的代表值（标准值、频遇值、准永久值）。

12.2.1　永久作用代表值

永久作用采用标准值作为代表值。

1. 永久作用的标准值，对结构自重（包括结构附加重力），可按结构构件的设计尺寸与材料的重力密度（表12-2）计算确定。

常用材料的重力密度　　　　　　　　　　　表12-2

材料种类	重力密度（kN/m³）	材料种类	重力密度（kN/m³）
钢、铸钢	78.5	浆砌片石	23.0
铸铁	72.5	干砌块石或片石	21.0
锌	70.5	沥青混凝土	23.0～24.0
铅	114.0	沥青碎石	22.0
黄铜	81.1	碎（砾）石	21.0
青铜	87.4	填土	17.0～18.0
钢筋混凝土或预应力混凝土	25.0～26.0	填石	19.0～20.0
混凝土或片石混凝土	24.0	石灰三合土、石灰土	17.5
浆砌块石或料石	24.0～25.0		

2. 预加力计算应满足下列要求：

（1）在结构进行正常使用极限状态设计和使用阶段构件应力计算时，预加力应作为永久作用计算其主效应和次效应，并计入相应阶段的预应力损失，但不计由于预加力偏心距增大引起的附加效应。

（2）在结构进行承载能力极限状态设计时，预加力不应作为作用，应将预应力钢筋作为结构抗力的一部分。但在连续梁等超静定结构中，应考虑预加力引起的次效应。

（3）预加力标准值可采用下式进行计算：

$$F_{pe} = \sigma_{pe} A_p \tag{12-1}$$

$$\sigma_{pe} = \sigma_{con} - \sigma_l \tag{12-2}$$

式中　F_{pe}——预加力标准值（kN）；

　　　A_p——预应力钢筋的截面面积（m²）；

　　　σ_{pe}——预应力钢筋的有效预应力（kPa）；

　　　σ_{con}——预应力钢筋张拉控制应力（kPa）；

　　　σ_l——预应力钢筋相应阶段的预应力损失（kPa）。

3. 土的重力及土侧压力按下列方法计算：

（1）静土压力的标准值可按公式（3-2）计算。

在计算倾覆和滑动稳定时，墩、台、挡土墙前地面以下不受冲刷部分土的侧压力可按静土压力计算。

（2）主动土压力的标准值可按下列公式计算（图 12-1）：

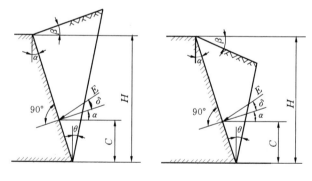

图 12-1　主动土压力图

1）当土层特性无变化且有汽车荷载时，作用在桥台、挡土墙前后的主动土压力标准值 E（kN）可按下式计算：

$$E = \frac{1}{2} B_{\mu} \gamma H (H + 2h) \tag{12-3}$$

$$\mu = \frac{\cos^2(\varphi - \alpha)}{\cos^2\alpha \cdot \cos(\alpha + \delta)\left[1 + \sqrt{\dfrac{\sin(\varphi + \delta)\sin(\varphi - \beta)}{\cos(\alpha + \delta)\cos(\alpha - \beta)}}\right]} \tag{12-4}$$

式中　γ——土的重力密度（kN/m³）；

$\quad\quad B$——桥台的计算宽度或挡土墙的计算长度（m）；

$\quad\quad H$——计算土层高度（m）；

$\quad\quad h$——汽车荷载的等代均布土层厚度（m）；

$\quad\quad \beta$——填土表面与水平面的夹角，当计算台后或墙后的主动土压力时，β 按图 12-1

$\quad\quad\quad\quad$（a）取正值；当计算台前或墙前主动土压力时，β 按图 12-1（b）取负值；

$\quad\quad \alpha$——桥台或挡土墙背与竖直面的夹角，俯墙背（如图 12-1）时为正值，反之为负值；

$\quad\quad \delta$——台背或墙背与填土间的摩擦角，可取 $\delta=\varphi/2$。

主动土压力的作用点自计算土层底面算起，$C=\dfrac{H}{3}\times\dfrac{H+3h}{H+2h}$。

当无汽车荷载作用时，则 $h=0$。

2）当 $\beta=0°$ 时，破坏棱体破裂面与竖直线间夹角 θ 可按下式计算：

$$\theta=\tan^{-1}\left[-\tan\omega+\sqrt{(\cot\varphi+\tan\omega)(\tan\omega-\tan\alpha)}\right] \tag{12-5}$$

式中　$\omega=\alpha+\delta+\varphi$。

（3）当土层特性有变化或受水位影响时，宜分层计算土的侧压力。

（4）土的重力密度和内摩擦角应根据调查或试验确定，当无实际资料时，可按照表 12-2 和现行《公路桥涵地基与基础设计规范》JTG 3363—2019 采用。

（5）对于承受土侧压力的柱式墩台，作用在柱上的土压力计算宽度，按下列方法处理（图 12-2）：

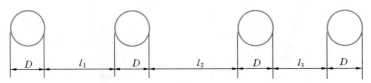

图 12-2　柱的土侧压力计算宽度

1）当 $l_i \leqslant D$ 时，作用在每根柱上的土压力计算宽度按下式计算：

$$b=\dfrac{\left(nD+\sum\limits_{i=1}^{n-1}l_i\right)}{n} \tag{12-6}$$

式中　b——土压力计算宽度（m）；

$\quad\quad D$——柱的直径或宽度（m）；

$\quad\quad l_i$——柱间净距（m）；

$\quad\quad n$——柱数。

2）当 $l_i > D$ 时，应根据柱的不同直径或宽度来考虑柱间空隙的折减，则作用在每一柱上的土压力计算宽度可按下式计算：

$$b = \begin{cases} \dfrac{D(2n-1)}{n} & D \leqslant 1.0\text{m} \\[3mm] \dfrac{n(D+1)-1}{n} & D > 1.0\text{m} \end{cases} \tag{12-7}$$

4. 水的浮力可按下述方法处理：

（1）对于基础底面位于透水性地基上的桥梁墩台，当验算稳定时，应考虑设计水位的浮力；当验算地基承载力时可仅考虑低水位的浮力，或不考虑水的浮力。

（2）基础嵌入不透水性地基的桥梁墩台不考虑水的浮力。

（3）作用在桩基承台底面的浮力，应考虑全部底面积。对桩嵌入不透水地基并灌注混凝土封闭的，不应考虑桩的浮力。在计算承台底面浮力时应扣除桩的截面面积。

（4）当不能确定地基是否透水时，应以透水或不透水两种情况与其他作用组合，取其最不利者。

5. 混凝土收缩及徐变作用按下述方法处理：

（1）外部超静定的混凝土结构、钢和混凝土的组合结构等应考虑混凝土收缩及徐变的作用。

（2）混凝土的收缩应变和徐变系数可按文献［44］的规定计算。

（3）混凝土徐变的计算，可假定徐变与混凝土应力呈线性关系。

（4）计算圬工拱圈的收缩作用效应时，如考虑徐变影响，作用效应可乘以 0.45 折减系数。

6. 对于超静定结构当考虑由于地基压密等引起的长期变形影响时，应根据最终位移量计算构件的效应。

12.2.2　可变作用代表值

可变作用根据不同的极限状态中不同作用组合分别采用标准值、频遇值或准永久值作为其代表值。

承载能力极限状态设计及按弹性阶段计算结构强度时，采用标准值作为可变作用的代表值。

正常使用极限状态按短期效应（频遇）组合设计时，采用频遇值作为可变作用的代表值；按长期效应（准永久）组合设计时，采用准永久值作为可变作用的代表值。

可变作用频遇值为可变作用标准值乘以频遇值系数 ψ_f。可变作用准永久值为可变作用标准值乘以准永久值系数 ψ_q。

汽车荷载的计算图式、荷载等级及其标准值、加载方法和纵横向折减详见 2.4 节。汽车荷载冲击力的计算详见 6.5 节。离心力的计算详见的 6.6 节。这里补充介绍其他可变荷载标准值的计算。

1. 风荷载标准值的计算

桥梁的抗风设计按 W1 风作用水平和 W2 风作用水平确定，W1 风作用水平设计风速取值为重现期 10 年（即 10 年超越概率 65.1%）的设计风速，且小于或等于 25m/s；W2 风作用水平取值为重现期 100 年（即 100 年超越概率 63.2%）的设计风速。

（1）横桥向风作用下主梁单位长度上的顺风向等效静阵风荷载 F_g 可按下式计算：

$$F_g = \frac{1}{2} \rho U_g^2 C_H D \tag{12-8}$$

式中　F_g——作用在主梁单位长度上的顺风向等效静阵风荷载（N/m）；

　　　　ρ——空气密度（kg/m³），可取为 1.25kg/m³；

　　　　U_g——等效静阵风风速（m/s）；

　　　　C_H——主梁横向力系数；

　　　　D——主梁特征高度（m）。

1）设计基本风速

当桥梁所在地区的气象台站具有足够的连续风观测数据时，宜采用当地气象台站 10min 平均年最大风速的概率分布模型，推算重现期 100 年（100 年超越概率 63.2%）的风速数学期望值作为基本风速 U_{10}。

当缺乏风观测资料时，桥梁所在地的基本风速应依据《公路桥梁抗风设计规范》JTG/T 3360—01—2018 附录选取。表 12-3 摘取了我国部分地区不同重现期的风速值。

我国部分地区不同重现期的风速值（单位：m/s）　　　　　　　　　表 12-3

省份	站台名称	重现期							
		10	20	30	40	50	100	120	150
北京	北京	26	27.4	28.2	28.8	29.2	30.6	31.0	31.4
天津	天津	30.8	32.6	33.7	34.5	35.1	37.1	37.7	38.4
上海	宝山	28.8	30.1	30.8	31.3	31.7	32.8	33.1	33.4
重庆	沙坪坝	25.7	27.1	28.0	28.7	29.2	30.9	31.4	31.9
河北	石家庄	23.6	24.9	25.7	26.2	26.6	27.9	28.2	28.6
山西	太原	26.6	28.3	29.4	30.1	30.7	32.6	33.1	33.7
内蒙古	呼和浩特	31.7	32.6	33.2	33.5	33.8	34.7	35.0	35.3
辽宁	沈阳	32.7	33.7	34.2	34.5	34.8	35.6	35.8	36.0
吉林	长春	31.1	32.2	32.8	33.2	33.6	34.6	34.8	35.1
黑龙江	哈尔滨	30.8	32.2	33.2	34.0	34.6	36.8	37.5	38.3
山东	济南	26.5	27.4	27.8	28.1	28.3	28.9	28.0	29.2

省份	站台名称	重现期							
		10	20	30	40	50	100	120	150
江苏	南京	25.8	27.0	27.6	28.0	28.2	28.9	29.1	29.3
浙江	杭州	24.2	25.6	26.4	27.1	27.6	29.4	29.9	30.5
安徽	合肥	25.5	26.3	26.7	27.0	27.3	27.9	28.1	28.3
江西	南昌	26.8	28.0	28.5	28.8	29.0	29.6	29.8	29.9
福建	福州	30.5	32.0	32.6	33.0	33.3	34.0	34.2	34.4
陕西	临潼	25.7	27.1	27.9	28.4	28.8	29.9	30.2	30.5
甘肃	榆中	23.4	24.6	25.3	25.9	26.4	27.9	28.4	28.9
宁夏	永宁	27.7	29.0	29.8	30.3	30.8	32.2	32.6	33.1
青海	西宁	25.9	26.7	27.2	27.5	27.7	28.6	28.8	29.1
新疆	乌鲁木齐	31.6	33.2	34.2	35.0	35.5	37.3	37.8	38.4
河南	郑州	24.7	25.3	25.7	26.0	26.2	26.9	27.0	27.3
湖北	武汉	25.9	26.6	27.0	27.2	27.3	27.7	27.8	27.9
湖南	长沙	23.8	25.1	25.9	26.4	26.9	28.2	28.6	29.0
广东	广州	27.9	29.5	30.2	30.8	31.1	32.2	32.4	32.7
广西	南宁	25.0	26.0	26.6	27.1	227.4	28.5	28.8	29.1
四川	成都	21	22.8	23.4	23.9	24.3	25.6	25.9	26.4
贵州	贵阳	22.1	23.7	24.7	25.4	26.0	28.0	28.5	29.2
云南	昆明	28.7	29.7	30.3	30.6	30.8	31.4	31.5	31.7
西藏	拉萨	29.9	31.1	31.7	32.1	32.5	33.5	33.8	34.3
海南	海口	33.9	35.8	36.7	37.2	37.5	38.4	38.6	38.8
台湾	台北	25.9	29.3	31.3	32.7	33.8	37.3	38.2	39.3
香港	香港	27.4	31.0	33.2	34.7	35.8	39.5	40.4	41.6
澳门	澳门	26.6	30.2	32.2	33.7	34.8	38.4	39.3	40.4

基本风速 U_{10} 应大于或等于 24.5m/s。

2）设计基准风速

桥梁或构件基准高度 Z 处的设计基准风带可按式（12-9）计算：

$$U_d = k_f \left(\frac{z}{10}\right)^{a_0} U_{s10} \tag{12-9}$$

$$U_{s10} = k_c U_{10} \tag{12-10}$$

式中　U_d——桥梁或构件基准高度 Z 处的设计基准风速（m/s）；

　　　α_0——桥址处的地表粗糙度系数，可按表 12-4 选取，当桥位周边粗糙度存在差异时，可按下列方法确定：

①　当所考虑范围内存在两种粗糙度相差较大的地表类别时，地表粗糙度系数可取两者

的平均值。

② 当所考虑范围内存在两种相近地表类别时，可按地表粗糙度系数较小者取用；当桥梁上下游侧地表类别不同时，可按地表粗糙度系数较小一侧取值。

Z——桥梁各构件基准高度可按表 12-5 取用。

k_f——抗风风险系数，根据桥梁抗风风险区域按表 12-6 确定。

地表分类 表 12-4

地表类别	地表状况	地表粗糙度系数 α_0	地表粗糙高度 z_0（m）
A	海面、海岸、开阔水面、沙漠	0.12	0.01
B	田野、乡村、丛林、平坦开阔地及低层建筑物稀少地区	0.16	0.05
C	树木及低层建筑物等密集地区、中高层建筑物稀少地区、平缓的丘陵地	0.22	0.3
D	中高层建筑物密集地区、起伏较大的丘陵地	0.30	1.0

桥梁各构件基准高度 Z 表 12-5

构件	悬索桥、斜拉桥	拱桥	其他桥型
主梁	主梁主跨桥面距水面或地面的平均高度		取下列两条中的较大值：①支点平均高度＋（桥面最大高程－支点平均高程）×0.8；②桥梁设计高度
吊杆、拉索或主缆	构件的平均高度距水面或地面的高度	吊杆的中点距水面或地面的高度	—
桥塔（墩、柱）	水面或地面以上塔（墩、柱）65%高度处	立柱的中点距水面或地面的高度	水面或地面以上塔（墩、柱）65%高度处
拱肋	—	拱顶距水面或地面的高度	

注：水面以河流或海面的最低水位作为参考面。

抗风风险系数 k_f 表 12-6

风险区域	R1	R2	R3
基本风速 U_{10}（m/s）	$U_{10}>32.6$	$24.5<U_{10}\leqslant32.6$	$U_{10}\leqslant24.5$
抗风风险系数 k	1.05	1.02	1.00

3）等效静阵风风速 U_g 可按式（12-11）计算：

$$U_g = G_v U_d \tag{12-11}$$

式中　G_v——等效静阵风系数，可按表 12-7、表 12-8 取值；

　　　U_d——设计基准风速（m/s）。

主桥等效静阵风系数 G_v　　　　　　　　　　　表 12-7

地表类别	水平加载长度（m）												
	≤20	60	100	200	300	400	500	650	800	1000	1200	1500	≥2000
A	1.29	1.28	1.26	1.24	1.23	1.22	1.21	1.2	1.19	1.18	1.17	1.16	1.15
B	1.35	1.33	1.31	1.29	1.27	1.26	1.25	1.24	1.23	1.22	1.21	1.20	1.18
C	1.49	1.48	1.45	1.41	1.39	1.37	1.36	1.34	1.33	1.31	1.30	1.29	1.26
D	1.56	1.54	1.51	1.47	1.44	1.42	1.41	1.39	1.37	1.35	1.34	1.32	1.30

注：1. 成桥状态下，水平加载长度为主桥全长。

　　2. 多联多跨连续桥梁的加载长度按其结构单联长度确定。

　　3. 悬臂施工中的桥梁，水平加载长度按该施工状态已拼装主梁的长度选取。

桥塔、桥墩的等效静阵风系数 G_v　　　　　　　　　表 12-8

地表类别	结构高度（m）							
	<40	60	80	100	150	200	300	400
A	1.19	1.18	1.17	1.16	1.14	1.13	1.12	1.11
B	1.24	1.22	1.20	1.19	1.17	1.16	1.14	1.13
C	1.33	1.29	1.27	1.26	1.23	1.21	1.18	1.16
D	1.48	1.42	1.39	1.36	1.31	1.28	1.24	1.22

4）横向力系数 C_H 的确定：

当主跨跨径大于 200m 时，桁架式主梁及其他复杂断面形式主梁的横向力系数应通过风洞试验或虚拟风洞试验确定。当桥梁主跨跨径小于或等于 200m 时，部分形式的主梁断面横向力系数 C_H 可按下列方法确定：

工形、Ⅱ形或箱形截面主梁的横向力系数 C_H，可按式（12-12）计算：

$$C_H = \begin{cases} 2.1 - 0.1\left(\dfrac{B}{D}\right) & 1 \leqslant \left(\dfrac{B}{D}\right) \leqslant 8 \\ 1.3 & \left(\dfrac{B}{D}\right) \geqslant 8 \end{cases} \tag{12-12}$$

式中　B——主梁的特征宽度（m）；

　　　D——主梁梁体的投影高度（m）。

桥梁的主梁截面带有斜腹板时，横向力系数 C_H 可根据腹板倾角角度折减，横向力系数的腹板倾角角度折减系数 η_c 可按式（12-13）确定：

$$\eta_c = \begin{cases} 1 - 0.005 \times \beta_d & 0° \leqslant \beta_d \leqslant 60° \\ 0.7 & \beta_d \geqslant 60° \end{cases} \tag{12-13}$$

式中 β_d——腹板倾角。

桁架梁式桥上部结构的横向力系数 C_H 可按表12-9选取。上部结构为两片或两片以上桁架时，每片桁架的横向力系数均取为 ηC_H，η 为遮挡系数，可按表12-10采用；桥面系构造的横向力系数 C_H 取为1.3。

桁架的横向力系数 C_H 表 12-9

实面积比	矩形与 H 形截面构件	圆柱形构件（d 为圆柱直径）	
		$dU_d \leqslant 6\text{m}^2/\text{s}$	$dU_d > 6\text{m}^2/\text{s}$
0.1	1.9	1.2	0.7
0.2	1.8	1.2	0.8
0.3	1.7	1.2	0.8
0.4	1.7	1.1	0.8
0.5	1.6	1.1	0.8

注：实面积比＝桁架净面积/桁架轮廓面积。

桁架遮挡系数 η 表 12-10

间距比	实面积比				
	0.1	0.2	0.3	0.4	0.5
$\leqslant 1$	1.00	0.90	0.80	0.60	0.45
2	1.00	0.90	0.80	0.65	0.50
3	1.00	0.95	0.80	0.70	0.55
4	1.00	0.95	0.80	0.70	0.60
5	1.00	0.95	0.85	0.75	0.65
6	1.00	0.95	0.90	0.80	0.70

注：间距比＝两桁架中心距/迎风桁架高度。

闭口流线型箱梁成桥状态的横向力系数 C_H 可取1.1，对应施工状态无栏杆与防撞护栏时横向力系数 C_H 可取0.8。在增设风障等附加措施时，宜通过风洞试验或虚拟风洞试验确定。

分离双幅桥梁净间距小于5倍单幅主梁宽度时，单幅桥梁的横向力系数的确定宜考虑双幅桥梁之间的气动力干扰效应。

（2）桥墩、桥塔、斜拉索、主缆和吊杆（索）上的等效静阵风荷载

桥墩、桥塔、吊杆（索）上的风荷载以及横桥向风作用下斜拉索和主缆的等效静阵风荷载可按式（12-14）计算：

$$F_g = \frac{1}{2} \rho U_g^2 C_D A_n \tag{12-14}$$

式中 F_g——作用在主梁单位长度上的顺风向等效静阵风荷载（N/m）；

ρ——空气密度（kg/m³），可取为 1.25 kg/m³；

U_g——构件基准高度上的等效静阵风风速（m/s）；

C_D——构件的阻力系数；

A_n——构件单位长度上顺风向的投影面积（m²/m），对斜拉索、主缆和吊杆取外径计算。

桥墩或桥塔的阻力系数 C_D 可参照表 12-11 选取；断面形状复杂的桥墩、桥塔可通过风洞试验或虚拟风洞试验方法获取，并取横桥向或顺桥向附近±30°风偏角范围内的最不利值。

桥墩或桥塔的阻力系数 C_D　　　　　　　　　　表 12-11

截面形状	$\dfrac{t}{b}$	桥墩或桥塔的高宽比						
		1	2	4	6	10	20	40
风向 □ t/b	≤1/4	1.3	1.4	1.5	1.6	1.7	1.9	2.1
→ □	1/3 1/2	1.3	1.4	1.5	1.6	1.6	2.0	2.2
→ □	2/3	1.3	1.4	1.5	1.6	1.8	2.0	2.2
→ □	1	1.2	1.3	1.4	1.5	1.6	1.8	2.0
→ □	3/2	1.0	1.1	1.2	1.3	1.4	1.5	1.7
→ ▭	2	0.8	0.9	1.0	1.1	1.2	1.3	1.4
→ ▭	3	0.8	0.8	0.8	0.9	0.9	1.0	1.2
→ ▭	≥4	0.8	0.8	0.8	0.8	0.8	0.9	1.1
→ ◇ → ⬡		1.0	1.1	1.1	1.2	1.2	1.3	1.4
十二边形 → ⬡		0.7	0.8	0.9	0.9	1.0	1.1	1.3
光滑表面圆形且 $D\sqrt{w_0} \geq 6$ m²/s ⊘D		0.5	0.5	0.5	0.5	0.5	0.6	0.6
1. 光滑表面圆形且 $D\sqrt{w_0} < 6$ m²/s 2. 粗糙表面或有凸起的圆形 ⊘D		0.7	0.7	0.8	0.8	0.9	1.0	1.2

（3）桥梁顺桥向可不计桥面系及上承式梁所受的风荷载，下承式桁架顺桥向风荷载标准值按其横桥向风压的 40％乘以桁架迎风面积计算。

桥墩上的顺桥向风荷载标准值可按横桥向风压的 70％乘以桥墩迎风面积计算。

悬索桥、斜拉桥桥塔上的顺桥向风荷载标准值可按横桥向风压乘以迎风面积计算。

桥台可不计算纵、横向风荷载。

上部构造传至墩台的顺桥向风荷载，其在支座的着力点及墩台上的分配，可根据上部构造的支座条件处理。

（4）对风敏感且可能以风荷载控制设计的桥梁，应考虑桥梁在风荷载作用下的静力和动力失稳，必要时应通过风洞试验验证，同时可采取适当的风致振动控制措施。

2. 作用在桥墩上的流水压力标准值可按下式计算

$$F_{\mathrm{w}} = KA\,\frac{\gamma v^2}{2g} \tag{12-15}$$

式中　F_{w}——流水压力标准值（kN）；

　　　　γ——水的重力密度（kN/m³）；

　　　　v——设计流速（m/s）；

　　　　A——桥墩阻水面积（m²），计算至一般冲刷线处；

　　　　g——重力加速度，$g=9.81\mathrm{m/s^2}$；

　　　　K——桥墩形状系数，如方形桥墩的 $K=1.5$，圆形桥墩 $K=0.8$。

流水压力合力的着力点，假定在设计水位线以下 0.3 倍水深处。

3. 对具有竖向前棱的桥墩，冰压力可按下述规定取用

（1）冰对桩或墩产生的冰压力标准值 F_i（kN）可按下式计算：

$$F_i = mC_{\mathrm{t}}btR_{i\mathrm{k}} \tag{12-16}$$

式中　m——桩或墩迎冰面形状系数，如平面 $m=1.00$，圆弧形 $m=0.90$，尖角形 45°～120°取 0.54～0.77；

　　　　C_{t}——冰温系数，0℃时取 1.0，−10℃及以下取 2.0，其他的可直线内插；

　　　　b——桩或墩迎冰面投影宽度（m）；

　　　　t——计算冰厚（m），可取实际调查的最大冰厚；

　　　　$R_{i\mathrm{k}}$——冰的抗压强度标准值（kN/m²），可取当地冰温 0℃时的冰抗压强度；当缺乏实测资料时，对海冰可取 $R_{i\mathrm{k}}=750\mathrm{kN/m^2}$；对河冰，流冰开始时 $R_{i\mathrm{k}}=750\mathrm{kN/m^2}$，最高流冰水位时可取 $R_{i\mathrm{k}}=450\mathrm{kN/m^2}$。

当冰块流向桥轴线的角度 $\varphi \leqslant 80°$时，桥墩竖向边缘的冰荷载应乘以 $\sin\varphi$ 予以折减。

冰压力合力作用在计算结冰水位以下 0.3 倍冰厚处。

（2）当流冰范围内桥墩有倾斜表面时，冰压力应分解为水平分力 F_{xi}（kN）和竖向分力

F_{zi}（kN）。

$$水平分力\qquad F_{xi}=m_0C_tR_{bk}t^2\tan\beta\qquad\qquad\qquad(12\text{-}17)$$

$$竖向分力\qquad F_{zi}=F_{xi}/\tan\beta\qquad\qquad\qquad\qquad(12\text{-}18)$$

式中　β——桥墩倾斜的棱边与水平线的夹角（°）；

　　　R_{bk}——冰的抗弯强度标准值（kN/m²），取 $R_{bk}=0.7R_{ik}$；

　　　m_0——系数，$m_0=0.2b/t$，但不小于 1.0。

4. 计算温度作用时的材料线膨胀系数及作用标准值按下列规定取用

（1）桥梁结构当要考虑温度作用时，应根据当地具体情况、结构物使用的材料和施工条件等因素计算由温度作用引起的结构效应。

（2）计算桥梁结构因均匀温度作用引起外加变形或约束变形时，应从受到约束时的结构温度开始，考虑最高和最低有效温度的作用效应。如缺乏实际调查资料，公路混凝土结构和钢结构的最高和最低有效温度标准值可按表 12-12 取用。

公路桥梁结构的有效温度标准值（℃）　　　　　　　　表 12-12

气温分区	钢桥面板钢桥		混凝土桥面板钢桥		混凝土、石桥	
	最高	最低	最高	最低	最高	最低
严寒地区	46	−43	39	−32	34	−23
寒冷地区	46	−21	39	−15	34	−10
温热地区	46	−9（−3）	39	−6（−1）	34	−3（0）

注：表中括弧内的数值适用于昆明、南宁、广州、福州地区。

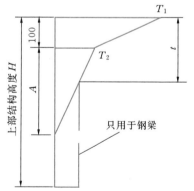

（3）计算桥梁结构由于梯度温度引起的效应时，可采用图 12-3 所示的竖向温度梯度曲线，其桥面板表面的最高温度 T_1 规定见表12-13。对混凝土结构，当梁高 H 小于 400mm 时，图中 $A=H-100$（mm）；梁高 H 大于或等于 400mm 时，$A=300$mm。对带混凝土桥面板的钢结构，$A=300$mm，图 12-3 中的 t 为混凝土桥面板的厚度（mm）。

混凝土上部结构和带混凝土桥面板的钢结构的竖向日照反温差为正温差乘以 −0.5。

图 12-3　竖向梯度温度
（尺寸单位:mm）

竖向日照正温差计算的温度基数　　　　　　　　表 12-13

结 构 类 型	T_1（℃）	T_2（℃）
水泥混凝土铺装	25	6.7
50mm 沥青混凝土铺装	20	6.7
100mm 沥青混凝土铺装	14	5.5

（4）计算圬工拱圈考虑徐变影响引起的温差作用效应时，计算的温差效应应乘以 0.7 的折减系数。

5. 支座摩阻力标准值可按下式计算

$$F = \mu W \tag{12-19}$$

式中　W——作用于活动支座上由于上部结构重力产生的效应；

　　　　μ——支座的摩擦系数，无实测数据时可按表 12-14 取用。

支座摩擦系数　　　　　　　　　　　　　　　　　　表 12-14

支座种类		支座摩擦系数 μ
滚动支座或摆动支座		0.05
板式橡胶支座	支座与混凝土面接触	0.30
	支座与钢板接触	0.20
	聚四氟乙烯板与	0.06（加 5201 硅脂润滑后；温度低于 $-25\,^{\circ}\!\text{C}$ 时为 0.078）
	不锈钢板接触	0.12（不加 5201 硅脂润滑时；温度低于 $-25\,^{\circ}\!\text{C}$ 时为 0.156）
盆式支座		加 5201 硅脂润滑后，常温型活动支座摩擦系数不大于 0.03（支座适用温度为 $-25 \sim +60\,^{\circ}\!\text{C}$）
		加 5201 硅脂润滑后，耐寒型活动支座摩擦系数不大于 0.06（支座适用温度为 $-40 \sim +60\,^{\circ}\!\text{C}$）
球形支座		加 5201 硅脂润滑后，活动支座摩擦系数不大于 0.03（支座适用温度为 $-25 \sim +60\,^{\circ}\!\text{C}$）
		加 5201 硅脂润滑后，活动支座摩擦系数不大于 0.05（支座适用温度为 $-40 \sim +60\,^{\circ}\!\text{C}$）

12.2.3　偶然作用的代表值

偶然作用取其设计值作为代表值，可根据历史记载、现场观测和试验并结合工程经验综合分析确定，也可根据有关标准的专门规定确定。

1. 位于通航河流或有漂流物的河流中的桥梁墩台，设计时应考虑船舶或漂流物的撞击作用，其撞击作用设计值可按下列规定采用或计算：

（1）船舶的撞击作用设计值宜按专题研究确定。

（2）四至七级内河航道当缺乏实际调查资料时，船舶撞击作用的设计值可按表 12-15 采用。

四至七级航道内的钢筋混凝土桩墩，顺桥向撞击作用可按表 12-15 所列数值的 50% 考虑。

（3）当缺乏实际调查资料时，海轮撞击作用的设计值可按表 12-16 采用。

（4）规划航道内可能遭受大型船舶撞击作用的桥墩，应根据桥墩的自身抗撞击能力、桥墩的位置和外形、水流流速、水位变化、通航船舶类型和碰撞速度等因素作桥墩防撞设施的设计。

当设有与墩台分开的防撞击的防护结构时，桥墩可不计船舶的撞击作用。

内河船舶撞击作用设计值　　　　　　　　　　　　表 12-15

内河航道等级	船舶吨级 DWT（t）	横桥向撞击作用（kN）	顺桥向撞击作用（kN）
四	500	550	450
五	300	400	350
六	100	250	200
七	50	150	125

海轮撞击作用设计值　　　　　　　　　　　　表 12-16

船舶吨级 DWT（t）	3000	5000	7500	10000	20000	30000	40000	50000
横桥向撞击作用（kN）	19600	25400	31000	35800	50700	62100	71700	80200
顺桥向撞击作用（kN）	9800	12700	15500	17900	25350	31050	35850	40100

（5）漂流物横桥向撞击力设计值可按下式计算：

$$F = \frac{Wv}{gt} \tag{12-20}$$

式中　W——漂流物重力（kN），应根据河流中漂流物情况，按实际调查确定；

　　　v——水流速度（m/s）；

　　　t——撞击时间（s），应根据实际资料估计，在无实际资料时，可用 1s；

　　　g——重力加速度，$g = 9.81$（m/s^2）。

（6）内河船舶的撞击作用点，假定为计算通航水位线以上 2m 的桥墩宽度或长度的中点。海轮船舶撞击作用点需视实际情况而定。漂流物的撞击作用点假定在计算通航水位线上桥墩宽度的中点。

2. 桥梁结构在必要时可考虑汽车的撞击作用。汽车撞击力设计值在车辆行驶方向取 1000kN，在车辆行驶垂直方向取 500kN，两个方向的撞击力不同时考虑，撞击力作用于行车道以上 1.2m 处，直接分布于撞击涉及的构件上。

对于设有防撞设施的结构构件，可视防撞设施的防撞能力，对汽车撞击力设计值予以折减，但折减后的汽车撞击力设计值不应低于上述规定值的 1/6。

公路桥梁护栏应按现行《公路交通安全设施设计规范》JTG D81 的有关规定执行。

12.2.4　地震作用的代表值

地震作用的代表值为其标准值。地震作用的标准值应根据现行《公路工程抗震规范》JTG B02—2013 的规定确定，并符合《公路桥梁抗震设计规范》JTG/T 2231—01—2020 的相关规定。

12.3 作用组合

公路桥涵结构设计应考虑结构上可能同时出现的作用，按承载能力极限状态和正常使用极限状态进行作用效应组合，取其最不利效应组合进行设计。当可变作用的出现反而对结构或结构构件产生有利影响时，该作用不应参与组合。

实际不可能同时出现的作用或同时参与组合概率很小的作用，按表 12-17 规定不考虑其作用效应的组合。

可变作用不同时组合表　　　　　　　　　表 12-17

作 用 名 称	不与该作用同时参与组合的作用
汽车制动力	流水压力、冰压力、波浪力、支座摩阻力
流水压力	汽车制动力、冰压力、波浪力
波浪力	汽车制动力、流水压力、冰压力
冰压力	汽车制动力、流水压力、波浪力
支座摩阻力	汽车制动力

风荷载与其他作用组合原则：（1）当风荷载与汽车荷载及相关作用组合时，风荷载按 W1 风作用水平确定。（2）在 W2 风作用水平下进行相关极限状态设计时，汽车荷载不参与荷载组合。

1. 进行公路桥涵结构承载能力极限状态设计时，应采用以下两种作用效应组合：

（1）基本组合：永久作用设计值与可变作用设计值相组合。

1）作用基本组合的效应设计值可按下式计算：

$$S_{ud} = \gamma_0 S\Big(\sum_{i=1}^{m} \gamma_{Gi} G_{ik}, \gamma_{Q1} \gamma_L Q_{1k}, \psi_c \sum_{j=2}^{n} \gamma_{Lj} \gamma_{Qj} Q_{jk} \Big) \tag{12-21}$$

或

$$S_{ud} = \gamma_0 S\Big(\sum_{i=1}^{m} G_{id}, Q_{1d}, \sum_{j=2}^{n} Q_{jd} \Big) \tag{12-22}$$

式中　S_{ud}——承载能力极限状态下作用基本组合的效应设计值；

　　$S(\ )$——作用组合的效应函数；

　　γ_0——结构重要性系数，按表 12-18 规定的结构设计安全等级采用，按持久状况和短暂状况承载能力极限状态设计时，公路桥涵结构设计安全等级应不低于表 12-18 的规定，对应于设计安全等级一级、二级和三级分别取 1.1、1.0 和 0.9；

　　γ_{Gi}——第 i 个永久作用的分项系数，应按表 12-19 的规定采用；

G_{ik}、G_{id}——第 i 个永久作用的标准值和设计值；

　　γ_{Q1}——汽车荷载（含汽车冲击力、离心力）的分项系数。采用车道荷载计算时取 γ_{Q_1}

$=1.4$，采用车辆荷载计算时，其分项系数取 $\gamma_{Q_1}=1.8$。当某个可变作用在组合中其效应值超过汽车荷载效应时，则该作用取代汽车荷载，其分项系数取 $\gamma_{Q_1}=1.4$；对专为承受某作用而设置的结构或装置，设计时该作用的分项系数取 $\gamma_{Q_1}=1.4$；计算人行道板和人行道栏杆的局部荷载，其分项系数也取 $\gamma_{Q_1}=1.4$；

Q_{1k}、Q_{1d}——汽车荷载（含汽车冲击力、离心力）的标准值和设计值；

γ_{Qj}——在作用组合中除汽车荷载（含汽车冲击力、离心力）、风荷载外的其他第 j 个可变作用的分项系数，取 $\gamma_{Qj}=1.4$，但风荷载的分项系数取 $\gamma_{Qj}=1.1$；

Q_{jk}、Q_{jd}——在作用组合中除汽车荷载（含汽车冲击力、离心力）外的其他第 j 个可变作用的标准值和设计值；

ψ_c——在作用组合中除汽车荷载（含汽车冲击力、离心力）外的其他可变作用的组合值系数，取 $\psi_c=0.75$；

$\psi_c Q_{jk}$——在作用组合中除汽车荷载（含汽车冲击力、离心力）外的第 j 个可变作用的组合值；

γ_{Lj}——第 j 个可变作用的结构设计使用年限荷载调整系数。公路桥涵结构的设计使用年限按现行《公路工程技术标准》JTG B01 取值时，可变作用的设计使用年限荷载调整系数取 $\gamma_{Lj}=1.0$；否则，γ_{Lj} 取值应按专题研究确定。

2）当作用与作用效应可按线性关系考虑时，作用基本组合的效应设计值 S_{ud} 可通过作用效应代数相加计算。

3）设计弯桥时，当离心力与制动力同时参与组合时，制动力标准值或设计值按 70% 取用。

4）风荷载与其他作用组合时的分项系数、组合值系数应按下列原则确定：

① 按承载能力极限状态设计时，在风荷载作为主要可变作用的基本组合中，风速按 W2 风作用水平选取，汽车荷载不参与组合，风荷载的分项系数 $\gamma_{Qj}=1.4$。

② 按承载能力极限状态设计时，在车辆荷载或其他可变作用作为主要可变作用的基本组合中，风速按 W1 风作用水平选取，风荷载的分项系数 $\gamma_{Qj}=1.1$，组合值系数 $\psi_c=1.0$。

③ 按正常使用极限状态设计时，风速按 W1 风作用水平选取，风荷载的频遇值系数 ψ_f 和准永久值系数 ψ_q 均取 1.0。

（2）偶然组合：永久作用标准值与可变作用某种代表值、一种偶然作用设计值相组合；与偶然作用同时出现的可变作用，可根据观测资料和工程经验取用频遇值或准永久值。

1）作用偶然组合的效应设计值可按下式计算：

$$S_{ad}=S\Big(\sum_{i=1}^{m}G_{ik},A_d,(\psi_{f1}\ 或\ \psi_{q1})Q_{1k},\sum_{j=2}^{n}\psi_{qj}Q_{jk}\Big) \tag{12-23}$$

式中　　　S_{ad}——承载能力极限状态下作用偶然组合的效应设计值；

A_d——偶然作用的设计值；

ψ_{f1}——汽车荷载（含汽车冲击力、离心力）的频遇值系数，取 $\psi_{f1}=0.7$；当某个可变作用在组合中其效应值超过汽车荷载效应时，则该作用取代汽车荷载，人群荷载 $\psi_f=1.0$，风荷载 $\psi_f=0.75$，温度梯度作用 $\psi_f=0.8$，其他作用 $\psi_f=1.0$；

$\psi_{f1}Q_{1k}$——汽车荷载的频遇值；

ψ_{q1}、ψ_{qj}——第 1 个和第 j 个可变作用的准永久值系数，汽车荷载（含汽车冲击力、离心力）$\psi_q=0.4$，人群荷载 $\psi_q=0.4$，风荷载 $\psi_q=0.75$，温度梯度作用 $\psi_q=0.8$，其他作用 $\psi_q=1.0$；

$\psi_{q1}Q_{1k}$、$\psi_{qj}Q_{jk}$——第 1 个和第 j 个可变作用的准永久值。

2）当作用与作用效应可按线性关系考虑时，作用偶然组合的效应设计值 S_{ad} 可通过作用效应代数相加计算。

3）作用地震组合的效应设计值应按现行《公路工程抗震规范》JTG B02—2013 的有关规定计算。

公路桥涵结构设计安全等级　　　　　　　　　　　　　　　表 12-18

设计安全等级	破坏后果	适用对象
一级	很严重	（1）各等级公路上的特大桥、大桥、中桥； （2）高速公路、一级公路、二级公路、国防公路及城市附近交通繁忙公路上的小桥
二级	严重	（1）三、四级公路上的小桥； （2）高速公路、一级公路、二级公路、国防公路及城市附近交通繁忙公路上的涵洞
三级	不严重	三、四级公路上的涵洞

注：本表所列特大、大、中桥等系按《公路桥涵设计通用规范》JTG D60—2015 表 1.0.5 确定。

永久作用效应的分项系数　　　　　　　　　　　　　　　表 12-19

编号	作 用 类 别	永久作用效应分项系数	
		对结构的承载能力不利时	对结构的承载能力有利
1	混凝土和圬工结构重力（包括结构附加重力）	1.2	1.0
	钢结构重力（包括结构附加重力）	1.1 或 1.2	
2	预加力	1.2	1.0
3	土的重力	1.2	1.0
4	混凝土的收缩及徐变作用	1.0	1.0
5	土侧压力	1.4	1.0
6	水的浮力	1.0	1.0

续表

编号	作　用　类　别		永久作用效应分项系数	
			对结构的承载能力不利时	对结构的承载能力有利
7	基础变位作用	混凝土和圬工结构	0.5	0.5
		钢结构	1.0	1.0

注：本表编号 1 中，当钢桥采用钢桥面板时，永久作用效应分项系数取 1.1；当采用混凝土桥面板时，取 1.2。

2. 正常使用极限状态设计时的作用效应组合。

公路桥涵结构按正常使用极限状态设计时，应根据不同的设计要求，采用作用的频遇组合或准永久组合，并应符合下列规定：

（1）频遇组合：永久作用标准值与汽车荷载频遇值、其他可变作用准永久值相组合。

1）作用频遇组合的效应设计值可按下式计算：

$$S_{fd} = S\left(\sum_{i=1}^{m} G_{ik}, \psi_{f1} Q_{1k}, \sum_{i=2}^{m} \psi_{qj} Q_{jk}\right) \tag{12-24}$$

式中　S_{fd}——作用频遇组合的效应设计值；

　　　ψ_{f1}——汽车荷载（不计汽车冲击力）频遇值系数，取 0.7。

2）当作用与作用效应可按线性关系考虑时，作用频遇组合的效应设计值 S_{fd} 可通过作用效应代数相加计算。

（2）准永久组合：永久作用标准值与可变作用准永久值相组合。

1）作用准永久组合的效应设计值可按下式计算：

$$S_{qd} = S\left(\sum_{i=1}^{m} G_{ik}, \sum_{i=1}^{n} \psi_{qj} Q_{jk}\right) \tag{12-25}$$

式中　S_{qd}——作用准永久组合的效应设计值；

　　　ψ_{qj}——汽车荷载（不计汽车冲击力）准永久值系数，取 0.4。

2）当作用与作用效应可按线性关系考虑时，作用准永久组合的效应设计值 S_{qd} 可通过作用效应代数相加计算。

3. 钢结构构件抗疲劳设计时，除特别指明外，各作用应采用标准值，作用分项系数应取为 1.0。

4. 结构构件当需进行弹性阶段截面应力计算时，除特别指明外，各作用应采用标准值，作用分项系数应取为 1.0，各项应力限值应按各设计规范规定采用。

5. 验算结构的抗倾覆、滑动稳定时，稳定系数、各作用的分项系数及摩擦系数，应根据不同结构按各有关桥涵设计规范的规定确定，支座的摩擦系数可按表 12-10 规定采用。

6. 构件在吊装、运输时，构件重力应乘以动力系数 1.2（对结构不利时）或 0.85（对结构有利时），并可视构件具体情况作适当增减。

12.4 装配式钢筋混凝土简支 T 梁荷载计算示例

1. 设计资料

（1）公路等级：三级公路

（2）桥面净空：

净—7＋2×0.75m 检修道

（3）主梁跨径及全长：

标准跨径：l_b＝20.00m（墩中心距离）

计算跨径 l_0＝19.5m（支座中心距离）

主梁全长 $l_全$＝19.96m（主梁预制长度）

（4）设计荷载：

汽车荷载：公路-Ⅱ级；人群荷载：3kN/m²（检修道按人群荷载计）。

（5）材料：

钢筋：主筋使用 HRB400 级钢筋，其他使用 HPB300 级钢筋；

混凝土：C40。

（6）计算方法：

极限状态法。

（7）结构尺寸：

参考设计手册，选用尺寸如图 12-4 及图 12-5 所示，采用 5 片主梁、5 根横梁。

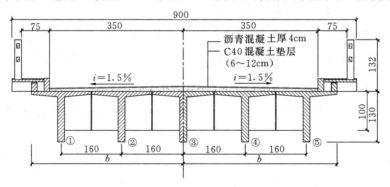

图 12-4　全桥横截面图及梁编号（单位：cm）

b—正交异向板半宽

（8）设计依据：

1)《公路桥涵通用设计规范》JTG D60—2015，简称"桥规"；

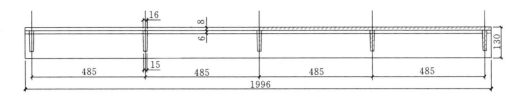

图 12-5　立面图（单位：cm）

2）《公路钢筋混凝土及预应力混凝土桥涵设计规范》JTG 3362—2018，简称"公预规"。

（9）本算例只计算荷载的弯矩效应，剪力效应从略。

2. 主梁计算

主梁截面图如图 12-6 所示。

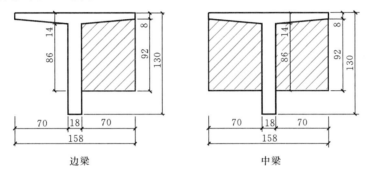

图 12-6　主梁截面图（单位：cm）

（1）主梁的荷载横向分布系数①

1）根据比拟正交异向板法（G-M 法）可求得①至③号梁横向分布影响线，见表 12-20。

①至③号梁横向分布影响线 表 12-20

梁号	影响系数	荷 载 位 置								
		b	$\frac{3}{4}b$	$\frac{1}{2}b$	$\frac{1}{4}b$	0	$-\frac{1}{4}b$	$-\frac{1}{2}b$	$-\frac{3}{4}b$	$-b$
①号	η_{i1}	0.628	0.522	0.402	0.292	0.185	0.088	−0.013	−0.097	−0.188
②号	η_{i2}	0.395	0.348	0.300	0.256	0.202	0.154	0.095	0.037	−0.017
③号	η_{i3}	0.170	0.184	0.198	0.214	0.223	0.214	0.198	0.184	0.170

2）根据①至③号梁横向分布影响线进行横向加载，如图 12-7 所示，得到①至③号梁影响系数，见表 12-21。

---

① 横向分布系数即单位荷载沿横向作用于桥面某一位置该片梁所分担的荷载比值。关于横向分布系数的详细讨论见文献［1］。

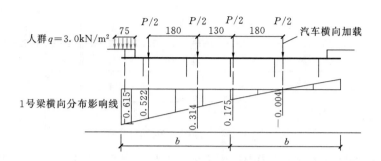

图 12-7　1 号梁影响线横向加载（水平尺寸单位：cm）

①至③号梁影响系数　　　　　　　　　　　表 12-21

梁　　号	影 响 系 数	荷 载 类 型	
		公路-Ⅰ级	人群荷载
①号	η_1	0.504	0.615
②号	η_2	0.455	0.391
③号	η_3	0.409	0.342

上表表明：边梁（即①号梁）分担的活载最大。根据经验边梁总的荷载效应最大，故只计算边梁即可。

（2）作用效应计算

由于本例题作用与作用效应可按线性关系考虑，故作用组合的效应设计值均通过作用效应代数相加计算。

1）永久作用内力

A. 结构重力：假定桥面构造各部分重量平均分配给各片主梁，计算见表 12-22。

钢筋混凝土 T 梁的恒载计算　　　　　　　　　表 12-22

构件名称		构件简图（cm）	单元构件体积及计算式	重力密度	每延米重力（kN/m）
主梁			$1.60 \times 1.30 - 2 \times 0.71 \times \left(1.30 - \dfrac{0.08+0.14}{2}\right) = 0.390$	25	$0.390 \times 25 = 9.75$
横隔板	中梁边梁		$0.89 \times (0.16+0.15) \times 0.71 \times 5/19.5 = 0.0502$ $0.89 \times (0.16+0.15)/2 \times 0.71 \times 5/19.5 = 0.0251$	25	$0.0502 \times 25 = 1.26$ $0.0251 \times 25 = 0.63$ 平均每片梁： $(1.26 \times 3 + 0.63 \times 2)/5 = 1.01$

构件名称	构件简图（cm）	单元构件体积及计算式	重力密度	每延米重力（kN/m）
人行道板及栏杆		每 2.5m 长： 缘石：$2.50 \times 0.32 \times 0.15$ $=0.120$	23	$0.120 \times 23 = 2.76$
		支撑梁：$2 \times 1.04 \times 0.22 \times 0.15$ $=0.069$	25	$0.069 \times 25 = 1.73$
		人行道梁 A：$0.85 \times 0.24 \times 0.28$ $=0.057$	25	$0.057 \times 25 = 1.43$
		人行道梁 B：$0.85 \times 0.24 \times 0.14$ $=0.028$	25	$0.028 \times 25 = 0.71$
		人行道板：$0.85 \times 0.06 \times 2.5$ $=0.128$	25	$0.128 \times 25 = 3.19$
		镶面毡：$0.85 \times 0.02 \times 2.5$ $=0.043$	18	$0.043 \times 18 = 0.77$
		栏杆柱：$1.0 \times 0.18 \times 0.14$ $=0.025$	25	$0.025 \times 25 = 0.63$
		扶手：$2 \times 2.36 \times 0.08 \times 0.12$ $=0.045$	25	$0.045 \times 25 = 1.13$ 总和：12.35 平均每片梁： $12.35/2.5 \times 2/5 = 1.98$
桥面铺装		沥青混凝土：0.04×7.00 $=0.28$	23	平均每片梁： $(0.28 \times 23 + 0.63 \times 24)/$ $5 = 4.31$
		混凝土垫层： $(0.06 + 0.12)/2 \times 3.5 \times 2$ $=0.63$	24	
平均每片梁的结构重力密度		17.05kN/m		

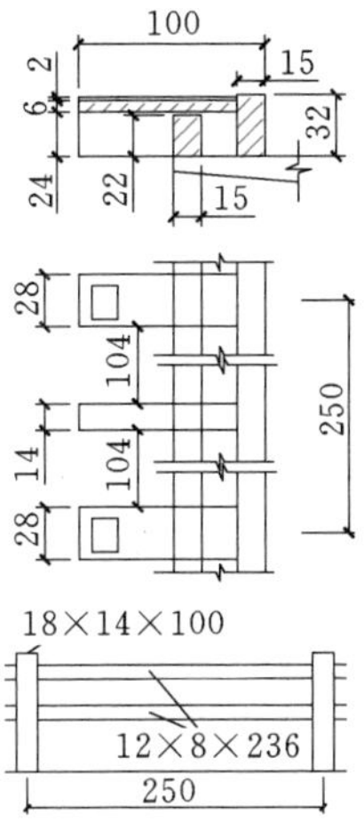

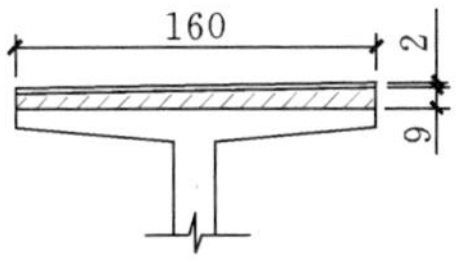

B. 结构重力作用效应计算，恒载内力简化计算模型如图 12-8 所示。

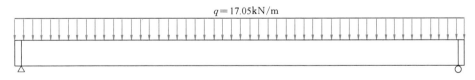

$$q = 17.05\text{kN/m}$$

图 12-8　恒载内力简化计算模型

结构重力产生的跨中弯矩：$M_{G1k}^{1/2} = 1/8 \times q \times l_0^2 = 810.41\text{kN} \cdot \text{m}$

四分点弯矩：$M_{G1k}^{1/4} = 3/32 \times q \times l_0^2 = 607.81\text{kN} \cdot \text{m}$

2) 可变作用内力（只计算 1 号梁，图 12-9）：

A. 汽车荷载作用

车道集中力：$P_K = 2 \times (l_0 + 130) \times 0.75 = 2 \times (19.5 + 130) \times 0.75 = 224.25\text{kN}$

车道分布力：$q_K = 10.5 \times 0.75 = 7.88\text{kN/m}$

a. 跨中弯矩

影响线加载得：$M_0^{1/2} = q_K \times 0.5 \times 19.5 \times 4.875 + P_K \times 4.875 = 1467.53\text{kN} \cdot \text{m}$

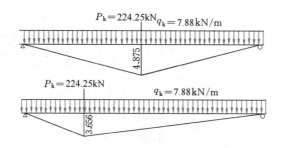

图 12-9　公路-Ⅰ级车道荷载纵向加载

b. 四分点弯矩

影响线加载得：$M_0^{1/4}=q_\mathrm{K}\times0.5\times19.5\times3.656+P_\mathrm{K}\times3.656=1100.57\mathrm{kN\cdot m}$

c. 汽车荷载冲击力系数

结构基频：$f=\dfrac{\pi}{2l^2}\sqrt{\dfrac{EI}{m_\mathrm{c}}}=6.059\,\mathrm{Hz}$

即有　$1.5\,\mathrm{Hz}<f<14\,\mathrm{Hz}$

其中，单片梁竖向弯曲刚度 $I=0.06586\mathrm{m}^4$，C25 混凝土弹性模量 $E=3.25\times10^4\mathrm{MPa}$。

单片梁每延米质量 $m_\mathrm{c}=q_\mathrm{c}/G=9750/9.81=993.88\mathrm{kg/m}$。

由式（6-9）得 $1+\mu=1+(0.1767\ln f-0.0157)=1.303$。表 12-23 给出了在跨中和四分点处由公路-Ⅰ级荷载产生的弯矩。

公路-Ⅰ级荷载产生的弯矩（弯矩单位：kN・m）　　　　　表 12-23

内力	η (1)	$1+\mu$ (2)	M_0（kN・m） (3)	标准值 (1)×(3)	标准值（计冲击力） (1)×(2)×(3)
跨中弯矩：$M_{\mathrm{Q1k}}^{1/2}$	0.504	1.303	1467.53	739.64	963.75
四分点弯矩：$M_{\mathrm{Q1k}}^{1/4}$	0.504	1.303	1100.57	554.69	722.76

B. 人群荷载作用

a. 跨中弯矩

影响线加载得：$M_0^{1/2}=q_\mathrm{p}\times0.75\times0.5\times19.5\times4.875=106.94\mathrm{kN\cdot m}$

故，弯矩标准值：$M_{\mathrm{Q2k}}^{1/2}=M_0^{1/2}\times\eta_{\mathrm{1Q}}=106.94\times0.615=65.77\mathrm{kN\cdot m}$

b. 四分点弯矩

影响线加载得：

$M_0^{1/4}=q_\mathrm{p}\times0.75\times0.5\times19.5\times3.656=80.21\mathrm{kN\cdot m}$

故，弯矩标准值：

$M_{\mathrm{Q2k}}^{1/4}=M_0^{1/4}\times\eta_{\mathrm{1Q}}=80.21\times0.615=49.33\mathrm{kN\cdot m}$

3）作用组合的效应：

计算承载能力极限状态的作用组合的效应，见表 12-24。

承载能力极限状态（单位：kN・m） 表 12-24

内　力	结构重力 标准值效应 S_{Q1k}	汽车荷载标准值 （计冲击力）效应 S_{Q1k}	人群荷载 标准值效应 S_{Q2k}	承载能力极限状态基本组合 （本例题中，作用与作用效应可按线性关系考虑） $\gamma_0 S\left(\sum\limits_{i=1}^{m}\gamma_{Gi}G_{ik},\gamma_{Q1}\gamma_{L}Q_{1k},\psi_c\sum\limits_{j=2}^{n}\gamma_{Lj}\gamma_{Qj}Q_{jk}\right)=$ $\gamma_0\left(\sum\limits_{i=1}^{m}\gamma_{Gi}S_{Gik}+\gamma_{Q1}\gamma_{L}S_{Q1k}+\psi_c\sum\limits_{j=2}^{n}\gamma_{Lj}\gamma_{Qj}S_{Qjk}\right)$
$M^{1/2}$	810.41	963.75	65.77	2629.88
$M^{1/4}$	607.81	722.76	49.33	1972.34

注：本桥属中等桥梁，安全等级为一级，故结构重要性系数 γ_0 取 1.1；

　　γ_{Gi}——第 i 个永久作用分项系数，本例中，结构重力分项系数 γ_{G1} 取 1.2；

　　γ_{Q1}——汽车荷载的分项系数，取 1.4；

　　ψ_c——其他可变作用的组合系数，本例中，仅有人群荷载，故取 0.75；

　　γ_{Qj}——其他可变作用的分项系数，本例中，仅有人群荷载 γ_{Q2}，取 1.4；

　　γ_{L}、γ_{Lj}——可变作用的结构设计使用年限荷载调整系数，均取 1.0。

计算正常使用极限状态的作用组合的效应，见表 12-25。

正常使用极限状态（单位：kN・m） 表 12-25

内　力	结构重力 标准值 S_{G1k}	汽车荷载 标准值 S_{Q1k}	人群荷载 标准值 S_{Q2k}	正常使用极限状态（本例题中，作用与作用效应可按线性关系考虑）	
				作用频遇组合的效应设计值 $S\left(\sum\limits_{i=1}^{m}G_{ik},\psi_{f1}Q_{1k},\sum\limits_{j=2}^{n}\psi_{qj}Q_{jk}\right)=$ $\sum\limits_{i=1}^{m}S_{Gik}+\psi_{f1}S_{Q1k}+\sum\limits_{j=2}^{n}\psi_{qj}S_{Qjk}$	作用准永久组合的效应设计值 $S\left(\sum\limits_{i=1}^{m}G_{ik},\sum\limits_{j=1}^{n}\psi_{qj}Q_{jk}\right)=$ $\left(\sum\limits_{i=1}^{m}S_{Gik}+\sum\limits_{j=1}^{n}\psi_{qj}S_{Qjk}\right)$
$M^{1/2}$	810.41	739.64	57.77	1351.27	1129.37
$M^{1/4}$	607.81	554.69	49.33	1015.83	849.42

注：ψ_{f1}——汽车荷载的频遇值系数，汽车荷载 $\psi_q=0.7$；

　　ψ_{qj}——第 j 个可变作用的准永久值系数，汽车荷载 $\psi_q=0.4$，人群荷载 $\psi_q=0.4$。

3. 桥面板计算

两梁肋间的车行道板按两端刚接和中间铰接计算：

（1）结构重力作用

1）每延米上的恒载 g

4cm 沥青混凝土面层：$g_1=0.04\times1\times23=0.92\text{kN/m}$

9cm 素混凝土垫层：$g_2=0.09\times1\times24=2.16\text{kN/m}$（取平均铺装厚度为 0.09m）

T 形梁翼板自重：$g_3=0.11\times1\times25=2.75\text{kN/m}$

故 $g=\sum\limits_{i=1}^{3}g_i=5.83\text{kN/m}$

2）每米宽板条上的恒载内力

悬臂根部弯矩：$M_{G1k}=gL^2/8=5.83\times1.6^2/8=1.87\text{kN}\cdot\text{m}$

悬臂根部剪力：$l_0=1.6-0.18=1.42\text{m}$

$$Q_{G1k}=gl_0/2=4.14\text{kN}$$

（2）汽车荷载作用

车辆荷载产生的内力

$$a_2=a_1+2H=0.2+2\times(0.09+0.04)=0.46\text{m}$$

$$b_2=b_1+2H=0.6+2\times(0.09+0.02)=0.86\text{m}$$

由于$c=0.71<2.5\text{m}$，故：

单个车轮作用于板的跨径中部时：$a_0=a_2+2c=0.46+2\times0.71=1.88\text{m}$

两个车轮最小轴距：$l_{min}=1.4\text{m}<a_0$，故计算荷载的分布宽度重叠，取$a=a_0+l_{min}=3.28\text{m}$。

悬臂根部，作用于每米宽板条上的弯矩：

$$M_{Q1k}=(1+\mu)\frac{P}{4a}(l-\frac{b_2}{4})\times2=1.303\times\frac{140}{4\times3.28}\times(1.6-\frac{0.82}{4})\times2$$

$$=38.79\text{kN}\cdot\text{m}$$

悬臂根部，作用于每米宽板条上的剪力（这里偏于安全地将其按单侧悬臂板计算）：

$$Q_{Q1k}=(1+\mu)\times c\times\frac{P}{2ab_2}\times2=1.303\times0.71\times\frac{140}{2\times3.28\times0.82}\times2$$

$$=48.16\text{kN}\cdot\text{m}$$

（3）作用组合的效应（图12-10）

1）承载能力极限状态基本组合的效应设计值：

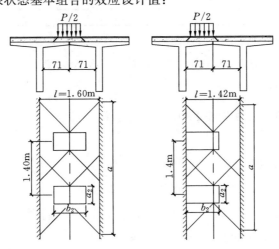

图12-10　计算荷载的分布宽度及

最大弯矩与最大剪力加载

$\gamma_0 M_{ud}=1.2M_{G1k}+1.4M_{Q1k}=1.2\times1.87+1.4\times38.79=56.55\text{kN}\cdot\text{m}$

$\gamma_0 Q_{ud}=1.2Q_{G1k}+1.4Q_{Q1k}=1.2\times4.14+1.4\times48.16=72.39\text{kN}$

2）正常使用极限状态：

作用频遇组合的效应设计值：

$M_{sd}=M_{G1k}+\psi_1\times M_{Q1k}=1.87+0.7\times38.79/1.303=22.71\text{kN}\cdot\text{m}$

$Q_{sd}=Q_{G1k}+\psi_1\times Q_{Q1k}=4.14+0.7\times48.16/1.303=30.01\text{kN}$

准永久组合的效应设计值：

$M_{1d}=M_{G1k}+\psi_2\times M_{Q1k}=1.87+0.4\times38.79/1.303=13.78\text{N}\cdot\text{m}$

$Q_{1d}=Q_{G1k}+\psi_2\times Q_{Q1k}=4.14+0.4\times48.16/1.303=18.92\text{kN}$

第12章　桥梁结构
工程案例分析

第 13 章

隧 道 衬 砌 结 构

13.1 荷载的分类

本章针对采用圆形盾构法修建的软土隧道，讨论作用在隧道上的荷载计算。隧道作为地下工程的主要结构，其服务年限相对于地上结构较长，如城市地下铁道为 100 年，因此作用在结构上的荷载及其设计计算显得极为重要。一般情况下，软土隧道是以衬砌管片（或支护）作为承受荷载的结构体，其结构的设计即指衬砌管片结构的设计。

由第 1 章对荷载的分类，作用于隧道结构上的荷载根据其随时间的变异也可分为：永久荷载、可变荷载和偶然荷载。根据我国《地铁设计规范》GB 50157—2013 和国际隧道协会的隧道设计指南（ITA，2000），隧道衬砌结构设计应在隧道沿线选取几个最不利断面（参

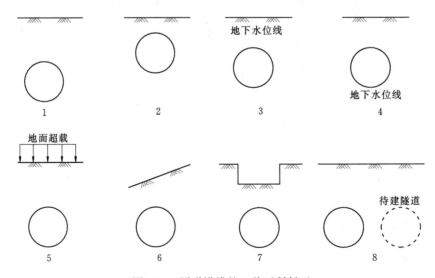

图 13-1 隧道沿线的 8 种不利断面

1—最大埋深；2—最小埋深；3—最高地下水位；4—最低地下水位；
5—最大地面超载；6—偏心荷载；7—阶梯形荷载；8—邻近位置有其他隧道待建

见图 13-1）按表 13-1 所列的各种荷载，对隧道结构整体或构件上可能出现的最不利组合进行计算和分析。

表 13-1 给出了修建于软土地层中隧道结构可能承受的所有荷载，其中结构自重、水土压力、地面超载、地基反力等是隧道结构受到的主要荷载，13.2 节以这些主要荷载为例来讨论其具体计算方法，其他荷载可以参照有关规范或规程依据实际情况取值。

荷 载 分 类 表

表 13-1

荷载分类		荷 载 名 称
永久荷载		结构自重
		地层压力
		隧道上部和破坏棱体范围内的设施及建筑物压力
		静水压力及浮力
		混凝土收缩及徐变影响力
		预加应力
		设备重量
		地基下沉影响力
可变荷载	基本可变	地面车辆荷载及其动力荷载
		地面车辆荷载引起的侧向土压力
		隧道车辆荷载及其动力作用
		水压力变化
		人群荷载
	其他可变	温度变化影响
		施工荷载
偶然荷载		地震影响
		沉船、抛锚或河道疏浚产生的撞击力等灾害性荷载
		人防荷载

13.2　荷载的计算

13.2.1　土压力

土压力作为隧道结构承受的永久荷载，其分布形式主要取决于隧道结构截面形状和拟采用的分析方法。一般情况下，多采用竖直水平分布形式（见图 13-2），也有采用径向分布形式的。我国有关隧道设计规范将土压力分为竖向和水平两个方向分别考虑。

1. 竖向土压力荷载

隧道竖向土压力的计算模型主要有三种：全自重模型、折减自重模型和松动模型。

（1）全自重模型

全自重模型假定隧道上作用的竖向荷载由上覆土层的全部自重引起，计算示意图见图 13-2，其计算原理及方法见第 2 章。

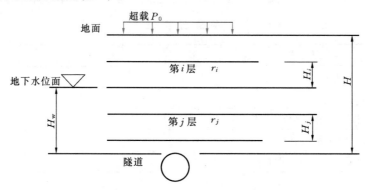

图 13-2　隧道荷载全自重计算示意图

一般认为，全自重模型只适用于埋深 $H \leqslant 2.5B$（H 为隧道上覆地层厚度，B 为隧道宽度或直径）的浅埋隧道。在这种情况下，由于建造隧道而导致的位移可能影响或延续到覆盖层表面，因此覆盖层的土层介质不应作为承载力结构，即不考虑覆盖层与隧道结构共同承载力的效应。全自重模型计算的竖向荷载为土层介质产生竖向荷载的最大形式，即为最保守的计算方法。

（2）折减自重模型（泰沙基 Terzaghi 模型）

折减自重模型（又称泰沙基 Terzaghi 模型）认为，隧道开挖后上覆地层将沿自隧道向地表的某一曲面滑动，作用在隧道上的竖向荷载等于滑动地层的重量减去滑移面上摩擦力的垂直分量。为简单起见，泰沙基假设地层沿垂直面滑动以及滑动体中任意水平面上的垂直压力为均匀分布，如图 13-3 所示。

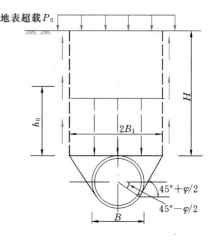

在覆盖层厚度较大的情况下，地层由于开挖引起的拱效应不会延伸到覆盖层表面，滑移影响到隧道上部某一厚度 h_0 范围内，这时考虑采用泰沙基公式（式 13-1）计算竖向土压力 P_{e1} 为

图 13-3　泰沙基土压力荷载计算图

$$P_{e1} = \gamma' h_0 \tag{13-1}$$

式中　h_0——折减土压力高度（m），见图 13-3，按下式计算

$$h_0 = B_1 \left(1 - \frac{c}{B_1 \gamma}\right) \frac{[1 - \exp(-K_0 H \tan\varphi / B_1)]}{K_0 \tan\varphi} + \frac{P_0 \exp(-K_0 H \tan\varphi / B_1)}{\gamma}$$

B_1——隧道顶塌落宽度之半（m），其取值为 $B_1 = R_0 \cot\left(\dfrac{\pi/4 + \varphi/2}{2}\right)$；

R_0——隧道外半径（m）；

φ——土的内摩擦角（°）；

P_0——地表超载（kPa）；

γ——隧道两侧至地面范围内土的平均天然重度（kN/m³）；

γ'——隧道两侧至地面范围内土的平均重度，当位于地下水位以下时取有效重度（kN/m³）；

K_0——静止侧压力系数，泰沙基取值为 1。

（3）松动模型

松动模型假设在隧道被开挖后，地层只在隧道周围的一定范围内被扰动。在顶部扰动区内，由于地层产生位移而形成一个松动塌陷区，且多数认为松动区为一个抛物线压力拱，则作用于衬砌上的压力仅由拱内地层的自重引起。松动模型在确定松动区的大小以及由松动区引起的压力时有不同的模型，我国常采用的是普洛托季雅可诺的普氏压力拱理论；有关这些理论的叙述可参考相关文献。

我国《地铁设计规范》GB 50157—2013 规定：明盖挖法隧道及浅埋暗挖隧道一般按计算截面以上全自重模型计算；深埋暗挖隧道按泰沙基模型或松动模型计算。

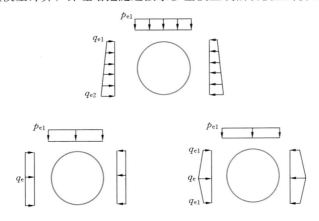

图 13-4　作用在隧道衬砌上的土压力

2. 侧向土压力荷载

一般认为，隧道结构所受的侧向土压力为竖向土压力与侧压力系数的乘积，呈梯形分布。为简化计算也可将其近似地视为均布荷载或五边形荷载等。图 13-4 为各种作用于隧道结构上侧向土压力分布的几种典型形式，其荷载计算公式如下

$$q_{e1} = \lambda P_{e1} \tag{13-2a}$$

$$q_{e2} = \lambda \ (P_{e1} + 2R_0\gamma) \tag{13-2b}$$

简化计算时取
$$q_e = \ (q_{e1} + q_{e2}) \ /2 \tag{13-3}$$

式中　P_{e1}、q_{e1}、q_{e2}——作用于隧道衬砌上土竖向压力及侧向压力（kPa），见图 13-4 所示；

　　　　λ——侧压力系数；

　　　　γ——隧道侧向各土层的重度；

　　　　R_0——隧道外半径（m）。

一般在隧道结构设计计算中，用到的侧压力系数的取值应介于静止和主动土压力系数之间。设计者在确定其取值时应综合考虑开挖和施工两种情况。

泰沙基根据假定的压力分布方式及经验公式使用主动土压力系数作为侧压力系数，定义为

$$\lambda \approx \tan^2\left(45° - \frac{\varphi}{2}\right) \tag{13-4}$$

如果假设地层为弹性体，在开挖隧道过程中不产生横向变形，则根据弹性力学有关公式，侧压力系数 λ 可由泊松比 ν 表示如下

$$\lambda = \frac{\nu}{1-\nu} \tag{13-5}$$

在黏土地层中我国地铁隧道设计规范采用如下公式（即朗金主动土压力公式）来计算侧向土压力

$$q_{e1} = P \cdot \tan^2\left(45° - \frac{\varphi}{2}\right) - 2c \cdot \tan\left(45° - \frac{\varphi}{2}\right) \tag{13-6}$$

式中　P——隧道顶部竖向土层压力（kPa）；

　　　φ、c——隧道侧向各土层的内摩擦角（°）、内聚力（kPa）的加权平均值。

13.2.2　水压力荷载

作用在隧道衬砌上的水压力，原则上应采用孔隙水压力，根据隧道施工过程中施工条件的不同，水压力与原地层中的水压力存在较大差异，而在实际中确定孔隙水压力又是很困难的。因此，从实用和偏于安全考虑，地下水位以下的地层重度取浮重度时，作用在衬砌上的设计水压力一般都按静水压力计算。

由于将隧道开挖面去掉的水的重量作为浮力作用于隧道结构上，如果浮力小于作用在结构上的竖向土压力与衬砌结构自重的合力，则两者的差值即为作用在隧道结构底部的土压力（即地基反力）。如果浮力作用大于竖向土压力与衬砌结构自重之和，便产生上浮趋势。这种现象在隧道覆土厚度小、地下水位高以及地震时容易发生液化的地基中很有可能发生，应加以注意，因此，随道衬砌设计中，应对隧道上浮进行复核计算，采取措施。

我国一般习惯将水压力也分解为水平和竖直两个方向。将水压力和土压力分别进行计算的方法称为水土分算。在一定条件下也可采用水土合算，即计算土压力时将地下水位以下的

土体全部取其饱和重度，不再单独考虑水压力作用。对于水土合算和水土分算的适用条件，可查阅我国《地铁设计规范》GB 50157—2013 给出的说明。工程中一般认为对黏性土施工阶段可采用水土合算的方法，使用阶段采用水土分算的方法，而对砂性土则应采用水土分算的方法计算。

13.2.3　自重荷载

自重荷载 P_g 为作用在衬砌结构上沿衬砌轴线均匀分布的竖向荷载，其计算公式如下

$$P_g = W/(2\pi R_c) \tag{13-7}$$

式中　W——衬砌结构的重量；

　　　R_c——圆形衬砌轴线半径。

13.2.4　地面超载

当隧道埋深较浅时，必须考虑隧道横截面一定范围（一般为隧道直径的 2～3 倍范围）内地面超载的影响。地面超载增加了作用在衬砌上的荷载，以下几种作用可列入地面超载中：

（1）道路车辆荷载；

（2）铁路车辆荷载；

（3）建筑物自重（荷载）。

根据我国有关规范对隧道的规定，一般取超载为 $10kN/m^2$。

13.2.5　地层抗力

隧道因其变形受到地层约束而产生一种被动荷载，是地层对隧道结构的反作用力，侧向地层抗力和底部地基反力均可统称为地层抗力。目前主要存在两种确定地层抗力的方法：一种认为地层抗力的作用方向和大小与地层变位无关，是与承受的荷载相平衡的反力；另一种则认为地层抗力从属于地层位移，通常采用的是假定地层抗力的大小与地层变形成线性关系，并称之为弹性抗力，将比例系数定义为地层抗力系数。前者适用于地层相对结构较软弱的情况，把结构视为刚体，多用于计算地基反力；后者适用于柔性结构，多用于计算侧向抗力。

在隧道工程计算中，一般认为底部的地基反力是与地层变位无关的均布荷载，按式（13-8）计算，而将侧向地层抗力考虑为同地层位移相关的量。图 13-5 中侧向抗力三角形分布法是日本和我国规范所采用的考

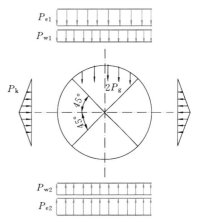

图 13-5　地层抗力示意图

250

虑侧向地基反力的方法。这种方法认为侧向地基反力分布在水平直径上下45°范围内，其变化规律按式（13-9）计算。水平直径处的地基反力达到峰值 P_k，按式（13-10）、式（13-11）计算。

$$P_{e2} = P_{e1} + P_{w1} + \pi P_g - P_{w2} \tag{13-8}$$

$$P_k = P_k(1 - \sqrt{2} \mid \cos\theta \mid) \tag{13-9}$$

$$P_k = k\delta \tag{13-10}$$

$$\delta = \frac{(2P_{e1} - q_{e1} - q_{e2})R_c^4}{24(\eta EI/t + 0.045kR_c^4)} \tag{13-11}$$

式中　P_k——水平直径处地基反力（kPa）；

　　　δ——水平直径处地层变位（m）；

　　　η——隧道衬砌刚度折减系数，一般取0.25～0.8；

　　　k——地层抗力系数（kN/m³），参照表13-2取值；

　　　EI——管片圆环刚度（kN·m²）；

　　　t——管片厚度（m）；

　　　θ——在0°～45°变化（°）。

其他符号意义同前。

将水平和竖直方向的地基反力均考虑为同地层位移相关量的方法还有很多，在此不再赘述。

除此之外，地基反力还可以通过土层弹簧来模拟，也就是将管片结构与地基间的相互作用通过土层弹簧来反映。图13-6是土层弹簧模拟土层抗力的常用模型，这种模拟方法是在衬砌和土体之间设置离散的径向土弹簧。结构某点受到的地基反力与该处的土弹簧变形量成正比，比例系数为地层抗力系数 K。也可以同时设置切向土弹簧，考虑土体与结构之间的剪切作用。用这种方法考虑地基反力时需要借助数值方法，如杆系有限元法（一维问题）和平面有限元法（二维问题）来计算。

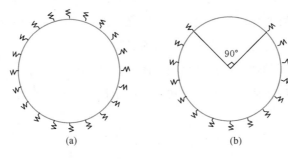

（a）　　　　　　　　　　（b）

图13-6　弹簧模拟地基反力

（a）全周地基弹簧模型；（b）局部地基弹簧模型

有关地层抗力系数可参照表 13-2 取值。

地层抗力系数值   表 13-2

土与水的计算方法	土 的 种 类	k（kN/m³）
水土分离	非常密实的砂性土	30～50
	密实的砂性土	10～30
	松散的砂性土	0～10
	固结黏性土	30～50
	硬的黏性土	10～30
	中硬黏性土	0～10
水土合算	中硬黏性土	5～10
	软黏土	0～5
	超软黏土	0

13.2.6 隧道内部荷载

隧道内部荷载指隧道施工和竣工后作用于衬砌内侧的荷载，主要为悬挂于内部的设备重力，承受内水压力的隧道应考虑内部水压力等。

13.2.7 施工阶段荷载

隧道推进施工中从管片拼装开始到盾尾空隙中壁后注浆材料凝化为止，作用于衬砌结构上的临时荷载统称为施工荷载，一般有以下几种：

（1）盾构千斤顶的推力；

（2）搬运及起吊阶段荷载；

（3）管片结构壁后回填注浆压力；

（4）管片举重臂荷载；

（5）其他荷载，如后援的自重、管片矫正器的千斤顶推力、切削头的扭矩等。

这些荷载一般根据施工中实际荷载水平并结合经验给出定量值。

13.2.8 地震荷载

地震对隧道结构的影响体现在剪切错位和振动两个方面。剪切错位主要是由于地质构造复杂、砂土液化等使土体失稳引起较大的剪切位移所引起。地震对隧道结构的振动作用主要采用地震动力响应分析和动力模型试验来研究隧道横、纵断面应力的响应、动土压力和隧道接头的抗震性。一般情况下，采用隧道静力法或拟静力法来模拟。这种方法是将随时间变化的地震力或地层位移用等代的静态地震荷载或静地层位移代替，然后再用静力计算模型分析地震荷载或强迫地层位移作用下的隧道结构内力。等代的静地震荷载包括：结构本身和洞顶上方土体的惯性力及主动侧土压力增量。

13.2.9 其他荷载

有关相邻隧道的影响，邻近施工影响以及温度、不均匀地基沉降的影响可以结合有关原理予以求解。

13.2.10 荷载效应组合

对隧道的荷载效应组合计算参照《铁路隧道设计规范》TB 10003—2016 的 5.1.3 条和 5.1.4 条：（1）在隧道结构上可能同时出现的永久荷载、可变荷载和偶然荷载应分别按承载能力和满足正常使用要求进行组合，并按最不利组合进行荷载计算与结构设计；（2）采用盾构法施工的隧道应根据结构受力特点及实际工作条件等因素，分别对施工、使用阶段可能出现的荷载进行最不利组合。

由于隧道的设计使用年限一般为 100 年，因此，进行荷载效应组合时，结构重要性系数应取 1.1。

13.3 示例

某软土盾构隧道，衬砌管片采用钢筋混凝土结构，埋深 $H=18m$，地下水位 1.5m，隧道衬砌轴线半径 $R_c=5.2m$，管片厚度 $t=0.48m$，管片弹性模量 $E_c=3.47 \times 10^7 \, kN/m^2$，钢筋混凝土重力密度 $\gamma_c=26kN/m^3$，地层抗力系数 $k=1.5 \times 10^3 \, kN/m^3$，地面超载 $P_0=10kN/m^2$。地层主要物理力学参数见表 13-3。试计算作用在隧道上的主要荷载及其效应。

地层土体物理力学参数 表 13-3

层　号	地层名称	厚度 （m）	饱和重度 γ_{sat} （kN/m³）	黏聚力 c （kPa）	黏摩擦角 φ （°）
1	黏性土	3.4	19.5	33	17.7
2	粉质黏土	16.2	18.9	7	30
3	黏土	10.5	18.3	17	12.3

荷载计算简图如图 13-7 所示，计算结果如下：

（1）竖向土压力

采用全自重模型和泰沙基模型两种模型分别计算：

全自重模型计算结果：

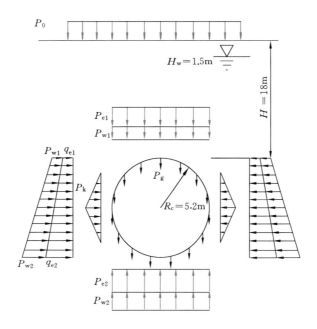

图 13-7　隧道衬砌上的荷载简图

$$P_{e1}=P_0+\sum_{i=1}^{3}\gamma_i h_i$$
$$=10+19.5\times1.5+(19.5-10)\times(3.4-1.5)$$
$$+(18.9-10)\times(18-3.4)$$
$$=187.24\text{kN/m}^2$$

泰沙基模型按式（13-1）计算：

隧道两侧至地面范围内地层的加权参数为：$\overline{\gamma}=18.78\text{kN/m}^3$，$\overline{\varphi}=23.04°$，$\overline{c}=13.21\text{kPa}$

$B_1=9.67\text{m}$

$\dfrac{H}{B_1}=1.86$，取 $K_0=1$

$h_0=11.77\text{m}$

$P_{e1}=(18.78-10)\times11.77=103.34\text{kN/m}^2$

可以看到，采用泰沙基模型计算得到的土压力值较全自重模型有明显地减小。

（2）侧向土压力

隧道两侧范围内地层的加权参数为：$\overline{\gamma}=18.39\text{kN/m}^3$，$\overline{\varphi}=15.02°$，$\overline{c}=15.46\text{kPa}$，按式（13-6），计算：

$$q_{e1}=187.24\times\tan^2\left(45°-\frac{\overline{\varphi}}{2}\right)-2\overline{c}\times\tan\left(45°-\frac{\overline{\varphi}}{2}\right)$$
$$=86.45\text{kN/m}^2$$

$$q_{e2} = (187.24 + 8.39 \times 10.4) \times \tan^2\left(45° - \frac{\bar{\varphi}}{2}\right) - 2\overline{c} \times \tan\left(45° - \frac{\bar{\varphi}}{2}\right)$$
$$= 137.8 \text{kN/m}^2$$

（3）水压力

分解为竖直的均布荷载 P_w 和水平方向的分布荷载 q_w。

隧道顶部水压力：$P_{w1} = q_{w1} = 10 \times 16.5 = 165 \text{kN/m}^2$

隧道底部水压力：$P_{w2} = q_{w2} = 10 \times (16.5 + 10.5) = 270 \text{kN/m}^2$

（4）自重荷载

按式（13-7）计算为：

$P_g = 26 \times 0.48 = 12.48 \text{kN/m}^2$

（5）地层抗力

按式（13-8）、式（13-10）计算，取 $k = 20 \text{MN/m}^3$，$\eta = 0.8$，则

$P_{e2} = 37.53 \text{kN/m}^2$；$\delta = 0.002$；$P_k = 40 \text{kN/m}^2$

$P_k = 40\ (1 - \sqrt{2}\ |\cos\theta|)$，$45° \leqslant \theta \leqslant 135°$

第13章 隧道衬砌
结构案例分析

圆形隧道衬砌设计

附　　录

常用工程结构材料密度

名 称	密 度	单 位	备 注
1. 木材 　　杉木	<400	kg/m³	重量随含水率而不同
冷杉、云杉、红松、华山松、樟子松、铁杉、杨木、枫杨	400~500	kg/m³	重量随含水率而不同
马尾松、云南松、油松、赤松、广东松、柳木、枫香	500~600	kg/m³	重量随含水率而不同
东北落叶松、榆木、桦木、木荷、水曲柳、陆军松	600~700	kg/m³	重量随含水率而不同
椎木、（栲木）、石栎、槐木、乌墨	700~800	kg/m³	重量随含水率而不同
青冈栎、栎木、桉树、木麻黄	800~900	kg/m³	重量随含水率而不同
普通木板条、椽檩材料	500	kg/m³	重量随含水率而不同
锯末	200~250	kg/m³	重量随含水率而不同
木丝板	400~500	kg/m³	
软木板	250	kg/m³	
刨花板	600	kg/m³	
胶合三夹板（杨木）	1.9	kg/m²	
胶合三夹板（椴木）	2.2	kg/m²	
胶合三夹板（水曲柳）	2.8	kg/m²	
胶合五夹板（杨木）	3.0	kg/m²	
胶合五夹板（椴木）	3.4	kg/m²	
胶合五夹板（水曲柳）	4.0	kg/m²	
甘蔗板，按 1.0cm 厚计	3.0	kg/m²	常用规格为 1.3、1.5、1.9、2.5cm
隔声板，按 1.0cm 厚计	3.0	kg/m²	常用规格为 1.3、2.0cm
木屑板，按 1.0cm 厚计	12.0	kg/m²	常用规格为 0.6、1.0cm
2. 金属矿产 　　铸铁	7250	kg/m³	

名　　　称	密　　度	单　位	备　　　注
锻铁	7750	kg/m³	
铁矿渣	2760	kg/m³	
赤铁矿	2500～3000	kg/m³	
钢	7850	kg/m³	
紫铜、赤铜	8900	kg/m³	
黄铜、青铜	8500	kg/m³	
硫化铜矿	4200	kg/m³	
铝	2700	kg/m³	
铝合金	2800	kg/m³	
锌	7050	kg/m³	
亚锌矿	4050	kg/m³	
铅	1400	kg/m³	
方铅矿	7450	kg/m³	
金	19300	kg/m³	
白金	21300	kg/m³	
银	10500	kg/m³	
锡	7350	kg/m³	
镍	8900	kg/m³	
水银	13600	kg/m³	
钨	18900	kg/m³	
镁	1850	kg/m³	
锑	6660	kg/m³	
水晶	2950	kg/m³	
硼砂	1750	kg/m³	
硫矿	2050	kg/m³	
石棉矿	2460	kg/m³	
石棉	1000	kg/m³	压实
石棉	400	kg/m³	松散，含水率不大于 15%
白垩（高岭土）	2200	kg/m³	
石膏矿	2550	kg/m³	
石膏粉	900	kg/m³	
石膏	1300～1450	kg/m³	粗块堆放 $\varphi = 30°$ 细块堆放 $\varphi = 40°$
3. 土、砂、砂砾、岩石 腐殖土	1500～1600	kg/m³	干，$\varphi = 40°$；湿，$\varphi = 35°$；很湿，$\varphi = 25°$

名　　　称	密　　度	单　位	备　　　注
黏土	1350	kg/m³	干、松、空隙比为 1.0
黏土	1600	kg/m³	干、$\varphi=40°$；压实
黏土	1800	kg/m³	湿、$\varphi=35°$；压实
黏土	2000	kg/m³	很湿、$\varphi=25°$；压实
砂土	1220	kg/m³	干、松
砂土	1600	kg/m³	干、$\varphi=35°$；压实
砂土	1800	kg/m³	湿、$\varphi=35°$；压实
砂土	2000	kg/m³	很湿、$\varphi=25°$；压实
砂子	1400	kg/m³	干，细砂
砂子	1700	kg/m³	干，粗砂
卵石	1600～1800	kg/m³	干
黏土夹卵石	1700～1800	kg/m³	干、松
砂夹卵石	1500～1700	kg/m³	干、松
砂夹卵石	1600～1920	kg/m³	干、压实
浮石	600～800	kg/m³	干
浮石填充料	400～600	kg/m³	
砂岩	2360	kg/m³	
页岩	2800	kg/m³	
页岩	1480	kg/m³	片石堆置
泥灰岩	1400	kg/m³	$\varphi=40°$
花岗岩、大理石	2800	kg/m³	
花岗石	1540	kg/m³	片石堆置
石炭石	2640	kg/m³	
石炭石	1520	kg/m³	片石堆置
贝壳石灰石	1400	kg/m³	
白云石	1600	kg/m³	片石堆置，$\varphi=40°$
滑石	2710	kg/m³	
火石	3520	kg/m³	
云斑石	2760	kg/m³	
玄武石	2950	kg/m³	
长石	2550	kg/m³	
角闪石、绿石	3000	kg/m³	
角闪石、绿石	1710	kg/m³	片石堆置
碎石子	1400～1500	kg/m³	堆置

续表

名　称	密　度	单　位	备　注
4. 砖			
普通砖	1800	kg/m³	240×115×53, 684 块/m³
普通砖	1900	kg/m³	机器制
缸砖	2100～2150	kg/m³	230×110×65, 609 块/m³
红缸砖	2040	kg/m³	
耐火砖	1900～2200	kg/m³	230×110×65, 609 块/m³
耐酸砖	2300～2500	kg/m³	230×110×65, 590 块/m³
灰砂砖	1800	kg/m³	灰∶白灰=92∶8
煤渣砖	1700～1850	kg/m³	
矿渣砖	1850	kg/m³	硬矿渣∶粉煤灰∶石灰=75∶15∶10
焦渣砖	1200～1400	kg/m³	
粉煤灰砖	1400～1500	kg/m³	矿渣∶电石渣∶粉煤灰=30∶40∶30
锯末砖	900	kg/m³	
焦渣空心砖	1000	kg/m³	290×290×140, 85 块/m³
水泥空心砖	900	kg/m³	290×290×140, 85 块/m³
水泥空心砖	1030	kg/m³	300×250×110, 121 块/m³
黏土空心砖	1100～1450	kg/m³	能承重
黏土空心砖	100～1000	kg/m³	不能承重
碎砖	1200	kg/m³	堆置
水泥花砖	1980	kg/m³	200×200×24, 1024 块/m³
瓷面砖	1780	kg/m³	150×150×8, 5556 块/m³
陶瓷锦砖（马赛克）	12	kg/m³	厚 5mm
5. 石灰、水泥、灰浆及混凝土			
生石灰块	1100	kg/m³	堆置，$\varphi=30°$
生石灰粉	1200	kg/m³	堆置，$\varphi=35°$
熟石灰膏	1350	kg/m³	
石灰砂浆、混合砂浆	1700	kg/m³	
水泥石灰焦渣砂浆	1400	kg/m³	
石灰焦渣砂浆	1300	kg/m³	
灰土	1750	kg/m³	石灰∶土=3∶7，夯实
稻草石灰泥	1600	kg/m³	
纸筋石灰泥	1600	kg/m³	
石灰锯末	340	kg/m³	1∶3，松

名　　称	密　度	单　位	备　　注
石灰三合土	1750	kg/m³	石灰、砂子、卵石
水泥	1250	kg/m³	轻质松散，$\varphi=20°$
水泥	1450	kg/m³	散装，$\varphi=30°$
水泥	1600	kg/m³	袋装压实，$\varphi=40°$
矿渣水泥	1450	kg/m³	
水泥砂浆	2000	kg/m³	
石棉水泥浆	1900	kg/m³	
石膏砂浆	1200	kg/m³	
碎砖混凝土	1850	kg/m³	
素混凝土	2200～2400	kg/m³	振捣或不振捣
矿渣混凝土	2000	kg/m³	
焦渣混凝土	1600～1700	kg/m³	承重用
焦渣混凝土	1000～1400	kg/m³	填充用
铁屑混凝土	2800～6500	kg/m³	
浮石混凝土	900～1400	kg/m³	
沥青混凝土	2000	kg/m³	
无砂大孔混凝土	1600～1900	kg/m³	
泡沫混凝土	400～600	kg/m³	
加气混凝土	550～750	kg/m³	单块
钢筋混凝土	2400～2500	kg/m³	
碎砖钢筋混凝土	2000	kg/m³	
钢丝网水泥	2500	kg/m³	用于承重结构
水玻璃耐酸混凝土	2000～2350	kg/m³	
粉煤灰陶瓷混凝土	1950	kg/m³	
6. 沥青、煤灰、油料			
石油沥青	1000～1100	kg/m³	根据相对密度
柏油	1200	kg/m³	
煤沥青	1340	kg/m³	
煤焦	1200	kg/m³	
煤焦	700	kg/m³	堆放，$\varphi=45°$
焦渣	1000	kg/m³	
煤灰	650	kg/m³	
煤灰	800	kg/m³	压实
煤油	800	kg/m³	
石墨	2080	kg/m³	

续表

名　　称	密　度	单　位	备　　注
润滑油	740	kg/m³	
煤焦油	1000	kg/m³	桶装，相对密度 0.82～0.89
汽油	670	kg/m³	
汽油	640	kg/m³	桶装，相对密度 0.72～0.76
动物油、植物油	930	kg/m³	

参 考 文 献

[1] 中国建筑科学研究院有限公司. 建筑结构可靠性设计统一标准：GB 50068—2018[S]. 北京：中国建筑工业出版社，2018.

[2] 中国建筑科学研究院. 建筑结构荷载规范：GB 50009—2012[S]. 北京：中国建筑工业出版社，2012.

[3] Honga H P, Tang Q. Calibration of the design wind load and snow load considering the historical climate statistics and climate change effects[J]. Structural Safety, 2021, 93(1)：102135.

[4] 孙洪军，马丹. 高等结构分析[M]. 沈阳：东北大学出版社，2015.

[5] 苏欣，杨继清. 土力学与地基基础[M]. 成都：西南交通大学出版社，2017.

[6] 林同炎，S. D. 斯多台斯伯利. 结构概念和体系[M]. 2版. 高立人，等译. 北京：中国建筑工业出版社，1999.

[7] 邵政胜，谷锋，李云国，等. 地基与基础[M]. 武汉：武汉理工大学出版社，2011.

[8] 崔莹主. 土力学与地基基础[M]. 西安：西安电子科技大学出版社，2016.

[9] 《建筑施工手册》(第五版)编委会. 建筑施工手册[M]. 5版. 北京：中国建筑工业出版社，2012.

[10] 黄本才，汪丛军. 结构抗风分析原理及应用[M]. 上海：同济大学出版社，2008.

[11] 张相庭. 工程结构风荷载理论和抗风计算手册[M]. 上海：同济大学出版社，1990.

[12] 李杰，李国强. 地震工程学导论[M]. 北京：地震出版社，1992.

[13] 李志军，王海荣. 建筑结构抗震设计[M]. 北京：北京理工大学出版社，2018.

[14] 吴应雄. 建筑结构抗震减震设计原理与方法[M]. 北京：地质出版社，2017.

[15] 郭继武. 建筑抗震设计[M]. 4版. 北京：中国建筑工业出版社，2017.

[16] 李国强，李杰，陈素文，等. 建筑结构抗震设计[M]. 4版. 北京：中国建筑工业出版社，2014.

[17] 孟海，李慧民. 混凝土结构裂缝安全性分析与修复加固[M]. 北京：冶金工业出版社，2018.

[18] 谭建国，徐荣桥. 弹性力学[M]. 杭州：浙江大学出版社，2019.

[19] 王子昆，黄上恒，尚福林. 弹性力学[M]. 西安：西安交通大学出版社，2019.

[20] 朱慈勉，张伟平. 结构力学[M]. 3版. 北京：高等教育出版社，2016.

[21] 刘新宇，马林建. 地下结构[M]. 上海：同济大学出版社，2016.

[22] 张国顺. 燃烧爆炸危险与安全技术[M]. 北京：中国电力出版社，2003.

[23] 方秦，柳锦春. 地下防护结构[M]. 北京：中国水利水电出版社，2010.

[24] 李继华，林忠民，李明顺. 建筑结构概率极限状态设计[M]. 北京：中国建筑工业出版社，1990.

[25] 赵国藩，贡金鑫，赵尚传. 工程结构生命全过程可靠度[M]. 北京：中国铁道出版社，2004.

[26] 王辉，柳炳康. 工程荷载与可靠度设计原理[M]. 3版. 重庆：重庆大学出版社，2017.

[27] 罗伯特 E. 梅尔彻斯. 结构可靠性分析与预测[M]. 2版. 北京：国防工业出版社，2019.

[28] 张耀春. 钢结构设计原理[M]. 北京：高等教育出版社，2017.

[29] 李国强. 结构可靠度分析与计算的新方法[D]. 重庆：重庆建筑工程学院，1985.

[30] 童长江，管枫年. 土的冻胀与建筑物冻害防治[M]. 北京：中国水利电力出版社，1985.

[31] 王树青，梁丙臣. 海洋工程波浪力学[M]. 青岛：中国海洋大学出版社，2013.

[32] 吴玮，张维佳. 水力学[M]. 3版. 北京：中国建筑工业出版社，2020.

[33] 沈长松，刘晓青，王润英，等. 水工建筑物[M]. 北京：中国水利水电出版社，2016.

［34］ 袁聚云，楼晓明，姚笑青，等. 基础工程设计原理［M］. 北京：人民交通出版社，2011.
［35］ 地基处理手册(第三版)编辑委员会. 地基处理手册［M］. 3 版. 北京：中国建筑工业出版社，2008.
［36］ 戴惠民. 公路桥涵冻害防治［M］. 哈尔滨：黑龙江人民出版社，2007.
［37］ 廖朝华，刘红明，胡志坚，等. 公路桥涵设计手册：墩台与基础［M］. 2 版. 北京：人民交通出版社，2013.
［38］ 武岳. 风工程与结构抗风设计［M］. 哈尔滨：哈尔滨工业大学出版社，2019.
［39］ 王卫华. 结构风荷载理论与 Matlab 计算［M］. 北京：国防工业出版社，2018.
［40］ 赫尔姆斯. 结构风荷载：翻译版［M］. 2 版. 北京：机械工业出版社，2016.
［41］ 交通运输部公路局，中交第一公路勘察设计研究院有限公司. 公路工程技术标准：JTG B01—2014［S］. 北京：人民交通出版社，2014.
［42］ 中交公路规划设计院有限公司. 公路桥涵设计通用规范：JTG D60—2015［S］. 北京：人民交通出版社，2015.
［43］ 国家铁路局. 铁路桥涵设计规范：TB 100021—2017［S］. 北京：中国铁道出版社，2017.
［44］ 中交公路规划设计院有限公司. 公路钢筋混凝土及预应力混凝土桥涵设计规范 JTG 3362—2018［S］. 北京：人民交通出版社，2018.
［45］ 范立础. 桥梁工程(上)［M］. 北京：人民交通出版社，2017.
［46］ 上海市政工程设计研究总院. 城市桥梁设计规范：CJJ 11—2011(2019 年版). 北京：中国建筑工业出版社，2019.
［47］ 北京城建设计研究总院有限责任公司，中国地铁工程咨询有限公司. 地铁设计规范：GB 50157—2013［S］. 北京：中国建筑工业出版社，2013.
［48］ 中国建筑科学研究院. 混凝土结构设计规范：GB 50010—2010(2016 年版)［S］. 北京：中国建筑工业出版社，2016.
［49］ 日本土木学会. 隧道标准规范(盾构篇)及解说［M］. 朱伟，译. 北京：中国建筑工业出版社，2006.
［50］ 住房和城乡建设部科技与产业化发展中心，中铁隧道集团有限公司. 盾构法隧道施工及验收规范：GB 50446—2017［S］. 北京：中国建筑工业出版社，2017.
［51］ 顾祥林. 土木工程系列丛书：混凝土结构基本原理［M］. 上海：同济大学出版社，2015.
［52］ 郑颖人，朱合华，方正昌，等. 地下工程围岩稳定分析与设计理论［M］. 北京：人民交通出版社，2012.
［53］ 孙钧，等. 地下结构设计理论与方法及工程实践［M］. 上海：同济大学出版社，2016.
［54］ 施仲衡，张弥，宋敏华，等. 地下铁道设计与施工［M］. 2 版. 西安：陕西科学技术出版社，2006.
［55］ 黄宏伟，薛亚东，邵华，等. 城市地铁盾构隧道病害快速检测与工程实践［M］. 上海：上海科学技术出版社，2019.

高等学校土木工程专业指导委员会规划推荐教材（经典精品系列教材）

征订号	书 名	定价	作 者	备 注
V28007	土木工程施工（第三版）（赠送课件）	78.00	重庆大学　同济大学　哈尔滨工业大学	教育部普通高等教育精品教材
V36140	岩土工程测试与监测技术（第二版）	48.00	宰金珉　王旭东　等	
V36799	建筑结构抗震设计（第四版）（赠送课件）	49.00	李国强　等	
V30817	土木工程制图（第五版）（含教学资源光盘）	58.00	卢传贤　等	
V30818	土木工程制图习题集（第五版）	20.00	卢传贤　等	
V36383	岩石力学（第四版）（赠送课件）	48.00	许　明　张永兴	
V32626	钢结构基本原理（第三版）（赠送课件）	49.00	沈祖炎　等	
V35922	房屋钢结构设计（第二版）（赠送课件）	98.00	沈祖炎　陈以一　等	教育部普通高等教育精品教材
V24535	路基工程（第二版）	38.00	刘建坤　曾巧玲 等	
V36809	建筑工程事故分析与处理（第四版）（赠送课件）	75.00	王元清　江见鲸　等	教育部普通高等教育精品教材
V35377	特种基础工程（第二版）（赠送课件）	38.00	谢新宇　俞建霖	
V37947	工程结构荷载与可靠度设计原理（第五版）（赠送课件）	48.00	李国强　等	
V37408	地下建筑结构（第三版）（赠送课件）	68.00	朱合华　等	教育部普通高等教育精品教材
V28269	房屋建筑学（第五版）（含光盘）	59.00	同济大学　西安建筑科技大学　东南大学　重庆大学	教育部普通高等教育精品教材
V28115	流体力学（第三版）	39.00	刘鹤年	
V30846	桥梁施工（第二版）（赠送课件）	37.00	卢文良　季文玉　许克宾	
V36797	工程结构抗震设计（第三版）（赠送课件）	46.00	李爱群　等	
V35925	建筑结构试验（第五版）（赠送课件）	35.00	易伟建　张望喜	
V36141	地基处理（第二版）（赠送课件）	39.00	龚晓南　陶燕丽	
V29713	轨道工程（第二版）（赠送课件）	53.00	陈秀方　娄平	
V36796	爆破工程（第二版）（赠送课件）	48.00	东兆星　等	
V36913	岩土工程勘察（第二版）	54.00	王奎华	
V20764	钢-混凝土组合结构	33.00	聂建国　等	
V36410	土力学（第五版）（赠送课件）	58.00	东南大学　浙江大学　湖南大学　苏州大学	

征订号	书　名	定价	作　者	备　注
V33980	基础工程(第四版)(赠送课件)	58.00	华南理工大学　等	
V34853	混凝土结构(上册)——混凝土结构设计原理(第七版)(赠送课件)	58.00	东南大学　天津大学　同济大学	教育部普通高等教育精品教材
V34854	混凝土结构(中册)——混凝土结构与砌体结构设计(第七版)(赠送课件)	68.00	东南大学　同济大学　天津大学	教育部普通高等教育精品教材
V34855	混凝土结构(下册)——混凝土桥梁设计(第七版)(赠送课件)	68.00	东南大学　同济大学　天津大学	教育部普通高等教育精品教材
V25453	混凝土结构(上册)(第二版)(含光盘)	58.00	叶列平	
V23080	混凝土结构(下册)	48.00	叶列平	
V11404	混凝土结构及砌体结构(上)	42.00	滕智明　等	
V11439	混凝土结构及砌体结构(下)	39.00	罗福午　等	
V32846	钢结构(上册)——钢结构基础(第四版)(赠送课件)	52.00	陈绍蕃　顾强	
V32847	钢结构(下册)——房屋建筑钢结构设计(第四版)(赠送课件)	32.00	陈绍蕃　郭成喜	
V22020	混凝土结构基本原理(第二版)	48.00	张誉　等	
V25093	混凝土及砌体结构(上册)(第二版)	45.00	哈尔滨工业大学大连理工大学等	
V26027	混凝土及砌体结构(下册)(第二版)	29.00	哈尔滨工业大学大连理工大学等	
V20495	土木工程材料(第二版)	38.00	湖南大学　天津大学　同济大学　东南大学	
V36126	土木工程概论(第二版)	36.00	沈祖炎	
V19590	土木工程概论(第二版)(赠送课件)	42.00	丁大钧　等	教育部普通高等教育精品教材
V30759	工程地质学(第三版)(赠送课件)	45.00	石振明　黄雨	
V20916	水文学	25.00	雒文生	
V36806	高层建筑结构设计(第三版)(赠送课件)	68.00	钱稼茹　赵作周　纪晓东　叶列平	
V32969	桥梁工程(第三版)(赠送课件)	49.00	房贞政　陈宝春　上官萍	
V32032	砌体结构(第四版)(赠送课件)	32.00	东南大学　同济大学　郑州大学	教育部普通高等教育精品教材
V34812	土木工程信息化(赠送课件)	48.00	李晓军	

注：本套教材均被评为《"十二五"普通高等教育本科国家级规划教材》和《住房城乡建设部土建类学科专业"十三五"规划教材》。